高等职业教育系列教材

电子产品工艺与质量管理
第 2 版

主　编　牛百齐　周新虹　王　芳
副主编　马妍霞　曹秀海　刘志云

机 械 工 业 出 版 社

本书作为第 2 版，在保持了第 1 版的风格、特色的基础上，对第 1 版中的部分内容进行了结构调整、更新和充实，内容更加丰富。从电子产品装配与调试竞赛训练项目中精选了几种新颖、实用的制作实例，使训练更具有针对性。

本书的编写以培养实践能力、提高操作技能为出发点，强调理论联系实际，反映电子技术领域的新发展。全书共分为 8 章，以电子产品整机生产为主线，分别介绍了常用电子元器件的识别、检测与选用，印制电路板的设计与制作，焊接技术，表面安装技术，电子产品的整机装配、调试和质量管理等知识。以通用、典型的收音机产品作为实例，详细介绍了电子产品生产环节中的工艺、方法和操作步骤，并用电子产品设计制作实例作为综合实训项目，以巩固读者所学的知识和技能。

本书可作为高职高专院校电子信息工程技术、应用电子技术等专业学生的教材，也可作为职业技能培训用书，还可供从事电子信息技术的有关人员参考。

本书配有授课电子课件，需要的教师可登录 www. cmpedu. com 免费注册，审核通过后下载，或联系编辑索取（微信：15910938545，电话：010-88379739）。

图书在版编目（CIP）数据

电子产品工艺与质量管理/牛百齐，周新虹，王芳主编 . —2 版 . —北京：机械工业出版社，2018.1（2024.1 重印）

高等职业教育系列教材

ISBN 978-7-111-58735-4

Ⅰ. ①电… Ⅱ. ①牛… ②周… ③王… Ⅲ. ①电子产品-生产工艺-高等职业教育-教材 ②电子产品-质量管理-高等职业教育-教材 Ⅳ. ①TN05

中国版本图书馆 CIP 数据核字（2017）第 310694 号

机械工业出版社（北京市百万庄大街 22 号　邮政编码 100037）
策划编辑：王　颖　责任编辑：王　颖
责任校对：潘　蕊　责任印制：郜　敏
北京富资园科技发展有限公司印刷
2024 年 1 月第 2 版第 4 次印刷
184mm×260mm · 14 印张 · 334 千字
标准书号：ISBN 978-7-111-58735-4
定价：49.90 元

电话服务　　　　　　　网络服务
客服电话：010-88361066　机 工 官 网：www. cmpbook. com
　　　　　010-88379833　机 工 官 博：weibo. com/cmp1952
　　　　　010-68326294　金 书 网：www. golden-book. com
封底无防伪标均为盗版　机工教育服务网：www. cmpedu. com

高等职业教育系列教材
电子类专业编委会成员名单

出 版 说 明

党的二十大报告首次提出"加强教材建设和管理",表明了教材建设国家事权的重要属性,凸显了教材工作在党和国家事业发展全局中的重要地位,体现了以习近平同志为核心的党中央对教材工作的高度重视和对"尺寸课本、国之大者"的殷切期望。教材作为教育目标、理念、内容、方法、规律的集中体现,是教育教学的基本载体和关键支撑,是教育核心竞争力的重要体现。建设高质量教材体系,对于建设高质量教育体系而言,既是应有之义,也是重要基础和保障。为落实立德树人根本任务,发挥铸魂育人实效,机械工业出版社组织国内多所职业院校(其中大部分院校入选"双高"计划)的院校领导和骨干教师展开专业和课程建设研讨,以适应新时代职业教育发展要求和教学需求为目标,规划并出版了"高等职业教育系列教材"丛书。

该系列教材以岗位需求为导向,涵盖计算机、电子信息、自动化和机电类等专业,由院校和企业合作开发,由具有丰富教学经验和实践经验的"双师型"教师编写,并邀请专家审定大纲和审读书稿,致力于打造充分适应新时代职业教育教学模式、满足职业院校教学改革和专业建设需求、体现工学结合特点的精品化教材。

归纳起来,本系列教材具有以下特点:

1)充分体现规划性和系统性。系列教材由机械工业出版社发起,定期组织相关领域专家、院校领导、骨干教师和企业代表开展编委会年会和专业研讨会,在研究专业和课程建设的基础上,规划教材选题,审定教材大纲,组织人员编写,并经专家审核后出版。整个教材开发过程以质量为先,严谨高效,为建立高质量、高水平的专业教材体系奠定了基础。

2)工学结合,围绕学生职业技能设计教材内容和编写形式。基础课程教材在保持扎实理论基础的同时,增加实训、习题、知识拓展以及立体化配套资源;专业课程教材突出理论和实践相统一,注重以企业真实生产项目、典型工作任务、案例等为载体组织教学单元,采用项目导向、任务驱动等编写模式,强调实践性。

3)教材内容科学先进,教材编排展现力强。系列教材紧随技术和经济的发展而更新,及时将新知识、新技术、新工艺和新案例等引入教材;同时注重吸收最新的教学理念,并积极支持新专业的教材建设。教材编排注重图、文、表并茂,生动活泼,形式新颖;名称、名词、术语等均符合国家有关技术质量标准和规范。

4)注重立体化资源建设。系列教材针对部分课程特点,力求通过随书二维码等形式,将教学视频、仿真动画、案例拓展、习题试卷及解答等教学资源融入到教材中,使学生学习课上课下相结合,为高素质技能型人才的培养提供更多的教学手段。

由于我国高等职业教育改革和发展的速度很快,加之我们的水平和经验有限,因此在教材的编写和出版过程中难免出现疏漏。恳请使用本系列教材的师生及时向我们反馈相关信息,以利于我们今后不断提高教材的出版质量,为广大师生提供更多、更适用的教材。

机械工业出版社

前　言

当前，电子技术发展迅速，电子产品与人们的生活越来越密不可分，同时市场竞争也日趋激烈，电子企业为了自身发展，需要不断提高产品的质量和可靠性，对工程技术人员也提出了更高的素质要求，不仅要掌握产品的工艺技术，还要懂得质量管理。

为了更好地满足社会及教学的需要，编者结合高职高专院校的办学定位、岗位需求等情况，以培养学生的应用能力为出发点，实现技能型人才的培养目标，对《电子产品工艺与质量管理》第1版进行了改版。

改版后的第2版基本保持了第1版的风格、特色，对第1版中的部分内容进行了结构调整、更新和充实，内容更加丰富。从电子产品装配与调试竞赛训练项目中精选了几种新颖、实用的制作实例，使训练更具有针对性。

本书具体特色如下：

1) 紧密结合电子产品的生产实际。本书以电子产品整机生产为主线，内容涉及电子产品生产的全过程。系统讲述了常用电子元器件的识别、检测与选用，印制电路板的设计与制作，焊接技术，表面安装技术，电子产品的整机装配、调试和质量管理等知识。

2) 突出技能训练，可操作性强。以通用、典型的收音机产品作为实例，详细介绍了电子产品生产环节中的工艺、方法和操作步骤，并用电子产品设计制作实例作为综合实训项目，以巩固读者所学的知识和技能。

3) 体现新知识、新技术、新工艺和新方法。本书介绍了贴片元器件、表面安装技术、PCB 的计算机设计、波峰焊和再流焊等内容，力求反映本领域的新发展。

4) 理论分析简明，结构完整，可选择性强。本书的编写遵循认知规律，深入浅出，通俗易懂。方便读者理解和掌握，全书共分为8章，各章相对独立，方便学校根据自身的条件和设备情况灵活选择内容。

本书可作为高等职业院校电子信息类或其他相关专业的教材，建议教学学时为60~90学时，教学时可结合具体专业实际，对教学内容和教学时数进行适当调整。

本书由济宁职业技术学院牛百齐编写第1章，马妍霞编写第2、3章，山东电子职业技术学院周新虹编写第4、5章，王芳编写第7章，阜阳职业技术学院刘志云编写第6章，曹秀海、孙尧、李汉挺共同编写第8章，全书由牛百齐统稿。

由于编者水平有限，书中不妥、疏漏或错误之处在所难免，恳请专家、同行批评指正，也希望得到读者的意见和建议。

编　者

目　　录

出版说明

前　言

第1章　常用电子元器件 …………………………………………………………………… 1

　1.1　电阻器 ……………………………………………………………………………… 1

　　1.1.1　电阻器的基本知识 …………………………………………………………… 1

　　1.1.2　常用电阻器及选用 …………………………………………………………… 5

　　1.1.3　电阻器的检测 ………………………………………………………………… 9

　1.2　电容器 ……………………………………………………………………………… 11

　　1.2.1　电容器的基本知识 …………………………………………………………… 11

　　1.2.2　常用电容器及选用 …………………………………………………………… 13

　　1.2.3　电容器的检测 ………………………………………………………………… 15

　1.3　电感器和变压器 …………………………………………………………………… 17

　　1.3.1　电感器 ………………………………………………………………………… 17

　　1.3.2　变压器 ………………………………………………………………………… 20

　　1.3.3　电感器与变压器的检测 ……………………………………………………… 21

　1.4　半导体器件 ………………………………………………………………………… 23

　　1.4.1　半导体器件的命名方法 ……………………………………………………… 23

　　1.4.2　半导体二极管 ………………………………………………………………… 24

　　1.4.3　半导体晶体管 ………………………………………………………………… 27

　　1.4.4　场效应晶体管 ………………………………………………………………… 31

　　1.4.5　集成电路 ……………………………………………………………………… 33

　1.5　电声器件 …………………………………………………………………………… 35

　　1.5.1　扬声器 ………………………………………………………………………… 35

　　1.5.2　传声器 ………………………………………………………………………… 37

　1.6　实训　常用电子元器件的识别与检测 …………………………………………… 39

　1.7　习题 ………………………………………………………………………………… 39

第2章　印制电路板的设计与制作 ………………………………………………………… 41

　2.1　印制电路板的种类与结构 ………………………………………………………… 41

　2.2　印制电路板的设计 ………………………………………………………………… 43

　　2.2.1　印制电路板的设计原则 ……………………………………………………… 43

　　2.2.2　印制导线的尺寸和图形 ……………………………………………………… 45

　　2.2.3　印制电路板电路的干扰及抑制 ……………………………………………… 48

　　2.2.4　印制电路板的设计步骤和方法 ……………………………………………… 50

　2.3　印制电路板的制作 ………………………………………………………………… 51

　　2.3.1　手工制作方法 ………………………………………………………………… 51

2.3.2 印制电路板的生产工艺 ·· 56

2.3.3 印制电路板质量检验 ··· 59

2.4 印制电路板的计算机设计 ··· 60

2.4.1 Protel DXP 2004 SP2 电路板设计软件简介 ·············· 60

2.4.2 原理图设计 ··· 62

2.4.3 PCB 设计 ·· 67

2.5 实训 手工制作印制电路板 ·· 72

2.6 习题 ··· 73

第 3 章 焊接技术 ·· 74

3.1 焊接的基础知识 ·· 74

3.1.1 焊接与锡焊 ··· 74

3.1.2 焊接工具 ·· 75

3.2 焊接材料 ·· 78

3.2.1 焊料 ·· 78

3.2.2 助焊剂与阻焊剂 ·· 79

3.3 手工焊接技术 ·· 81

3.3.1 手工焊接的过程 ·· 81

3.3.2 焊接的质量检验 ·· 85

3.3.3 手工拆焊技术 ··· 87

3.4 自动焊接技术 ·· 89

3.4.1 浸焊 ·· 89

3.4.2 波峰焊 ·· 91

3.4.3 再流焊 ·· 93

3.4.4 焊接技术的发展趋势 ··· 95

3.5 实训 手工焊接训练 ··· 96

3.6 习题 ··· 97

第 4 章 表面安装技术 ·· 98

4.1 表面安装技术概述 ··· 98

4.1.1 表面安装技术的发展过程 ·· 98

4.1.2 表面安装技术的特点 ··· 99

4.2 表面安装元器件 ·· 100

4.2.1 表面安装元器件的种类 ·· 100

4.2.2 表面安装元器件 SMC ·· 100

4.2.3 表面安装元器件 SMD ·· 104

4.3 表面安装材料与设备 ··· 107

4.3.1 表面安装材料 ·· 107

4.3.2 表面安装设备 ·· 108

4.4 表面安装工艺 ··· 113

4.4.1 SMT 的安装方式 ·· 113

4.4.2 表面安装的自动焊接工艺 ·· 113

4.4.3 表面安装的手工焊接工艺 ·· 115

4.5 实训 SMC/SMD 的手工焊接 ………………………………………………………… 120

4.6 习题 …………………………………………………………………………………… 122

第 5 章 电子产品的整机装配 ……………………………………………………………… 123

5.1 工艺文件 ……………………………………………………………………………… 123

  5.1.1 工艺文件概述 …………………………………………………………………… 123

  5.1.2 工艺文件的格式 ………………………………………………………………… 124

  5.1.3 工艺文件的编制 ………………………………………………………………… 126

5.2 电子产品整机装配基础 ……………………………………………………………… 133

  5.2.1 整机装配的内容与方法 ………………………………………………………… 133

  5.2.2 整机装配的工艺流程 …………………………………………………………… 134

  5.2.3 整机装配生产流水线 …………………………………………………………… 136

5.3 印制电路板的装配 …………………………………………………………………… 136

  5.3.1 印制电路板装配的工艺流程 …………………………………………………… 136

  5.3.2 元器件的引线成形加工 ………………………………………………………… 138

  5.3.3 电子元器件的安装工艺 ………………………………………………………… 139

5.4 导线的加工 …………………………………………………………………………… 142

  5.4.1 绝缘导线的加工 ………………………………………………………………… 142

  5.4.2 屏蔽导线或同轴电缆的加工 …………………………………………………… 143

  5.4.3 线扎的成形加工 ………………………………………………………………… 145

5.5 整机的连接与总装 …………………………………………………………………… 147

  5.5.1 整机的连接 ……………………………………………………………………… 147

  5.5.2 整机总装 ………………………………………………………………………… 149

5.6 实训 收音机的整机装配 …………………………………………………………… 151

5.7 习题 …………………………………………………………………………………… 155

第 6 章 电子产品的调试 …………………………………………………………………… 156

6.1 调试要求与调试方案 ………………………………………………………………… 156

  6.1.1 调试要求 ………………………………………………………………………… 156

  6.1.2 调试方案 ………………………………………………………………………… 157

6.2 电子产品的调试 ……………………………………………………………………… 158

  6.2.1 静态调试 ………………………………………………………………………… 158

  6.2.2 动态调试 ………………………………………………………………………… 160

  6.2.3 整机性能测试与调整 …………………………………………………………… 162

6.3 电子产品的质量检验 ………………………………………………………………… 162

  6.3.1 质量检验的方法和程序 ………………………………………………………… 163

  6.3.2 电子产品故障检测方法 ………………………………………………………… 165

  6.3.3 收音机电路原理与检修方法 …………………………………………………… 166

  6.3.4 收音机的故障检修示例 ………………………………………………………… 170

6.4 实训 收音机的调试 ………………………………………………………………… 174

6.5 习题 …………………………………………………………………………………… 179

第 7 章 电子产品的质量管理 ……………………………………………………………… 180

7.1 质量管理概述 ………………………………………………………………………… 180

7.2　电子产品生产中的标准化与 5S 管理 ·· 182
　7.2.1　电子产品生产中的标准化 ·· 182
　7.2.2　电子产品生产中的 5S 管理 ·· 184
7.3　电子产品认证 ·· 187
　7.3.1　产品认证与体系认证 ·· 187
　7.3.2　ISO 9000 质量管理体系认证 ··· 189
7.4　习题 ·· 193

第 8 章　电子产品制作实例 ··· 194
8.1　串联型直流稳压电源的制作 ·· 194
8.2　晶体管放大器的制作 ·· 196
8.3　OTL 功率放大器的制作 ··· 198
8.4　拍手声控开关的制作 ·· 200
8.5　热释红外传感报警器 ·· 202
8.6　8 路抢答器的制作 ··· 206
8.7　贴片调频收音机的制作 ·· 210

参考文献 ··· 214

第1章 常用电子元器件

任何一个简单或复杂的电子产品都是由各种作用不同的电子元器件组成的。电子元器件是构成电子产品的基本元素，它的性能和质量直接影响电子产品的质量，因此，学习电子元器件的识别与检测知识是设计、组装和维修电子产品必不可少的环节，是掌握电子产品生产工艺的基础。

1.1 电阻器

1.1.1 电阻器的基本知识

电阻器是电路中应用最多的电子元器件之一，它在电路中起到限流、降压、偏置、负载、匹配和取样等作用，其质量的好坏对电路工作的稳定性有很大影响。

电阻器用符号 R 表示，单位为欧姆（Ω）。常用单位还有千欧（kΩ）和兆欧（MΩ），其换算关系为：$1k\Omega = 10^3\Omega$，$1M\Omega = 10^3 k\Omega = 10^6\Omega$。

1. 电阻器的种类

电阻器的种类繁多，按阻值特性分为：固定电阻、可变电阻（电位器）和敏感电阻。按材料种类可分为：碳膜电阻、金属膜电阻、金属氧化膜电阻和线绕电阻等。

固定电阻器是指阻值固定不变的电阻器，主要用在阻值固定而不需要调节变动的电路中；阻值可以调节的电阻器称为可变电阻器（又称为变阻器，有些类型称为电位器），其又分为可变和半可变电阻器，半可变（或微调）电阻器主要用在阻值不经常变动的电路中；敏感电阻器是指其阻值对某些物理量表现敏感的电阻元件，常用的有热敏、光敏、压敏、湿敏、磁敏、气敏和力敏电阻器等，它们是利用某种半导体材料对某个物理量敏感的性质而制成的，也称为半导体电阻器。

常用电阻器的电路符号如图 1-1 所示。

图 1-1　常用电阻器的电路符号

a）固定电阻　b）可变电阻　c）电位器　d）热敏电阻

2. 电阻器的主要技术参数

（1）标称阻值

在电阻器表面所标注的阻值称为电阻器的标称阻值，电阻器的阻值通常是按照国家标准中的规定进行生产的。目前，电阻器标称阻值系列有 E6、E12、E24 系列，其中 E24 系列最全。表 1-1 所示为通用电阻器的标称阻值系列和允许偏差。

电阻的标称阻值为表中所列数值的 10^n 倍。以 E12 系列中的标称值 1.5 为例，它所对应的电阻标称阻值为 1.5Ω、15Ω、150Ω、1.5kΩ、15kΩ、150kΩ 和 1.5MΩ 等，其他系列以此类推。

表 1-1　通用电阻器的标称阻值系列和允许偏差

系　列	允许误差	标　称　值
E24	Ⅰ级（±5%）	1.0, 1.1, 1.2, 1.3, 1.5, 1.6, 1.8, 2.0, 2.2, 2.4, 2.7, 3.0, 3.3, 3.6, 3.9, 4.3, 4.7, 5.1, 5.6, 6.2, 6.8, 7.5, 8.2, 9.1
E12	Ⅱ级（±10%）	1.0, 1.2, 1.5, 1.8, 2.2, 2.7, 3.3, 3.9, 4.7, 5.6, 6.8, 8.2
E6	Ⅲ级（±20%）	1.0, 1.5, 2.2, 3.3, 4.7, 6.8

（2）允许误差

在电阻的实际生产中，由于所用材料、设备和工艺等方面的原因，电阻的标称阻值往往与实际阻值有一定的偏差，这个偏差与标称阻值的百分比称为电阻器的相对误差，允许相对误差的范围称为允许误差，也称为允许偏差，普通电阻的允许误差可分三级，Ⅰ级（±5%），Ⅱ级（±10%），Ⅲ级（±20%）。精密电阻的允许误差可分为 ±2%、±1%、…、±0.001% 等 10 多个等级。电阻的精度等级可以用符号标明，如表 1-2 所示。误差越小，电阻器的精度越高。

表 1-2　允许偏差常用符号

符　号	W	B	C	D	F	G	J	K	M	N	R	S	Z
偏差（%）	±0.05	±0.1	±0.2	±0.5	±1	±2	±5	±10	±20	±30	+100 −10	+50 −20	+80 −20

（3）额定功率

额定功率是指电阻器在产品标准规定的大气压和额定温度下，电阻长时间安全工作所允许消耗的最大功率。一般常用的有 1/8W、1/4W、1/2W、1W、2W 和 5W 等多种规格。在使用过程中，电阻的实际消耗功率不能超过其额定功率，否则会造成电阻器过热而烧坏。在电路图中，电阻器额定功率采用不同符号表示，如图 1-2 所示。

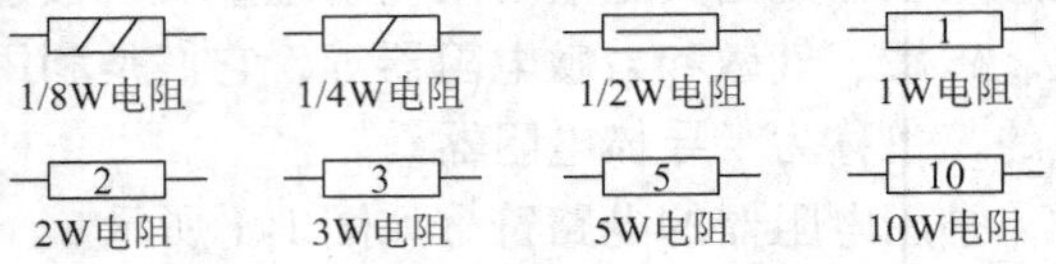

图 1-2　电阻器额定功率的符号表示

（4）温度系数

温度每变化 1℃ 时，引起电阻阻值的相对变化量称为电阻的温度系数，用 α 表示。

$$\alpha = \frac{R_2 - R_1}{R_1(t_2 - t_1)}$$

上式中，R_1、R_2 是同一个电阻器分别为温度在 t_1、t_2 时的阻值。

温度系数可正、可负。温度升高，电阻值增大，称该电阻具有正的温度系数、温度升高，电阻值减小，称该电阻具有负的温度系数。温度系数越小，电阻的温度稳定度越高。

3. 电阻器的识别

（1）电阻器的命名

我国电阻器的命名由 4 部分组成，如图 1-3 所示。

第一部分是产品的主称，用字母 R 表示一般电阻器，用 W 表示电位器，用 M 表示敏感电阻器。

第二部分是产品的主要材料，用一个字母表示。

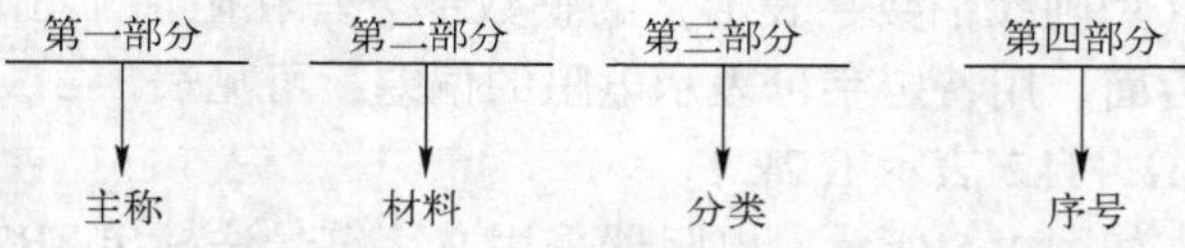

第三部分是产品的分类，用一个数字或字母表示。

第四部分是生产序号，一般用数字表示。

电阻器的型号命名中字母和数字的意义如表 1-3 所示。

第一部分	第二部分	第三部分	第四部分
主称	材料	分类	序号

图 1-3　电阻器的命名

表 1-3　电阻器的型号命名中字母和数字的意义

第 一 部 分		第 二 部 分		第 三 部 分		第 四 部 分
用字母表示产品的主称		用字母表示材料		用数字或字母表示分类		用数字表示序号
符　号	意　义	符　号	意　义	符　号	意　义	意　　义
R	电阻器	T	碳膜	1	普通	
W	电位器	H	合成膜	2	普通	
		P	硼碳膜	3	超高频	
		U	硅碳膜	4	高阻	
		C	沉积膜	5	高温	
		I	玻璃釉膜	7	精密	
		J	金属膜	8	电阻器-高压	包括：额定功率；阻值；
		Y	氧化膜	9	电位器-特殊	允许误差；精度等级
		S	有机实心	G	高功率	
		N	无机实心	T	可调	
		X	线绕	X	小型	
				L	测量用	
				W	微调	
				D	多圈	

例如，有一电阻为 RJ71-0.25-4.7kⅠ型，其表示含义如下：

R—主称，电阻；J—材料为金属膜；7—分类，为精密型；1—序号为 1；0.25—额定功率为 0.25W；4.7k—标称阻值为 4.7kΩ；Ⅰ—允许误差等级，±5%。

WSW-1-0.5-4.7k±10% 型，其表示含义如下：

W—主称，电位器；S—材料为有机实心；W—分类，为微调型；1—序号为 1；0.5—额定功率 0.5W；4.7k—标称阻值为 4.7kΩ；±10%—允许误差为 ±10%。

（2）电阻器的标志方法

1）直标法。直标法主要用在体积较大（功率大）的电阻器上，它将标称阻值和允许偏差等直接用数字标在电阻器上。例如，图 1-4 中所示的电阻器采用直标法标出其阻值为 2.7kΩ，允许偏差为 5%。

2）文字符号法。用文字符号和数字有规律的组合，在电阻上标示出主要参数的方法。具体方法为：用文字符号表示电阻的单位（R 或 Ω 表示 Ω，k 表示 kΩ，M 表示 MΩ），电阻值（用阿拉伯数字表示）的整数部分写在阻值单位前面，电阻值的小数部分写在阻值单位的后面。用特定字母表示电阻的偏差，可见表 1-2。例如 R12 表示 0.12Ω，1R2 或 1Ω2 表示 1.2Ω，1k2 表示 1.2kΩ。

如图 1-5 所示，电阻器采用文字符号法标出 8R2J 表示阻值为 8.2Ω，允许偏差为 ±5%。

图 1-4　电阻器的直标法　　　　　　　图 1-5　电阻器的文字符号法

3）数码法。数码法是用 3 位数码来表示电阻值的方法，其允许偏差通常用字母符号表示。识别方法是，从左到右第 1、2 位为有效数值，第 3 位为乘数（即零的个数），单位为 Ω，常用于贴片元件。

例如：103k，"10" 表示两位有效数字，"3" 表示倍乘为 10^3，k 表示允许偏差为 ±10%。同理 222J 表示阻值标称值为 2.2kΩ，允许偏差为 ±5%。

电阻值的 4 位数码表示法中，前 3 位表示有效数字，第 4 位表示有多少个 0，单位是 Ω，如 1502 = 15000Ω = 15kΩ。

4）色环标志法。用不同颜色的色环表示电阻器的阻值和误差，简称为色标法。色标法的电阻器有四色环标注和五色环标注两种，前者用于普通电阻器，后者用于精密电阻器。

电阻器四色环标志时，四色环所代表的意义为：从左到右第一、二色环表示有效值，第三色环表示乘数（即零的个数），第四色环表示允许偏差，单位为 Ω。其表示方法如图 1-6a 所示。

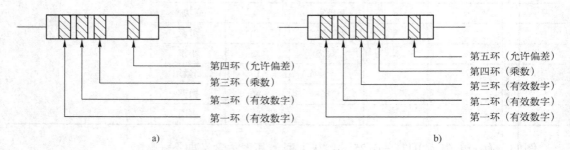

图 1-6　电阻器的色环标注法
a）四环色标法　b）五环色标法

电阻器五色环标志时，五色环所代表的意义为：从左到右第一、二、三色环表示有效值，第四色环表示乘数（即零的个数），第五色环表示允许偏差，单位为 Ω。其表示方法如图 1-6b 所示。色标符号规定如表 1-4 所示。

表 1-4　色标符号规定

色　别	棕	红	橙	黄	绿	蓝	紫	灰	白	黑	金	银	无
有效数字	1	2	3	4	5	6	7	8	9	0	/	/	/
倍乘率	10^1	10^2	10^3	10^4	10^5	10^6	10^7	10^8	10^9	10^0	10^{-1}	10^{-2}	/
偏差（%）	±1	±2	/	/	±0.5	±0.25	±0.1	/	±50 ~ ±20	/	±5	±10	±20

色环顺序的识读：从色环到电阻引线的距离看，离引线较近的一环是第一环；从色环间的距离看，间距最远的一环是最后一环即允许偏差环；金、银色只能出现在色环的第三、四位的位置上，而不能出现在色环的第一、二位上；若均无以上特征，且能读出两个电阻值，可根据电阻的标称系列标准，若在其内者，则识读顺序是正确；若两者都在其中，则只能借助于万用表来加以识别。

如：红、红、红、银四环表示的阻值为 $22 \times 10^2 = 2200\Omega$，允许偏差为 $\pm 10\%$。

如：棕、黑、绿、棕、棕五环表示阻值为 $105 \times 10^1 = 1050\Omega = 1.05\text{k}\Omega$，允许偏差为 $\pm 1\%$。

4. 电位器

电位器是一种阻值连续可调的电阻器，在电子产品中，经常用它进行阻值、电位的调节。

（1）电位器的种类

电位器的种类很多，按材料不同分为碳膜、线绕、金属膜、碳质实心和玻璃釉电位器等；按结构不同分为单圈式和多圈式电位器、单联式和双联式电位器；按调节方式划分为旋转式（或转轴式）和直滑式电位器；按有无开关分为开关和无开关电位器。

电位器对外有 3 个引出端，其中两个为固定端，一个为滑动端（也称为滑动触头）。滑动端在两个固定端之间的电阻体上做机械运动，使其与固定端之间的电阻发生变化。图 1-7 所示的碳膜电位器，转动电位器的转柄时，动片在电阻体上滑动，动片到两定片之间的阻值大小发生改变。当动片到一个定片的阻值增大时，动片到另一个定片的阻值减小。

图 1-7　碳膜电位器

（2）电位器的主要技术指标

1）标称值。标称阻值是标注在电位器表面上的阻值，即电位器两个固定端之间的电阻值。

2）额定功率。额定功率是指电位器两个固定端上允许消耗的最大功率。

3）滑动噪声。当电位器的滑动端在电阻体上滑动时，滑动端触点与电阻体的滑动接触时所产生的噪声。滑动噪声要求越小越好。

4）分辨率。分辨率是指电位器对输出量可实现的最精细的调节能力，一般线绕电位器的分辨率较差。

5）阻值变化规律。电位器的阻值变化规律有按线性变化、指数变化或者对数变化等形式。

1.1.2　常用电阻器及选用

1. 常用电阻器

（1）碳膜电阻器

碳膜电阻器有良好的稳定性、负温度系数小、能在 70℃ 的温度下长期工作、高频特性好、受电压频率影响较小、噪声电动势较小、脉冲负荷稳定、阻值范围宽、阻值范围一般为 $1\Omega \sim 10\text{M}\Omega$，额定功率有 1/8W、1/4W、1/2W、1W、2W、5W 和 10W 等，其制作容易、生产成本低，广泛应用在电视机、音响等家用电器产品中。实物外形如图1-8a所示。

（2）金属膜电阻器

金属膜电阻器除具有碳膜电阻器的特点外，还具有比较好的耐高温特性（能在125℃的高温下长期工作），当环境温度升高后，其阻值随温度的变化很小，工作频率较宽，高频特性好，精度高，但成本稍高、温度系数小。在精密仪表和要求较高的电子系统中使用。实物外形如图1-8b所示。

图1-8　常用电阻器实物外形
a）碳膜电阻器　b）金属膜电阻器　c）金属氧化膜电阻　d）线绕电阻　e）水泥电阻

（3）金属氧化膜电阻器

金属氧化膜电阻与金属膜电阻性能和形状基本相同，而且具有更高的耐压、耐热性能。金属氧化物的化学稳定性好，具有较好的机械性能，硬度大、耐磨、不易损伤，功率大（可高达数百千瓦），电阻阻值范围窄，温度系数比金属膜电阻大，稳定性高等特点。实物外形如图1-8c所示。

（4）线绕电阻器

线绕电阻器是用康铜、锰铜等特殊的合金制成细丝绕在绝缘管上制成的，外面有一层保护层，保护层有一般釉质和防潮釉质两种。这种电阻的优点是：阻值精确；有良好的电气性能、工作可靠、稳定；温度系数小，耐热性好；功率较大。缺点是阻值不大、成本较高。线绕电阻适用于功率要求较大的电路之中，有的可用于要求精密电阻的地方。但因存在电感，不宜用于高频电路。实物外形如图1-8d所示。

（5）水泥电阻器

水泥电阻是将电阻线绕在耐热瓷片上，用特殊不燃性耐热水泥填充密封而成。其特点是：散热多；功率大；具有优良的绝缘性能，绝缘电阻可达$100M\Omega$；具有优良的阻燃、防爆特性；在负载短路的情况下，可迅速在压接处熔断，进行电路保护。水泥电阻具有多种外形和安装方式，可直接安装在印制电路板上，也可利用金属支架独立安装焊接。实物外形如图1-8e所示。

（6）碳膜电位器

碳膜电位器是用经过研磨的碳黑、石墨、石英等材料涂敷于基体表面而成，该工艺简单，是目前应用最广泛的电位器。其优点是分辨力高、耐磨性好，寿命较长，阻值范围宽，为$100\Omega \sim 4.7M\Omega$。功率一般不大于2W，有0.125W、0.5W、1W和2W等。若做到3W，体积显得很大。缺点是有电流噪声、非线性大、耐潮性以及阻值稳定性差、精度较差（一般为±20%）。实物外形如图1-9a所示。

（7）线绕电位器

线绕电位器是由康铜丝或镍铬合金丝作为电阻体，并把它绕在绝缘骨架上制成。其优点是接触电阻小、精度高、温度系数小。主要用做分压器、变阻器、仪器中调零和工作点等。其缺点是分辨力较差、阻值偏低、高频特性差、可靠性差、不适于高频电路。实物外形如图 1-9b 所示。

（8）带开关的电位器

带开关的电位器常常在收音机中使用。其电位器上的开关用于电源的切断和导通，电位器用于音量控制，其动触点的位置改变与开关的导通与切断用同一个轴进行控制。有旋转式开关电位器、推拉式开关电位器，其外形有多种。实物外形如图 1-9c 所示。

（9）直滑式电位器

直滑式电位器的形状一般为长方体，电阻体一般为板条形，通过滑动触头来改变电阻值。直滑式电位器多用于收录机、电视机等家用电子产品中。它的功率小，阻值范围一般为 $470\Omega \sim 2.2M\Omega$。实物外形如图 1-9d 所示。

图 1-9　常用电位器实物外形

a）碳膜电位器　b）线绕电位器　c）带开关的电位器　d）直滑式电位器

（10）热敏电阻

热敏电阻器大多由单晶或多晶半导体材料制成，它的阻值会随温度的变化而变化。热敏电阻器在电路中的文字符号用“R”或“RT”表示。

按温度变化特性可分为：正温度系数（PTC）热敏电阻和负温度系数（NTC）热敏电阻器。PTC 型热敏电阻器广泛应用于彩色电视机消磁电路、电冰箱压缩机起动电路及过热保护、过电流保护等电路中，还可用于如电子驱蚊器、卷发器等小家用电器中作为加热元件。实物外形如图 1-10a 所示。

NTC 热敏电阻器广泛应用于电冰箱、空调器、微波炉、电烤箱、复印件和打印机等家用电器和办公电气产品中，做温度检测、温度补偿、温度控制、微波功率测量及稳压控制之用。实物外形如图 1-10b 所示。

（11）压敏电阻器

压敏电阻器简称为 VSR，其阻值随加到电阻两端的电压高低变化而变化。加到压敏电阻器两端电压低于一定值时，压敏电阻器的阻值很大。当它两端的电压高到一定程度时，压敏电阻器的阻值迅速减小。压敏电阻器在电路中的文字符号用“R”或“RV”表示。实物外形如图 1-10c 所示。

压敏电阻器广泛地应用在家用电器及其他电子产品中，起过电压保护、防雷、抑制浪涌电流、吸收尖峰脉冲、限幅、高压灭弧、消噪和保护半导体元器件等作用。

（12）光敏电阻器

光敏电阻器是利用半导体光电导效应制成的一种特殊电阻器，它通常由光敏层、玻璃基片（或树脂防潮膜）和电极等组成。它的电阻值能随着外界光照强弱（明暗）变化而变化。

在无光照射时，呈高阻状态；当有光照射时，其电阻值迅速减小。光敏电阻器在电路中用字母"R"或"RL""RG"表示。实物外形如图1-10d所示。

由于光敏电阻器对光线有特殊的敏感性，因此，广泛应用于各种自动控制电路（如自动照明灯控制电路、自动报警电路等）、家用电器（如电视机中的亮度自动调节，照相机中的自动曝光控制等）及各种测量仪器中。

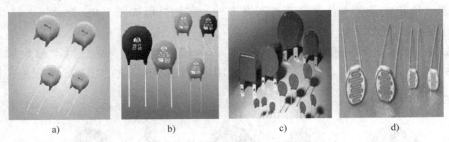

图 1-10　常用敏感电阻器实物外形

a）PTC 热敏电阻　b）NTC 热敏电阻　c）压敏电阻器　d）光敏电阻器

（13）排电阻器

排电阻器也称为集成电阻器或网络电阻器，它是一种按一定规律排列，集成多只分立电阻于一体的组合式电阻器。常见的排电阻分为单列式（SIP）和双列直插式（DIP）两种外形结构，此外还有贴片式排阻（SMD）。实物图如图1-11所示。排电阻内部电路结构有多种形式，如图1-12所示。排电阻具有体积小、安装方便、阻值一致性好等优点，广泛应用在各类电子产品中。

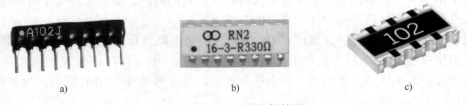

图 1-11　排电阻实物外形

a）单列式排电阻　b）双列直插式排电阻　c）贴片式排电阻

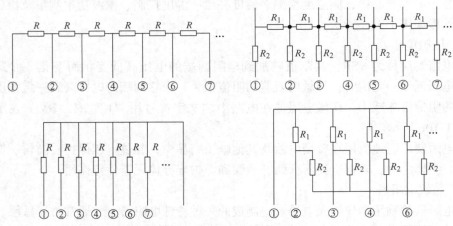

图 1-12　常见排电阻的内部电路

2. 电阻器的选用

（1）按用途选择电阻器的种类

电路中使用什么种类的电阻器，应按其用途进行选择。如果电路对电阻器的性能要求不高，可选用碳膜电阻；如果电路对电阻器的工作稳定性、可靠性要求较高，可选用金属膜电阻；对于要求电阻器功率大、耐热性好和频率不高的电路，可选线绕电阻；精密仪器及特殊要求的电路中选用精密电阻器。

（2）电阻器额定功率的选用

在电路设计和使用中，选用电阻器的功率不能过大，也不能过小。如选用功率过大，势必增大电阻的体积；选用过小，就不能保证电阻器安全可靠的工作。一般选用电阻的额定功率值应是电阻在电路工作中实际消耗功率值的 1.5 ~ 2 倍。

（3）电阻器的阻值和误差的选择

在选择电阻器时，要求参数符合电路的使用条件，所选电阻器的阻值应接近电路设计的阻值，优先选用标准系列的电阻器。一般电路使用的电阻器允许误差为 ±5% ~ ±10%；在特殊电路中根据要求选用。

另外，选用电阻时还要考虑工作环境与可靠性，首先要了解电子产品整机工作环境条件，然后与电阻器技术性能中所列的工作环境条件相对照，从中选用条件相一致的电阻器；还要了解电子产品整机工作状态，从技术性能上满足电路技术要求，保证整机的正常工作。

1.1.3　电阻器的检测

1. 电阻器的检测

电阻器的阻值一般用万用表进行检测，检测方法有开路测试法和在线测试法。开路测试法是对单独电阻器的检测；在线测试是对在印制电路板上的电阻器进行检测。

（1）电阻器的开路测试

1）指针式万用表对电阻器的测试。用指针式万用表测量阻值前应先将万用表调零，即把万用表的红表笔与黑表笔相碰，调整调零旋钮，使万用表指针准确地指 0Ω。

万用表的电阻量程分为几档，其指针数值与量程数值相乘即为被测电阻器的实测阻值。例如，把万用表的量程开关拨至 $R \times 1k\Omega$ 档时，把红、黑表笔进行短接，调整调零旋钮使指针指 0Ω，然后将表笔分别接触被测电阻器的两个引脚，此时若万用表指针指示在 "8" 上，则该电阻器的阻值为 $8 \times 1k\Omega = 8k\Omega$。

在测试中，如果万用表指针停在接近 ∞ 处，则可能是所选量程太小，此时可把万用表的量程开关拨到更大的量程上，并重新调零后再进行测试。如果测试时万用表指针摆动幅度太小，则说明所选量程太大。量程选择宜使测量时指针指示值在刻度线的中间偏右区域。

注意在测量较大阻值电阻的过程中，不要用双手同时触及电阻器的引线两端，以免将人体电阻并联到被测电阻器上，影响测量的准确性。

2）数字万用表对电阻器的测试。用数字万用表测试电阻器时无需调零，根据电阻器的标称值将数字万用表档位旋转到适当的 "Ω" 档位，测量时，黑表笔插在 "COM" 插孔，红表笔插在 "VΩ" 插孔，两表笔分别接被测电阻器的两端，则显示屏显示被测电阻器的阻值。如果显示 "000"，则表示电阻器已经短路；如果仅最高位显示 "1"，则说明电阻器开路或超出所选量程范围。如果显示值与电阻器标称值相差很大，超过允许误差，这说明该电阻器质量不合格。

（2）电阻器的在线测试

在线测试印制电路板上电阻器的阻值时，印制电路板不得带电（称为断电测试），而且还需对电容器等储能元件进行放电。通常，需对电路进行详细分析，估计某一电阻器有可能损坏时，才能进行测试。此方法常用于维修中。

例如，怀疑印制电路板上的某一只阻值为10kΩ的电阻器烧坏时，用万用表红、黑表笔并联在10kΩ的电阻器的两个焊接点上，如指针指示值接近（由于电路存在总的等效电阻，通常是略低一点）10kΩ时，则可排除该电阻器出现故障的可能性；若测试后的阻值与10kΩ相差较大时，则该电阻器可能已经损坏。进一步确定，可将这个电阻器的一个引脚从焊盘上脱焊，再进行开路测试，以判断其好坏。

2. 电位器的测试

（1）检测标称阻值

尽可能采用指针式万用表进行测试。

根据电位器标称阻值的大小，将万用表置于适当的"Ω"档位，用红、黑表笔与电位器的两固定引脚相接触，观察万用表指示的阻值是否与电位器外壳上的标称值一致。

（2）检测电位器的动端与电阻体接触是否良好

将万用表的一个表笔与电位器的动端相接，另一表笔与任一个定端相接，然后，慢慢地将转轴从一个极端位置旋转至另一个极端位置，被测电位器的阻值应从零（或标称值）连续变化到标称值（或零）。

在旋转转柄的过程中，若指针万用表的指针平稳移动，或用数字万用表测量的数字连续变化，则说明被测电位器是正常的；若指针万用表的指针抖动（左、右跳动），或数字万用表的显示数值中间有不变或显示"1"的情况，则说明被测电位器有接触不良现象。

3. 敏感电阻的检测

（1）热敏电阻器的检测

用万用表Ω档测量热敏电阻器的阻值的同时，用电烙铁烘烤热敏电阻器，此时热敏电阻器的阻值慢慢增大，表明是正温度系数的热敏电阻器，而且是好的；当被测的热敏电阻器阻值没有任何变化时，说明该电阻器已损坏；当被测的热敏电阻器的阻值超过原阻值的很多倍或无穷大，表明电阻器内部接触不良或断路；当被测的热敏电阻器阻值为零时，表明内部已经击穿短路。

（2）光敏电阻器的检测

可用万用表的$R \times 1k\Omega$档，将万用表的两只表笔分别与光敏电阻器的两个引脚接触，当有光照射时，看其亮电阻值是否有变化；当用遮光物挡住光敏电阻器时，看其暗电阻有无变化。如果有变化说明光敏电阻器是好的；或者使照射光线强弱变化，如果万用表的指针随光线的变化而进行摆动，说明光敏电阻器是好的。

（3）压敏电阻检测方法

用万用表的$R \times 1k\Omega$档测量压敏电阻两引脚之间正反向绝缘电阻，均应为无穷大，否则，说明漏电流大，如果所测电阻很小，说明压敏电阻器已损坏。

图 1-13 所示为测量压敏电阻的标称电压接线
示意图。万用表 DCV 档置于 500V 的位置，摇动
绝缘电阻表，在电流表偏转时读出万用表显示的
直流电压值，这一电压即为压敏电阻的标称电压。
然后将压敏电阻两根引脚相互调换后再次进行同
样的测量，正常情况下正向和反向的标称电压值
是相同的。

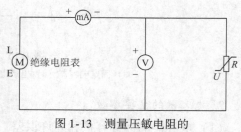

图 1-13　测量压敏电阻的
标称电压接线示意图

1.2　电容器

1.2.1　电容器的基本知识

电容器是用来储存电荷的装置。电容器是由两个彼此绝缘的金属极板，中间夹有绝缘材料（绝缘介质）构成的。绝缘材料的不同，构成电容器的种类也不同。电容器是一种储能元件，在电路中具有隔直流、通交流的作用，常用于滤波、去耦、旁路、级间耦合和信号调谐等方面。

电容器用字母 C 表示，单位是法拉（F），常用的单位还有微法（μF）、纳法（nF）、皮法（pF）。它们的换算关系为：$1F = 10^6 \mu F = 10^9 nF = 10^{12} pF$。

　1. 电容器的种类

电容器按电容量是否可调节，分为固定电容器、可变电容器和半可变电容器；按是否有极性，分为有极性电容器和无极性电容器；按其介质材料不同，分为空气介质电容器、固体介质（云母、纸介、陶瓷、涤纶和聚苯乙烯等）电容器和电解电容器；按电容的用途分为耦合电容、旁路电容、隔直电容和滤波电容等。

常见电容器的外形如图 1-14 所示。电容器的电路图形符号如图 1-15 所示。

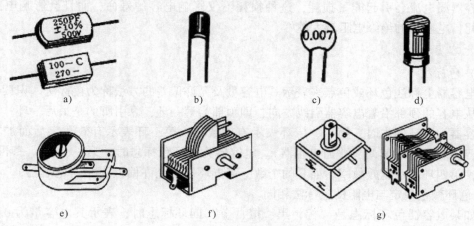

图 1-14　常见电容器的外形图
a）云母电容器　b）涤纶电容器　c）瓷片电容器　d）电解电容器
e）微调电容器　f）单联可变电容器　g）双联可变电容器

图 1-15　电容器的图形符号

a）固定电容器　b）电解电容器　c）微调电容器　d）可调电容器

2. 电容器的主要参数

（1）电容器的标称容量和允许误差

标在电容器外壳上的电容量数值称为电容器的标称容量。它表征了电容器存储电荷的能力。标称容量有许多系列，常用的有 E24、E12 和 E6 系列。表 1-5 是固定电容器的标称容量系列。

表 1-5　固定电容器的标称容量系列

系　　列	允许误差	标　称　值
E24	Ⅰ级（±5%）	1.0；1.1；1.2；1.3；1.5；1.6；1.8；2.0；2.2；2.4；2.7；3.0；3.3；3.6；3.9；4.3；4.7；5.1；5.6；6.2；6.8；7.5；8.2；9.1
E12	Ⅱ级（±10%）	1.0；1.2；1.5；1.8；2.2；2.7；3.3；3.9；4.7；5.6；6.8；8.2
E6	Ⅲ级（±20%）	1.0；1.5；2.2；3.3；4.7；6.8

电容器的允许偏差含义与电阻器相同，常用的是 ±5%、±10%、±20%，通常容量越小，允许偏差越小。

（2）额定工作电压

额定工作电压（也称为耐压值）是指在规定温度范围内，电路中电容器长期可靠地工作所允许加的最高直流电压。电容器在使用中不允许超过这个电压值，如果超过，电容器可能损坏或被击穿。电容器工作在交流电路中时，交流电压的峰值不得超过额定工作电压。

（3）绝缘电阻

绝缘电阻是指电容器两极之间的电阻，也称为漏电阻，它表明电容器漏电流的大小。绝缘电阻的大小取决于电容器的介质性质，一般在 1000MΩ 以上。绝缘电阻越小，漏电流越大。电容器漏电流会引起能量损耗，这种损耗不仅影响电容的寿命，而且会影响电路的工作，因此，电容器的绝缘电阻越大越好。

3. 电容器标识

（1）色标法

在电容器上标注色环或色点来表示其电容量及允许偏差的方法称为色标法。识读色环的顺序是从电容的顶部沿着电容器引线方向，即顶部为第一环，靠引脚的是最后一环。

电容器为四环标志时，第一、二环表示有效数值，第三环表示有效数字后面加零的个数，第四环表示允许偏差（普通电容器）。电容器为五环色标志时，第一、二、三环表示有效数值，第四环表示有效数字后面零的个数，第五环表示允许偏差（精密电容器）。其单位为 pF。色环颜色规定与电阻的色标法相同。

例如某电容器色环标志是"棕、黑、橙、金"四环标志时，表示其电容量为 0.01μF，允许偏差为 ±5%。如色环标志是"棕、黑、黑、红、棕"五环标志时，表示其电容量为 0.01μF，允许偏差为 ±1%。

如遇到电容器色环的宽度为两个或 3 个色环的宽度时，就表示这种颜色的两个或 3 个相同的数字。

（2）直标法

直标法是利用数字和文字符号在产品上直接标出电容器的主要参数如标称容量、耐压和允许偏差等。主要用于体积较大的电容器的标注，如电解电容，瓷片电容等，当电容上未标注偏差，则默认偏差为 ±20%。有的电容器由于体积小，习惯上省略其单位。但应遵循如下规则：

① 不带小数点的整数，若无标志单位，则表示 pF，如 3300 表示 3300pF。

② 带小数点的数值，若无标志单位，则表示 μF，如 0.47 表示 0.47μF。

③ 许多小型固定电容器，如瓷介电容器等，其耐压均在 100V 以上，由于体积小可以不标注耐压值。

（3）文字符号法

文字符号法是用特定符号和数字表示电容器主要参数的方法，其中数字表示有效数值，字母表示数值的量级。常用字母有 m、μ、n 和 p 等，m 表示毫法（mF），μ 表示微法（μF），n 表示纳法（nF），p 表示皮法（pF）。如 10p 表示 10pF。字母有时也表示小数点，如 3μ3 表示 3.3μF，2p2 表示 2.2 pF。

有时数字前面加字母 μ 或 p 表示零点几微法或皮法。例如 p33 表示 0.33pF，μ22 表示 0.22μF。另外，零点几微法电容器也可在数字前加上 R 来表示，如 R33 表示 0.33μF。

（4）数码法

用 3 位数码来表示电容器的容量的方法称数码法，单位为 pF。前两位为有效数字，后一位表示有效数字后零的个数，但当第三位数为"9"时，用有效数字乘上 10^{-1} 来表示。例如 102 表示 1000pF；103 表示 0.01μF；339 表示 3.3pF。

1.2.2　常用电容器及选用

1. 常用电容器

（1）电解电容

电解电容是以金属氧化膜为介质，金属为正极，电解质为负极。使用时注意极性，正极接高电位，负极接低电位，如果电容器极性接反，将使电容的漏电流剧增，最终导致电容器损坏。电解电容器按正极材料不同分为铝电解电容、钽电解电容等。实物如图 1-16a 所示。

铝电解电容的容量大，但损耗大，温度、频率特性差，绝缘性能差，长期存放可能干涸、老化等。适合在低频旁路、滤波等电路中使用。

钽电解电容与铝电解电容相比，绝缘性好，相对体积和损耗都小，温度、频率特性好，耐用、不易老化，主要用在积分、计时、延时开关等对电性能要求比较高的电路中。

（2）云母电容器

云母电容器采用云母作为介质，在云母表面喷一层金属膜（银）作为电极，按需要的容量叠片后经浸渍、压塑在胶木壳（或陶瓷、塑料）内构成。实物如图 1-16b 所示。云母电容器具有稳定性好、分布电感小、精度高、损耗小、绝缘电阻大、温度特性及频率特性好、工作电压高（50V~7kV）等优点；但成本高、生产工艺复杂。适用于高频和高压电路。

（3）瓷介电容器

瓷介电容器的介质是陶瓷，根据陶瓷成分不同可分为高频瓷介电容器和低频瓷介电容器两种。实物如图 1-16c 所示。高频瓷介电容器容量范围在 1pF~0.1μF。常用在要求损耗小、容量稳定的高频电路中，作调谐、振荡回路电容和温度补偿电容。低频瓷介电容器相对于高频瓷介电容器体积小、容量大，最大容量达 4.7μF；但其绝缘电阻低、损耗大，稳定性差。适合在低频电路中作旁路使用。

（4）纸介电容器

纸介电容器是用电容器专用纸作为介质，用铝箔或铅箔作为电极，经卷绕成型、浸渍后封装而成。纸介电容器生产工艺简单、成本低、电压范围较宽；缺点是电容量不易控制、损耗较大、稳定性较差、电感大。适用于直流及低频电路，有时也用于脉冲、储能和移相电路等。

金属化纸介电容器是采用真空蒸发技术，在涂有漆膜的纸上再蒸镀一层金属膜作为电极而成。实物如图 1-16d 所示。与普通纸介电容相比，体积小、容量大。这种电容器自愈能力强，当电容器介质某点被击穿后，这点的短路电流将使金属膜蒸发，使短路点消失，从而恢复正常。

（5）玻璃釉电容器

玻璃釉电容器以玻璃为介质，它的特点是体积小、高温性能好、能在 200℃ 下长期稳定工作、抗湿性好、能在相对湿度为 90% 的条件下正常工作。适用于交直流电路和脉冲电路。实物如图 1-16e 所示。

（6）有机薄膜电容器

有机薄膜电容器以有机薄膜为介质，该类电容器总性能上比低频瓷介电容器及纸介电容器要好、容量范围大，但稳定性不够高。有机薄膜种类很多，常见的有涤纶薄膜、聚苯乙烯薄膜、聚丙烯薄膜等，其中涤纶电容适用于低频电路，聚苯乙烯电容高频特性好，适用于高频电路，聚丙烯电容器能耐高压。实物如图 1-16f~h 所示。

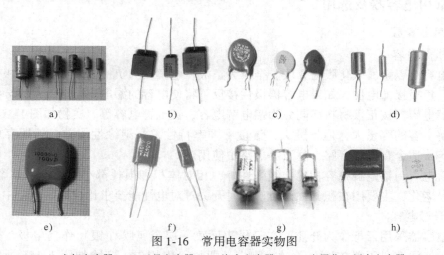

图 1-16　常用电容器实物图

a）电解电容器　b）云母电容器　c）瓷介电容器　d）（金属化）纸介电容器
e）玻璃釉电容器　f）涤纶电容器　g）聚苯乙烯电容器　h）聚丙烯电容器

2. 电容器的选用

（1）根据在电路中的功能不同选择电容器

电路中使用什么种类的电容器应根据其在电路中的功能来确定。如在电源滤波电路中选择电解电容；在高频或对电容量要求稳定的场合，应选用瓷介质电容、云母电容或钽电容。

对于一般极间耦合，多选用金属化介质电容器或涤纶电容器；在选用时还应注意电容器的引线形式。

（2）耐压选择

在选用电容器时，其耐压值一般应高于实际电路中工作电压的 10% ~ 20%，对于工作稳定性较差的电路，可留有较大的余量，以确保电容器不被损坏和击穿。

（3）电容器容量和误差选择

在对容量要求不太严格的一般电路中，选用比设计值略大些的电容；在振荡、延时、选频和滤波等特殊电路中，选用与设计值尽量一致的电容；当现有电容与要求的容量不一致时，可采用串联或并联的方法选配。

对于业余小制作一般可不考虑电容器的容量误差；对于振荡、延时电路，电容器的容量误差应尽量小，选择误差应小于 5%；对用于低频耦合、电源滤波等电路的电容器其误差可以大些，选 ±5%、±10%、±20% 的误差等级都是可以的。

（4）介质选择

电容器介质不同，其特性差异较大，用途也不相同。在选用电容的介质时，要首先了解各介质的特性，然后确定适用何种场合。

（5）电容器的代用

在选购电容器时可能没有所需的型号或所需容量的电容器，或在维修时手头有的与所需的不相符合时，便要考虑代用。代用的原则是：电容器的容量基本相同；电容器的耐压不低于原电容器的耐压值；对于旁路电容和耦合电容，可选用比原电容量大的电容器代用；在高频电路中的电容，代换时要考虑频率特性，使其满足电路的频率要求。

1.2.3 电容器的检测

为使电容器能在电路中正常工作，在装配电路前要对其进行检测。

1. 固定无极性电容的检测

（1）5000pF 以上无极性电容器的检测

用指针万用表电阻档 $R \times 10k\Omega$ 或 $R \times 1k\Omega$ 测量电容器两端，表头指针应先摆动一定角度后返回 ∞ 处。若指针没有任何变动，则说明电容器已开路；若指针最后不能返回 ∞，则说明电容漏电，距 ∞ 处越远，漏电越严重；若为 0Ω，则说明电容器已击穿。电容器容量越大，指针摆动幅度就越大。可以根据指针摆动最大幅度值来判断电容器容量的大小，以确定电容器容量是否减小了。这就要求记录好测量不同容量的电容器时万用表指针摆动的最大幅度，以便比较。若因容量太小看不清指针的摆动，则可调转电容两极再测一次，这次指针摆动幅度会大些。

（2）5000pF 以下无极性电容器的检测

用指针万用表 $R \times 10k\Omega$ 档测量，指针应一直指到 ∞ 处。指针指向无穷大，说明电容器没有漏电，但不能确定其容量是否正常。可利用数字万用表电容档测量其容量。

2. 电解电容器的检测

（1）电解电容器极性的判别

1）外观判别。通过电容器引脚和电容体的白色色带来判别，带 " – " 号的白色色带对应的引脚为负极。长引脚是正极，短引脚是负极，如图 1-17 所示。

2）万用表识别。用指针式万用表的 $R \times 10k\Omega$ 档测量电容器两端的正、反向电阻值，在两次测量中，漏电阻小的一次，黑表笔所接为负极。

（2）电解电容漏电阻的测量

指针万用表的红表笔接电容器的负极，黑表笔接正极。在接触的瞬间，万用表指针即向右偏转较大幅度（对于同一电阻档，容量越大，摆幅越大），然后逐渐向左回转，直到停在某一位置。此指示电阻值即为电容器的正向漏电阻。

再将红黑表笔对调，万用表指针将重复上述摆动现象。此时所测阻值为电容器的反向漏

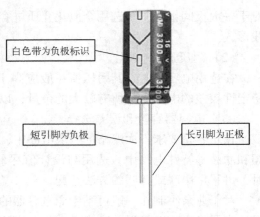

图 1-17　电解电容器极性外观判别

电阻，此值应略小于正向漏电阻。若测量电容器的正、反向电阻值均为 0，则该电容器已击穿损坏。

经验表明，电解电容的漏电阻一般应在 $500k\Omega$ 以上性能较好，在 $200 \sim 500k\Omega$ 时性能一般，小于 $200k\Omega$ 时漏电较为严重。

测量电解电容时注意：

电解电容的容量较一般固定电容大得多，所以，测量时，应针对不同容量选用合适的量程。一般情况下选用 $R \times 10k\Omega$ 档或 $R \times 1k\Omega$ 档，但 $47\mu F$ 以上的电容器不再选用 $R \times 10k\Omega$ 档；容量大于 $470\mu F$ 的电容器测量时，可先用 $R \times 1\Omega$ 档测量对电容充满电后（指针指向无穷大）再调至 $R \times 1k\Omega$ 档，待指针稳定后，就可以读出其漏电电阻。

从电路中拆下的电容器（尤其是大容量和高压电容器），应对电容器放电后，再用万用表进行测量，否则会造成仪表损坏。

3. 可变电容器的检测

用万用表的 $R \times 10k\Omega$ 档，测量动片与定片之间的绝缘电阻，即用两表笔分别接触电容器的动片和定片，然后慢慢旋转动片，如转动到某一位置时阻值为零，表明有碰片短路现象。如动片转到某一位置时表针不为无穷大，而是出现了一定的阻值，表明动片与定片之间有漏电现象。如将动片全部旋进、旋出后，阻值均为无穷大，表明可变电容器良好。

4. 用数字万用表检测电容器

一些数字式万用表上设有电容器容量的测量功能，可以用这一功能档来检测电容器的质量。具体方法如下。

（1）利用数字万用表的电容器测试孔测量电容器的好坏

1）将万用表功能旋钮旋到电容档，量程选择大于被测电容的容量。

2）将被测电容器的两根引脚短接一下，放掉电。然后将两只引脚分别插入电容器测试孔中，如果是有极性电解电容要注意插入的极性。

3）从显示屏上读出电容值。将读出的值与电容器的标称值比较，如果指示的电容量大小等于电容器的标称容量，说明电容器正常。若相差太大，说明该电容器的容量不足或性能不良。

（2）利用数字万用表的电阻档测量电容器的好坏

1）将万用表调到欧姆档的适当档位，一般容量在 1μF 以下的电容器用"20k"档测量，1～100μF 内的电容器用"2k"档测量，容量大于 100μF 的电容器用"200"档或二极管档检测。

2）用万用表的两只表笔分别与电容器的两引脚相接，红表笔接电解电容的正极，黑表笔接电解电容的负极，如果显示值从"000"开始逐渐增加，最后显示溢出符号"1"，表明电容器正常，如果万用表始终显示"000"，则说明电容器内部短路；如果始终显示"1"，则可能电容器内部极间断路。

1.3 电感器和变压器

1.3.1 电感器

电感器俗称为电感或电感线圈，是利用自感作用制作的元件；理想的电感器是一种储能元件，主要用来调谐、振荡、匹配、耦合和滤波等。在高频电路中，电感元件应用较多。变压器实质上也是电感器，它是利用互感作用制作的元件，在电路中常起到变压、耦合和匹配等作用。电感器的线圈一般用漆包线绕成，为了增加电感量，提高品质因数和减小电感器体积，通常在线圈中加入铁心或软磁材料的磁心。

电感器用字母 L 表示，基本单位为亨利（H），常用单位还有毫亨（mH）、微亨（μH）。它们之间的换算关系是 $1H = 10^3 mH = 10^6 μH$。

1. 电感器的分类

电感器种类很多，按电感形式分为固定电感和可变电感；按磁导体性质分为空心线圈、铁氧体线圈、铁心线圈、铜心线圈；按工作性质分为天线线圈、振荡线圈、扼流线圈、陷波线圈和偏转线圈；按绕线结构分为单层线圈、多层线圈、蜂房式线圈；按工作频率分为高频线圈、低频线圈。按结构特点分为磁心线圈、可变电感线圈、色码电感线圈和无磁心线圈等。

常见微小型电感器的外形如图 1-18 所示。线圈电感器的电路符号如图 1-19 所示。

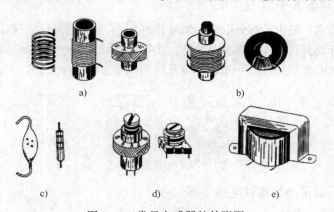

图 1-18　常见电感器的外形图

a）空心线圈　b）磁心线圈　c）色码（色环）线圈　d）可调磁心线圈　e）铁心线圈

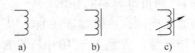

a)   b)   c)

图 1-19 线圈电感器的电路符号

a）一般符号 b）带铁心电感器 c）带铁心的可调电感器

2. 电感器主要技术参数

（1）标称电感量

线圈电感量的大小由线圈本身的特性决定，如线圈的直径、匝数及有无铁心等。电感线圈的用途不同，所需的电感量也不同。例如，在高频电路中，线圈的电感量一般为 $0.1\mu H \sim 100 H$。

（2）品质因数（Q 值）

品质因数是指线圈在某一频率下工作时，所表现出的感抗与线圈的总损耗电阻的比值，其中损耗电阻包括直流电阻、高频电阻和介质损耗电阻。Q 值越高，回路损耗越小，所以一般情况下都采用提高 Q 值的方法来提高线圈的品质因数。并不是所有的电路的 Q 值越高越好，例如收音机的中频中周，为了加宽频带，常外接一个阻尼电阻，以降低 Q 值。

对调谐回路线圈的 Q 值要求较高，用高 Q 值的线圈与电容组成的谐振电路有更好的谐振特性；用低 Q 值线圈与电容组成的谐振电路，其谐振特性不明显。对耦合线圈，要求可低一些；对高频扼流圈和低频扼流圈，则无要求。

（3）分布电容

电感线圈的匝与匝之间及线圈与铁心之间都存在分布电容。频率越高，分布电容的影响就越严重，导致 Q 值急速下降。减少分布电容的方法可通过减小线圈骨架的直径、采用细导线绕制或者通过改变电感线圈的绕制方式，如采用蜂房式绕制等方法来实现。

（4）额定电流

电感线圈在正常工作时，允许通过的最大电流称为额定电流。当电路电流超过其额定值时，电感器将发热过多，严重时会被烧坏。

3. 常见电感器的命名方法

国产电感器的命名一般由 4 部分组成，如图 1-20 所示，第一部分是主称，用字母表示，其中 L 表示线圈、ZL 表示阻流圈；第二部分是特征，用字母表示，其中 G 表示高频；第三部分表示型式，用字母表示，其中 X 表示小型；第四部分是区别代号，用字母 A、B、C、…表示。

第一部分	第二部分	第三部分	第四部分
主称	特征	型式	区别代号

图 1-20 常见电感器的命名方法

例如，"LGX" 表示小型高频电感线圈。

4. 电感量的标志方法

（1）直标法

直标法是将电感器的主要参数用文字符号直接标注在电感线圈的外壳上，其中，用数字标注电感量，用字母 A、B、C、D 等表示电感线圈的额定电流，用Ⅰ、Ⅱ、Ⅲ表示允许误差。

例如：固定电感线圈外壳上标有 150μH、A、Ⅱ的标志，则表明线圈的电感量为 150μH，最大工作电流 50mA（A 档），允许偏差为Ⅱ级（±10%）。

（2）色标法

在电感线圈的外壳上，使用色环或色点表示其参数的方法称为色标法。这种表示法与电阻器的色标法相似，一般有 4 种颜色，前两种颜色为有效数字，第三种颜色为倍率，第四种颜色表示允许误差。数字与颜色的对应关系同色环电阻，单位为微亨（μH）。

例如，电感器的色标为"棕、绿、黑、银"，则表示电感量为 15μH，允许误差为 ±10%。

5. 常用电感器

（1）固定电感线圈

固定电感线圈是将铜线绕在磁心上，然后再用环氧树脂或塑料封装起来。这种电感线圈的特点是体积小、重量轻和电感量范围大、Q 值高。在滤波、陷波、扼流和延迟等电路中使用。

固定电感器有立式和卧式两种。其电感量一般为 0.1 ~ 3000μH。电感量的允许误差用Ⅰ、Ⅱ、Ⅲ即 ±5%、±10%、±20%，直接标在电感器上。工作频率为 10kHz ~ 200MHz。

（2）可变电感线圈

有些电路需要对电感量调节，用以改变谐振频率或电路耦合的松紧。可变电感线圈改变电感量的方法有 3 种：①是在线圈中插入磁心或铜心，改变磁心或铜心的位置，从而达到改变电感量的目的；②在线圈上安装一滑动的触点，通过改变触点在线圈上的位置来改变电感量；③将两个线圈串联，均匀改变两线圈之间的相对位置，以达到互感量的变化，使线圈的总电感量随之发生变化。

（3）微调电感线圈

有些电路需要在较小的范围内改变电感量，用以满足整机调试的需要。如收音机中的中频调谐回路和振荡电路的中频变压器就是这种微调线圈。通过改变磁帽或磁心在线圈中的位置，电感线圈的电感量发生改变。

（4）阻流圈

阻流圈又称为扼流圈，分为高频扼流圈和低频扼流圈。高频扼流圈在电路中用来阻止高频信号通过，而让低频交流信号通过。它的电感量一般只有几毫亨；低频扼流圈又称为滤波线圈，一般由铁心和绕组构成，它与电容器组成滤波电路，消除整流后的残存交流成分，其电感量较大，一般为几亨到十几亨。阻流圈在电路中用符号"ZL"表示。

6. 电感线圈的选用

（1）电感使用的场合

电感线圈其在电路中使用时，要考虑环境温度的高低和湿度的大小、高频或低频环境、电感在电路中表现的是感性还是阻抗特性等。

（2）电感的频率特性

电感线圈在低频时一般呈现电感特性，起储能、滤高频的作用。在高频时，它的阻抗特性表现明显，有耗能发热、感性效应降低等现象。

不同的电感的高频特性是不一样的。例如，铁氧体材料是铁镁合金或铁镍合金，这种材料具有很高的磁导率，在高频高阻的情况下产生的电容最小，主要呈电抗特性，并且随频率改变。在实际应用中，铁氧体材料可作为射频电路的高频衰减器使用。

（3）使用前进行检查

电感线圈使用前，先要检查其外观，不允许有线匝松动、引线接点活动等现象。然后用万用表进行线圈通、断检测，尽量使用精度较高的万用表或欧姆表，因为电感线圈的阻值都比较小，必需仔细区别正常阻值与匝间短路。

1.3.2　变压器

变压器是利用电感线圈间的互感现象工作的，在电路中常用作电压变换、阻抗变换等。它也是一种电感器，由一次绕组、二次绕组、铁心或磁心等组成。

1. 变压器的分类

按导磁材料不同，变压器可分为硅钢片变压器、低频磁心变压器、高频磁心变压器；按用途分类，变压器可分为电源变压器、隔离变压器、调压器、输入/输出变压器和脉冲变压器；按工作频率分类，变压器可分为低频变压器、中频变压器和高频变压器。

变压器的实物外形如图 1-21 所示，电路图形符号如图 1-22 所示。

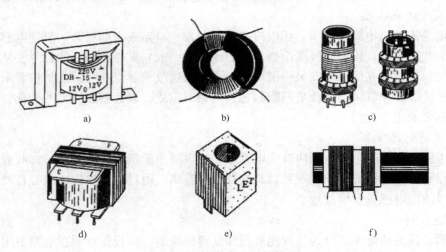

图 1-21　变压器的实物外形
a）电源变压器　b）环形变压器　c）空心变压器
d）输入/输出变压器　e）中频变压器　f）高频变压器

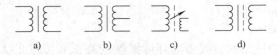

图 1-22　变压器的电路符号
a）普通变压器　b）带中心抽头变压器　c）磁心可调变压器　d）带有屏蔽的变压器

20

2. 变压器的主要技术参数

1）额定功率：额定功率是指变压器在特定频率和电压条件下，能长期工作而不超过规定温升的输出功率。其单位用瓦（W）或伏安（VA）表示。

2）变压比：变压比是指一次电压（U_1）与二次电压（U_2）的比值或一次绕组匝数（N_1）与二次绕组匝数（N_2）的比值。变压器的变压比 k 为

$$k = \frac{U_1}{U_2} = \frac{N_1}{N_2}$$

若 $k \geq 1$，则该变压器称为降压变压器，若 $k \leq 1$，则该变压器称为升压变压器。

3）效率：是变压器的输出功率与输入功率的比值。常用百分数表示，其高低与设计参数、材料、工艺以及功率有关。一般电源变压器、音频变压器要注意效率，而中频、高频变压器一般不考虑效率。

4）空载电流：空载电流是指变压器在工作电压下二次侧空载时，一次侧绕组流过的电流。空载电流越大，变压器的损耗越大，效率越低。

5）绝缘电阻：绝缘电阻是在变压器绕组与金属外壳之间施加的试验电压与产生的漏电流之比。

3. 常用变压器

（1）低频变压器

低频变压器常用的有音频变压器和电源变压器。音频变压器可分为输入和输出变压器两种。在放大电路中的主要作用是耦合、倒相、阻抗匹配等。要求音频变压器的频率特性好、漏感小、分布电容小。

电源变压器能将工频市电（交流 220V）转换为各种电路要求的电压。它结构简单、易于绕制，广泛应用在各类电子产品中。

（2）中频变压器

中频变压器又称为中周变压器，简称为中周，一般由磁心、线圈、支架、底座、磁帽和屏蔽外壳组成。通过变压器磁帽的上下调节，电感量发生改变，使电路谐振在某个特定频率上。中频变压器在电路中起到选频、耦合和阻抗变换等作用。广泛用于调幅、调频收音机等电子产品中。

（3）高频变压器

高频变压器即高频线圈，通常是指工作于射频范围的变压器，如收音机的磁性天线就是将线圈绕制在磁棒上和一只可变电容器组成调谐回路。磁性天线线圈分为中波磁性天线线圈和短波磁性天线线圈两种。磁棒一般用磁导率较高的铁氧体材料，以集聚磁力线、增强感应电势、提高选择性。磁棒越长，灵敏度越高。

1.3.3　电感器与变压器的检测

1. 电感器的检测

用万用表测量电感器的阻值，可以大致判断电感器的好坏。将万用表置于 $R \times 1$ 档，测得的直流电阻为零或很小（零点几欧至几欧），说明电感器未断；当测量的线圈电阻为无穷大时，表明线圈内部或引出线已经断开。在测量时要将线圈与外电路断开，以免外电路对线

圈的并联作用造成错误的判断。对于电感线圈的匝间短路问题，可用一只完好的线圈替换试验，故障消除则证明线圈匝间有短路，需要更换。如果用万用表测得线圈的电阻远小于标称阻值，也说明线圈内部有短路现象。

用数字万用表也可以对电感器进行通断测试。将数字万用表的量程开关拨到"通断蜂鸣"符号处，用红、黑表笔接触电感器的两端，如果阻值较小，表内蜂鸣器就会鸣叫，表明该电感器可以正常使用。若想测出电感线圈的准确电感量，则必须使用万用电桥、高频 Q 表或数字式电感电容表。

2. 变压器的检测

（1）电源变压器的检测

1）外观检查。主要是通过仔细观察变压器的外观来检查其是否有明显异常的现象，如线圈引线是否断裂或脱焊、绝缘材料是否有烧焦痕迹、铁心紧固螺杆是否有松动、硅钢片有无锈蚀、绕组线圈是否有外露等。

2）一次、二次绕组的通断检测。将万用表置于 $R \times 1$ 档，将两表笔分别接触一次绕组的两引出线端，阻值一般为几十欧~几百欧。若出现∞则为断路；若出现 0 阻值，则为短路，一次、二次绕组的通断检测如图 1-23 所示。用同样方法测二次绕组的阻值，一般为几欧~几十欧（降压变压器），如二次绕组有多个时，输出标称电压值越低，其阻值越小。

3）绕组间、绕组与铁心间的绝缘电阻检测。万用表置于 $R \times 10\mathrm{k}\Omega$ 档，将一支表笔接一次绕组的一个引出线，另一表笔分别接二次绕组的引出线，万用表所示阻值应为∞，若小于此值时，表明绝缘性能不良，尤其是阻值小于几百欧时，表明绕组间有短路故障，绝缘电阻检测如图 1-24 所示。

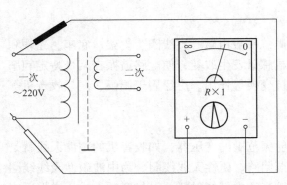

图 1-23 一次、二次绕组的通断检测

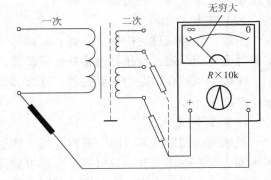

图 1-24 绝缘电阻检测

4）变压器的二次空载电压测试。将变压器一次绕组接入额定电压（例如 AC 220V）的交流电源，将万用表置于交流电压档，根据变压器二次的电压标称值，选好万用表的量程，依次测出二次绕组的空载电压，误差一般不应超出标称值的 5%~10% 为正常（在一次电压为额定值的情况下）。

若出现二次各个线圈的空载电压都升高，表明一次线圈有局部短路故障；若二次的某个线圈电压偏低，表明该线圈有短路之处。

（2）中周变压器的检测方法

1）检查绕组通断情况。将万用表拨至 $R \times 1$ 档，按照中周变压器的各绕组引脚排列规律，逐一检查各绕组的通断情况，进而判断其是否正常。图 1-25 是检测 TTF－2－1 型中周变压器的示意图。由图可见，正常时，1－2－3 之间应相通，4－6 引脚间应相通。测试时，如果万用表指针不动，阻值为无穷大，则说明该被测的相应绕组已经断路。

应该注意的是，由于各种中周变压器的各绕组线圈所用线径及所绕圈数都有差异，所以测得的电阻值无固定规律可循。但一般情况下，只要被测绕组的电阻值比较小，就可以认为是正常的。

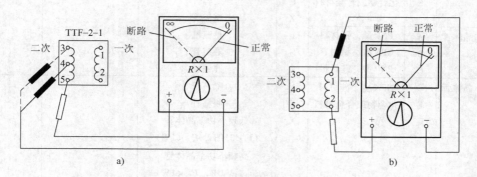

图 1-25　检测中周变压器
a）检测二次绕组　b）检测一次绕组

2）检测绝缘性能。将万用表置于 $R \times 10\mathrm{k}\Omega$ 档，做如下几种状态测试：

① 一次绕组与二次绕组之间的电阻值。

② 一次绕组与金属外壳之间的电阻值。

③ 二次绕组与金属外壳之间的电阻值。

上述测试结果会出现 3 种情况。

① 阻值为无穷大：正常。

② 阻值为零：有短路故障。

③ 阻值小于无穷大，但大于零：有漏电故障。

1.4　半导体器件

半导体是一种导电能力介于导体和绝缘体之间的物质，半导体器件包括二极管、晶体管、场效应晶体管及其他一些特殊的半导体器件。常用的半导体材料有硅、锗和砷化镓等。

1.4.1　半导体器件的命名方法

国产半导体器件型号由 5 部分组成，前 3 部分的符号意义如表 1-6 所示。第 4 部分是数字表示器件的序号，第 5 部分是用汉语拼音字母表示规格号。

表 1-6　由第一部分到第五部分组成的器件型号的符号及其意义

第一部分		第二部分		第三部分		第四部分	第五部分
用阿拉伯数字表示器件的电极数目		用汉语拼音字母表示器件的材料和极性		用汉语拼音字母表示器件的类别		用阿拉伯数字表示登记顺序序号	用汉语拼音字母表示规格号
符号	意义	符号	意义	符号	意义	符号	意义
2	二极管	A	N 型，锗材料	P	小信号管		
		B	P 型，锗材料	H	混频管		
		C	N 型，硅材料	V	检波管		
		D	P 型，硅材料	W	电压调整管和电压基准管		
		E	化合物或合金材料	C	变容管		
				Z	整流管		
3	晶体管	A	PNP 型，锗材料	L	整流堆		
		B	NPN 型，锗材料	S	隧道管		
		C	PNP 型，硅材料	K	开关管		
3	晶体管	D	NPN 型，硅材料	N	噪声管		
		E	化合物或合金材料	F	限幅管		
				X	低频小功率晶体管 $(f_c < 3\mathrm{MHz}, P_C < 1\mathrm{W})$		
				G	高频小功率晶体管 $(f_c \geqslant 3\mathrm{MHz}, P_C < 1\mathrm{W})$		
				D	低频大功率晶体管 $(f_c < 3\mathrm{MHz}, P_C \geqslant 1\mathrm{W})$		
				A	高频大功率晶体管 $(f_c \geqslant 3\mathrm{MHz}, P_C \geqslant 1\mathrm{W})$		
				T	闸流管		
				Y	体效应管		
				B	雪崩管		
				J	阶跃恢复管		

例如 2AP9 表示 N 型锗材料普通锗二极管，9 为序号。

1.4.2　半导体二极管

半导体二极管由一个 PN 结、电极引线和外加密封管壳组成，具有单向导电性。其主要作用有稳压、整流、检波、开关和光电转换等。

1. 半导体二极管的分类

二极管按材料可分为硅二极管、锗二极管和砷化镓二极管等；按结构不同可分为点接触型二极管和面接触型二极管；按用途可分为整流二极管、稳压二极管、检波二极管和开关二极管等。

二极管的实物外形图如图 1-26 所示。二极管的电路符号如图 1-27 所示。

2. 主要技术参数

1）最大正向电流 I_F：最大正向电流 I_F 是指二极管长期工作时，允许通过的最大正向平均电流。使用时通过二极管的平均电流不能大于这个值，否则将导致二极管损坏。

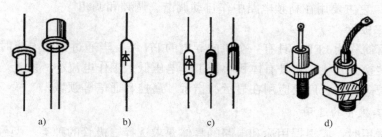

图 1-26 二极管的实物外形图

a) 金属壳二极管 b) 玻璃壳二极管 c) 塑封二极管 d) 大功率螺栓状二极管

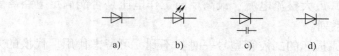

图 1-27 二极管的电路符号

a) 一般二极管 b) 发光二极管 c) 变容二极管 d) 稳压二极管

2）最大反向工作电压 U_{RM}：最大反向工作电压 U_{RM} 是指正常工作时，二极管所能承受的反向电压的最大值。一般手册上给出的最高反向工作电压约为击穿电压的一半，以确保管子安全运行。

3）最高工作频率 f_M：最高工作频率 f_M 是指晶体二极管能保持良好工作性能条件下的最高工作频率。

4）反向饱和电流 I_S：反向饱和电流 I_S 是指二极管未击穿时流过二极管的最大反向电流。反向饱和电流越小，管子的单向导电性能越好。

3. 常用二极管

（1）整流二极管

整流二极管主要用于整流电路，即把交流电变换成脉动的直流电。整流二极管为面接触型，其结电容较大，因此工作频率范围较窄（3kHz 以内）。常用的型号有 2CZ 型、2DZ 型等，还有用于高压和高频整流电路的高压整流堆，如 2CGL 型、DH26 型和 2CL51 型等。

（2）检波二极管

检波二极管的主要作用是把高频信号中的低频信号检出，其结构为点接触型，其结电容小，一般为锗管。检波二极管常采用玻璃外壳封装，主要型号有 2AP 型和 1N4148（国外型号）等。

（3）稳压二极管

稳压二极管也叫稳压管，它是用特殊工艺制造的面结型硅半导体二极管，其特点是工作在反向击穿区实现稳压；其被反向击穿后，当外加电压减小或消失，PN 结能自动恢复而不至于损坏。稳压管主要用于电路的稳压环节和直流电源电路中，常用的有 2CW 型和 2DW 型。

（4）变容二极管

变容二极管是利用 PN 结的电容随外加反向电压而变化的特性制成的，变容二极管工作在反向偏置区，结电容的大小与偏压大小有关。反向偏置电压越大，PN 结的绝缘层越宽，其结电容越小。如 2CB14 型变容二极管，当反向电压在 3～25V 区间变化时，其结电容在

20~30pF 变化。它主要用在高频电路中作自动调谐、调频和调相等。

（5）发光二极管

发光二极管简称为 LED，具有一个单向导电的 PN 结，当通过正向电流时，该二极管就发光，将电能转换为光能。它具有体积小、工作电压低、工作电流小、发光均匀稳定、响应速度快及寿命长等特点，广泛应用在显示、指示、遥控和通信等领域。

4. 半导体二极管的选用

二极管的选用时，应根据用途和电路的具体要求选择二极管的种类、型号及参数。

选用检波二极管时，主要使工作频率符合电路频率的要求，结电容小的检波效果好，常用的检波二极管有 2AP 系列。还可以用开关二极管 2AK 型的代用。

整流二极管主要考虑其最大整流电流、最高反向工作电压是否能满足电路需要，常用的整流二极管有 2CP、2CZ 系列。

如果在维修电路时，原损坏的二极管型号一时找不到，可考虑代用。代换的方法是弄清楚原二极管的性质和参数，然后换上与其参数相当的其他型号二极管。如检波二极管，代换时只要其工作频率不低于原型号的就可以用。对整流二极管，只要反向电压和整流电流不低于原型号的就可以了。

5. 二极管的测试

（1）二极管的极性识别

1）根据标记识别。普通二极管正、负极性一般都标注在其外壳上。标记方法有箭头、色点和色环 3 种，一般印有色点、色环的一端为负极；箭头所指方向或靠近色环的一端为二极管的负极，另一端为正极。

对于玻璃封装的点接触式二极管，可透过玻璃外壳观察其内部结构来区分极性，金属丝一端为正极，半导体晶片一端为负极；二极管两端形状不同，平头一端为正极，圆头一端为负极；对于发光二极管，长引脚为正极，短引脚为负极。

一般二极管的极性直观识别如图 1-28 所示。

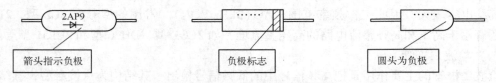

箭头指示负极　　　　负极标志　　　　圆头为负极

图 1-28　二极管的极性直观识别

2）根据正反向电阻识别。将指针万用表选在 $R \times 100\Omega$ 或 $R \times 1k\Omega$ 档，两表笔分别接二极管的两个电极。若测出的电阻值较小（硅管为几百欧至几千欧，锗管为 $100\Omega \sim 1k\Omega$），说明是正向导通，此时黑表笔接的是二极管的正极，红表笔接的则是负极；若测出的电阻值较大（几十千欧至几百千欧），为反向截止，此时红表笔接的是二极管的正极，黑表笔为负极。

用数字万用表测量时，使用二极管档测量，正向压降小，反向溢出（显示 1），红表笔与万用表内电池正极相连。当测量正向压降小时，红表笔所接为二极管的正极。

（2）普通二极管检测

根据二极管的单向导电性可知，其反向电阻远远大于正向电阻。利用万用表欧姆档，测试其正、反向电阻，即可对二极管的性能进行判断。具体过程如下所述。

将指针万用表选在 $R \times 100\Omega$ 或 $R \times 1k\Omega$ 档，两表笔分别接二极管的两个电极。若测出的电阻值较小（硅管为几百欧至几千欧，锗管为 $100\Omega \sim 1k\Omega$），说明是正向导通，当红黑表笔对调后，反向电阻应在几百千欧以上，则可判断该二极管是正常的。

若不知被测的二极管是硅管还是锗管，可根据硅、锗管的导通压降不同的原理来判别。将二极管接在电路中，当其导通时，用万用表测其正向压降，硅管一般为 $0.6 \sim 0.7V$，锗管为 $0.1 \sim 0.3V$。

（3）稳压管的测试

1）极性的判别与普通二极管的判别方法相同。

2）好坏检测。万用表置于 $R \times 10k\Omega$ 档，黑表笔接稳压管的"－"极，红笔接"＋"，若此时的反向电阻很小（与使用 $R \times 1k\Omega$ 档时的测试值相比校），说明该稳压管正常。

万用表 $R \times 10k\Omega$ 档的内部电压都在9V以上，若此电压高于稳压管稳压值时，可达到被测稳压管的击穿电压，使其阻值大大减小。如果稳压值高于表内电池电压时，稳压二极管与普通二极管的分辨通过万用表就非常困难。

1.4.3　半导体晶体管

半导体晶体管又称为双极型晶体管，简称为晶体管，由两个 PN 结，3 个电极引线（基极、集电极、发射机）和管壳组成，是一种电流控制型器件。晶体管除具有放大作用外，还能起电子开关、控制等作用。它具有体积小、结构牢固、寿命长和耗电省等优点，被广泛应用于各种电子设备中。

1. 晶体管的种类

晶体管的种类很多，按材料不同分为硅晶体管和锗晶体管；按结构分为 NPN 型晶体管与 PNP 型晶体管；按工作频率可分为低频管和高频管；按功率分为大功率管、中功率管和小功率管。

常见晶体管的实物外形图如图 1-29 所示。晶体管的电路符号如图 1-30 所示。

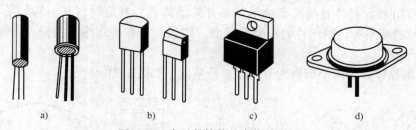

图 1-29　常见晶体管的实物外形图

a）小功率晶体管　b）塑封小功率晶体管　c）中功率晶体管　d）低频大功率晶体管

2. 晶体管主要参数

（1）电流放大系数 β

晶体管的电流放大系数，是表征晶体管对电流的放大能力，它有静态值和动态值两种。静态值是晶体管的集电极电流 I_c 和基极电流 I_b 之比。动态值（β）是晶体管的集电

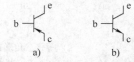

图 1-30　晶体管的电路符号

a）PNP 型晶体管　b）NPN 型晶体管

极电流变化值 ΔI_c 和基极电流变化值 ΔI_b 之比。在低频时二者很接近。晶体管 β 值一般在 20～200，值太小，晶体管放大能力差；值太大，晶体管性能不稳定。

（2）集电极最大电流 I_{CM}

集电极电流 I_c 值较大时，若再增加 I_c，晶体管 β 值要下降，I_{CM} 是 β 值下降到额定值的 2/3 时，所允许通过的最大集电极电流。晶体管在工作时，若超过 I_{CM} 并不一定损坏，但管子的性能将变差。

（3）集电极最大允许耗散功率 P_{CM}

集电极最大允许耗散功率 P_{CM} 是指根据晶体管允许的最高结温而定出的集电结最大允许耗散功率。当晶体管的集电结通过电流时，因功率损耗要产生热量，使其结温升高。若耗散功率过大，将导致集电结烧坏。在实际工作中晶体管的 I_c 与 U_{CE} 的乘积要小于 P_{CM} 值，反之则可能烧坏管子。

（4）穿透电流 I_{CEO}

指在晶体管基极电流 $I_b = 0$ 时，流过集电极的电流 I_c。它表明基极对集电极电流失控的程度。小功率硅管的 I_{CEO} 约为 0.1mA，锗管的值要比它大 1000 倍左右，大功率硅管的 I_{CEO} 约为 mA 数量级。

3. 晶体管的检测

（1）根据引脚排列规律进行识别晶体管

常用的小功率晶体管有金属外壳封装和塑料封装两种，可直接观察出 3 个电极 e、b、c。但仍需进一步判断管型和管子的好坏，一般可用万用表进行判别。

① 等腰三角形排列，识别时引脚向上，使三角形正好在上个半圆内，从左角起，按顺时针方向分别为 e、b、c，如图 1-31a 所示。

② 在管壳外沿有一个突出部，由此突出部按顺时针方向分别为 e、b、c，如图 1-31b 所示。

③ 塑料封装晶体管的引脚判断图 1-31c 所示晶体管，将其引脚朝下，顶部切角对着观察者，则从左至右排列为：发射极 e、基极 b 和集电极 c。

④ 图 1-31d 所示晶体管是装有金属散热片的晶体管，判定时，其引脚朝下，将其印有型号的一面对着观察者，散热片的一面为背面，则从左至右排列为：基极 b，集电极 c，发射极 e。

⑤ 大功率晶体管的两个引脚为 b、e，c 是基面，如图 1-31e 所示。

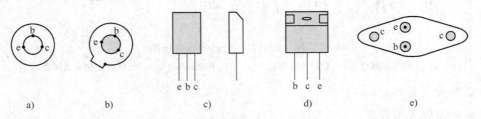

图 1-31　晶体管引脚的排列规律

a）等腰三角形排列　b）管壳外沿有一个突出部　c）塑料封装晶体管的引脚
d）装有金属散热片的晶体管　e）大功率晶体管的两个引脚

（2）指针万用表检测晶体管

1）判断基极与管型。

对于 PNP 型晶体管，c、e 极分别为其内部两个 PN 结的正极，b 极为它们共同的负极，而对于 NPN 型晶体管而言，则正好相反，c、e 极分别为两个 PN 结的负极，而 b 极则为它们共用的正极，根据 PN 结正向电阻小反向电阻大的特性就可以很方便地判断基极和管子的类型。

具体方法为，将万用表拨在 $R \times 100$ 或 $R \times 1k\Omega$ 档上。黑表笔接触某一引脚，用红表笔分别接另外两个引脚，若二次测得都是几十至上百千欧的高阻值时，则黑表笔所接触的引脚即为基极，且晶体管的管型为 NPN 型。若用上述方法二次测量都是几百欧的低阻值时，则黑表笔所接触的引脚就是基极，且晶体管的管型为 PNP 型，确定晶体管的基极如图 1-32 所示。

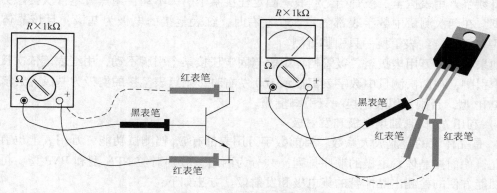

图 1-32　确定晶体管的基极

2）判别发射极和集电极。

由于晶体管在制作时，两个 P 区或两个 N 区的掺杂浓度不同，如果发射极、集电极使用正确，晶体管具有很强的放大能力，反之，如果发射极、集电极互换使用，则放大能力非常弱，由此即可把管子的发射极、集电极区别开来。

在已经判断晶体管基极和类型情况下，任意假设另外两个电极为 c、e，判别 c、e 时，以 NPN 为例，确定晶体管的集电极如图 1-33 所示。先将万用表拨在 $R \times 100$ 或 $R \times 1k\Omega$ 档上，将万用表红表笔接假设的集电极，黑表笔接假设的发射极，用潮湿的手指将基极与假设的集电极引脚捏在一起（注意不要让两极直接相碰），注意观察万用表指针正偏的幅度。然后将两个引脚对调，重复上述测量步骤。比较两次测量中表针向右摆动的幅度，摆动幅度小的一次。红表笔接的是发射极，另一端是集电极。如果是 PNP 晶体管，则正好相反。

3）硅管与锗管的判断。

① 电阻法。硅管和锗管的 PN 结正向电阻是不一样的，硅管的正向电阻大，为 $5k\Omega$ 左右；锗管的正向电阻小，约为 500Ω。利用这一特性就可以很方便

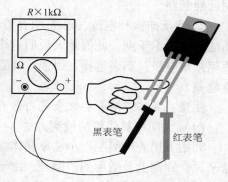

图 1-33　确定晶体管的集电极

地判别一只晶体管是硅管还是锗管。

将万用表拨到 $R \times 100$ 档或 $R \times 1k\Omega$ 档。测 NPN 型晶体管时，万用表的黑表笔接基极，红表笔接集电极或发射极，如果万用表的指针在表盘的右端，指示的阻值较小，那么所测的管子是锗管；如果万用表的指针在表盘中间或偏右，指示的阻值较大，则所测的管子是硅管。对于 PNP 型晶体管，万用表的红表笔接基极，黑表笔接集电极或发射极。

② 测管压降法。也可以用测管压降的方法，锗管的发射结正向压降一般为 0.3V 左右，硅管的发射结正向压降一般为 0.7V 左右。

（3）数字万用表检测晶体管

数字万用表电阻档的测试电流很小，所以，不适于检测晶体管，应使用二极管档或者 h_{FE} 档进行测试。

1）数字万用表检测晶体管基极。

将数字万用表拨至二极管档，红表笔固定任接某个引脚不动，用黑表笔依次接触另外两个引脚，在两次测量中数字表都显示 560 左右时，红表笔接的电极为基极，且该晶体管为 NPN 型。否则，红表笔换一只引脚重测。

如果将数字万用表拨至二极管档，黑表笔固定任接某个引脚不动，用红表笔依次接触另外两个引脚，在两次测量中数字表都显示 560 左右时，则黑表笔接的电极为基极，且该晶体管为 PNP 型。否则，黑表笔换一只引脚重测。

2）利用 h_{FE} 档判别集电极和发射极。

h_{FE} 是晶体管的直流放大系数，目前数字万用表都有 h_{FE} 档测试功能，万用表上也有晶体管插孔，他们按晶体管电极的顺序排列，共分为两组，分别对应 NPN 型和 PNP 型，可以利用该功能方便的检测出晶体管的集电极和发射极。方法如下：

先判定晶体管的类型并找出基极。

将万用表功能旋钮旋至 h_{FE} 档，将找出的基极按该晶体管的类型插入对应类型的基极插孔，共有两种插法，每插入 1 次，读出万用表的 h_{FE} 读数，比较两次的值。较大的一次数值的晶体管的电极符合万用表上的排列顺序，由此确定晶体管的集电极和发射极。

通过此方法也测试出了晶体管的放大倍数。

3）晶体管好坏的判断。

① 测晶体管各 PN 结是否损坏。通过万用表测量其发射极、集电极的正向压降和反向压降来判定。如果测得的正向压降与反向压降相似且几乎为零，说明晶体管已经短路，反之说明已经断路。

② 测反向饱和电流。对于 NPN 管，用万用表黑表笔接集电极、红表笔接发射极，其阻值应大于几十千欧，此值越大说明这个晶体管的稳定性越好。对于 PNP 为例，用万用表红表笔接集电极，黑表笔接发射极，其阻值应大于几十千欧，此值越小说明这个晶体管的稳定性越差。

注意：数字万用表的红表笔内部为正，黑表笔内部为负。

（4）大功率晶体管的检测方法

利用万用表检测中、小功率晶体管的极性、管型及性能的各种方法，对检测大功率晶体管来说，原则上是适用的。但是，由于大功率晶体管的工作电流比较大，因而其 PN 结的面积也较大。PN 结较大，其反向饱和电流（I_{CBO}、I_{EBO}、I_{CEO}）也必然增大。所以，如像测量中、小功率晶体管极间电阻那样，使用万用表的 $R \times 1k\Omega$ 档测量，必然使测得的电阻值很小，好像极间短路一样，这很容易造成误判，特别是测量锗大功率晶体管时，更是如此。为了避免这种误判发生，通常流使用 $R \times 1$ 或 $R \times 10$ 档检测大功率晶体管。下面具体加以介绍。

1）判断质量好坏。

将万用表置于 $R \times 1$ 或 $R \times 10$ 档，具体可参照测量小、小功率晶体管结电阻的方法，也有 6 种不同状态的测量。其中发射结的正向电阻值比较低，其他 4 种接法的阻值较高。

用 $R \times 1$ 档测量低阻值时，对硅管来说，万用表指针应指在中间偏右一点的位置，而对锗管来说，指针则应向右偏转至近 0 处。测高阻时，对硅管而言，万用表指针应基本停在无穷大位置不动；而对锗管而言，表针向右偏转不应超过满刻度的1/4处，否则表明管子质量较差或已经损坏。

2）检测放大能力。

检测大功率晶体管放大能力及漏电流如图 1-34 所示。将万用表置于 $R \times 1$ 档，电阻 R_b 阻值为 $500\Omega \sim 1k\Omega$ 左右。测量时，先不接入电阻 R_b，即让被测管基极 B 悬空，测量集电极和发射极之间的电阻值，万用表指示出的电阻值应该在无穷大位置（锗管稍小一些）。如果未接 R_b 时，阻值很小甚至接近于零，说明被测大功率晶体管漏电流太大，或已击穿损坏。然后，再把电阻 R_b 接在基极 B 和集电极 C 之间，万用表指针应明显向右摆动，摆幅越大，说明被测管子的放大能力越强。如果万用表指针向右摆动的幅度比未接电阻 R_b 时大不了多少，则表明被测管子的放大能力很小或者已经损坏，根本无放大能力。

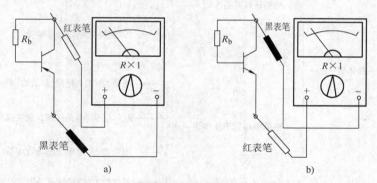

图 1-34　检测大功率晶体管放大能力及漏电流
a）测 PNP 型管　b）测 NPN 型管

3）检测反向漏电流 I_{CEO}。

检测大功率晶体管 I_{CEO} 如图 1-35 所示。使用 12V 的直流稳压电源。R 为一只 510Ω 的电阻。将万用表置于直流 10mA 电流档。电路接通后，万用表指示的电流值即为被测管的 I_{CEO} 值。

1.4.4　场效应晶体管

场效应晶体管与晶体管一样也有 3 个极，分别是漏极（D）、源极（S）和栅极（G）。场效应晶体管是通过改变输入电压来控制输出电流的，它是电压控制器件。它的输入电阻高，具有温度特性好、抗干扰能力强、便于集成等优点，被广泛应用于各种电子产品中。

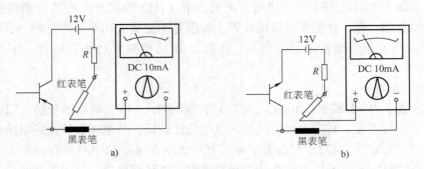

图 1-35　检测大功率晶体管 I_{CEO}

a）测 PNP 型管　b）测 NPN 型管

1. 场效应晶体管的分类

场效应晶体管可分为结型场效应晶体管（JFET）和绝缘栅场效应晶体管（MOS）。结型场效应晶体管又分为 N 沟道和 P 沟道两种；绝缘栅型场效应晶体管除有 N 沟道和 P 沟道之分外，还有增强型与耗尽型之分。

场效应晶体管其沟道为 N 型半导体材料的，称为 N 沟道场效应晶体管，反之，为 P 沟道场效应晶体管。场效应晶体管的分类如图 1-36 所示。

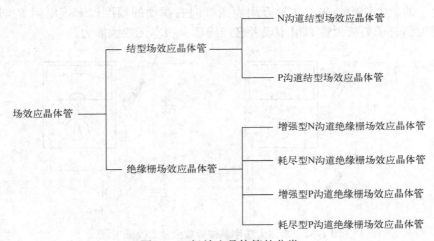

图 1-36　场效应晶体管的分类

场效应晶体管的电路符号如图 1-37 所示。

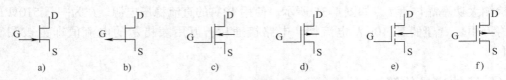

图 1-37　场效应晶体管的电路符号

a）N 沟道结型场效应晶体管　b）P 沟道结型场效应晶体管　c）耗尽型 N 沟道绝缘栅场效应晶体管
d）耗尽型 P 沟道绝缘栅场效应晶体管　e）增强型 N 沟道绝缘栅场效应晶体管
f）增强型 P 沟道绝缘栅场效应晶体管

2. 场效应晶体管使用常识

1）为保证场效应晶体管安全可靠地工作，使用中不要超过器件的极限参数。

2）绝缘栅管保存时应将各电极引线短接，由于 MOS 管栅极具有极高的绝缘强度，因此栅极不允许开路，否则会感应出很高电压的静电，而将其击穿。

3）焊接时应将电烙铁的外壳接地或切断电源趁热焊接。

4）测试时仪表应良好接地，不允许有漏电现象。

5）当场效应晶体管使用在要求输入电阻较高的场合，还应采取防潮措施，以免它受潮气的影响使输入电阻大大降低。

6）对于结型场效应晶体管，栅、源间的电压极性不能接反，否则 PN 结将正偏而不能正常工作，有时可能烧坏器件。

3. 场效应晶体管的测试

下面以结型场效应晶体管（JFET）为例说明有关测试方法。

（1）场效应晶体管的栅极判别

根据 PN 结的正、反向电阻值不同的，可以很方便地测试出结型场效应晶体管的 G、D、S 极。

方法一：将万用表置于 $R \times 1\text{k}\Omega$ 档，任选两电极，分别测出它们之间的正、反向电阻。若正、反向的电阻相等（约几千欧），则该两极为漏极 D 和源极 S（结型场效应晶体管的 D、S 极可互换）余下的则为栅极 G。

方法二：用万用表的黑笔任接一个电极，另一表笔依次接触其余两个电极，测其阻值。若两次测得的阻值近似相等，则该黑笔接的为栅极 G，余下的两个为 D 极和 S 极。

（2）放大倍数的测量

将万用表置于 $R \times 1\text{k}\Omega$ 或 $R \times 100\Omega$ 档，两只表笔分别接触 D 极和 S 极，用手靠近或接触 G 极，此时表针右摆，且摆动幅度越大，放大倍数越大。

（3）判别 JEET 的好坏

检查两个 PN 结的单向导电性，PN 结正常，管子是好的，否则为坏的。测漏、源间的电阻 R_{DS}，应约为几千欧；若 $R_{\text{DS}} \to 0$ 或 $R_{\text{DS}} \to \infty$，则管子已损坏。测 R_{DS} 时，用手靠近栅极 G，表针应有明显摆动，摆幅越大，管子的性能越好。

对于绝缘栅型场效应晶体管而言，因其易被感应电荷击穿，所以，不便于测量。

1.4.5 集成电路

集成电路（IC）是利用半导体工艺和薄膜工艺将一些晶体管、二极管、电阻、电容和电感等元器件及连线制作在同一半导体晶片或介质基片上，然后封装在一个管壳内，成为具有特定功能的电路。集成电路与分立元器件相比，具有体积小、重量轻、引出线和焊接点少、寿命长、可靠性高、性能好等优点，同时成本低，便于大规模生产。在电子产品中得到广泛的应用。

1. 集成电路的分类

集成电路按其功能、结构的不同，分为模拟集成电路和数字集成电路两大类。按制作工艺分为半导体集成电路和膜集成电路。膜集成电路又分为厚膜、集成电路和薄膜集成电路。

按集成度高低的不同分为小规模集成电路、中规模集成电路、大规模集成电路和超大规模集成电路。集成电路按导电类型分为双极型集成电路和单极型集成电路。

双极型集成电路的制作工艺复杂，功耗较大，代表集成电路有 TTL、ECL、HTL、LST-TL 和 STTL 等类型。单极型集成电路的制作工艺简单，功耗也较低，易于制成大规模集成电路，代表集成电路有 CMOS、NMOS 和 PMOS 等类型。

2. 集成电路的封装形式

集成电路的封装形式有圆形金属外壳封装、扁平形陶瓷或塑料外壳封装、双列直插型陶瓷或塑料封装和单列直插式封装等，如图 1-38 所示。

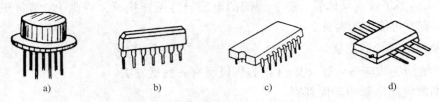

图 1-38　集成电路的封装形式

a）圆形金属外壳封装　b）单列直插封装　c）双列直插封装　d）陶瓷扁平封装

3. 引脚识别

集成电路引出脚排列顺序的标志一般有色点、凹槽、管键及封装时压出的圆形标志。

对于圆顶封装的集成电路（一般为圆形和菱形金属外壳封装），在识别引脚时，应先将集成电路的引出脚朝上，找出其标记。常见的定位标记有锁口突耳、定位孔及引脚不均匀排列等。引出脚的顺序由定位标记对应的引脚开始，按顺时针方向依次数为引脚①、②、③、④等。

对于单列直插式集成电路，识别其引脚时应使引脚向下，面对型号或定位标记，自定位标记对应一侧的第一只引脚数起，依次为①、②、③、④…此类集成电路上的定位标记一般为色点、凹坑、小孔、线条、色带和缺角等。

对于双列直插式集成电路，识别其引脚时，若引脚向下，即其型号、商标向上，定位标记在左边，则从左下角第 1 只引脚开始，按逆时针方向，依次为①、②、③、④等。

4. 使用注意事项

集成电路结构复杂，功能多、体积小、价格贵、安装与拆卸麻烦，在选购、检测时应十分仔细，以免造成不必要的损失。使用时注意以下几点。

1）集成电路在使用时不允许超过极限参数。

2）集成电路内部包含几千甚至上万个 PN 结，因此，它对工作温度很敏感，其各项指标都是在 27℃ 下测出。环境温度过低不利于其正常工作。

3）在手工焊接集成电路时，不得使用功率大于 45W 的电烙铁，连续焊接时间不能超过 10s。

4）MOS 集成电路要防止静电感应击穿。焊接时要保证电烙铁外壳可靠接地，必要时，焊接者还应带防静电手环，穿防静电服装和防静电鞋。在存放 MOS 集成电路时，必须将其在金属盒内或用金属箔包起来，防止外界电场将其击穿。

5. 集成电路的检测方法

（1）电阻检测法

对没有装入电路的集成电路，用万用表测各引脚对地的正反向电阻，并与参考资料或与另一只同类型相比较，从而判断该集成电路的好坏。

（2）电压检测方法

在电路中使用的集成电路，用万用表的直流电压档，测量集成电路各引脚对地的电压，将测出的结果与该集成电路参考资料所提供的标准电压值进行比较，从而判断是该集成电路有问题，还是集成电路的外围电路元器件有问题。

在初步检测之后，如怀疑某一集成电路有故障时，也可以用一块好的同类型的集成电路进行替代测试，该方法直接、见效快，但拆焊麻烦，且易损坏集成电路和电路板。

1.5 电声器件

电声器件是将电信号转换为声音信号或将声音信号转换成电信号的换能元器件。常用的电声器件有扬声器、传声器、耳机和蜂鸣器等。

1.5.1 扬声器

1. 扬声器的分类

扬声器是一种将电能转换成声能的器件。根据能量转换方式分类：电动式、电磁式、气动式和压电式。按磁场供给方式分类：永磁式、激磁式。按照工作频段分类：高频扬声器、低频扬声器、中频扬声器和全频扬声器。

扬声器的实物外形图如图1-39所示。扬声器的电路符号如图1-40所示。

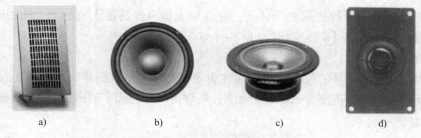

图1-39 扬声器的实物外形图

a）电动扬声器 b）低频扬声器 c）中频扬声器 d）高频扬声器

2. 几种常用的扬声器

（1）电动式扬声器

电动式扬声器由振动系统和磁路系统等组成。振动系统纸盆、音圈、音圈支架及纸盆铁架组成。纸盆是由特制的模压纸做成，模压纸通常含有羊毛等混合物。为改善音质，常在纸盆上压些凹槽来改善音质。纸盆中心厚，边缘薄，以适应高、低频信号，获得较宽

图1-40 扬声器的
电路符号

的频率特性。磁路系统由永久磁铁、软铁圆板和软铁心柱等组成。

按磁路系统的结构，电动扬声器又分为内磁式和外磁式两种。外磁式扬声器使用铁氧体磁体，它的体积大，一般用于收音机、扩音机中。内磁式扬声器使用合金磁体，其体积小、重量轻，一般用于电视机中。电动式扬声器的频响特性好、音质柔和、低音丰富，是使用最广泛的一种扬声器。

（2）电磁式扬声器

电磁式扬声器又叫舌簧式扬声器，由舌簧片、线圈、磁铁、纸盒和传动杆等组成。舌簧上外套线圈，放在磁铁中，通电后在磁场上运动带动连杆，使纸盒振动发声。由于其频响较窄，现在使用率已经很低。

（3）压电陶瓷式扬声器

压电陶瓷式扬声器是利用某些晶体材料的压电效应而制成的。当在晶体配料表面加上音频电压时，晶体能产生相应的振动，利用它来推动纸盒振动发声。压电陶瓷式扬声器的结构简单，电声效率较高。广泛应用在门铃、报警器等电子产品中。

（4）耳机

耳机是一种将电信号转换为声音信号的器件。耳机最大限度地减小了左、右声道的相互干扰，因而耳机的电声性能指标明显优于扬声器。耳机输出的声音信号的失真很小。耳机的使用不受场所、环境的限制。但耳机长时间使用耳机，会造成耳鸣、耳痛的情况，并且只限于单个人使用。

3. 扬声器的技术参数

（1）标称阻抗

扬声器的标称阻抗是在给定频率下的输入端的阻抗。其标称阻抗有 4Ω、8Ω 和 16Ω 等几种。

（2）额定功率

它是扬声器在最大允许失真的条件下，允许输入扬声器的最大电功率。选用时，一般使输入给扬声器的功率相当于额定功率的 $1/2 \sim 1/3$ 较为合适。

（3）频率特性

扬声器对不同频率信号的稳定输出特性称为频率特性。低频扬声器的频率范围为 $30Hz \sim 3kHz$；中频扬声器的频率范围为 $500Hz \sim 5kHz$；高频扬声器的频率范围为 $2 \sim 15kHz$。

4. 扬声器的检测

用万用表对扬声器进行检测，判断其好坏，方法是用万用表 $R \times 1\Omega$ 档，将红（或黑）表笔与扬声器的一个引出端相接，另一表笔断续碰触扬声器另一端，应听到"喀、喀"声，指针也相应地摆动，说明扬声器是好的，若接触扬声器时不发声指针也不摆动，说明扬声器损坏。

用万用表判断扬声器引线的相位，方法是将万用表置于最低的直流电流档，例如 $50\mu A$ 或 $100\mu A$ 档，用一只手持红、黑表笔分别跨接在扬声器的两引出端，另一只手食指尖快速地弹一下纸盆，观察指针的摆动方向。若指针向右摆动，说明红表笔所接的一端为正端，黑表笔所接的一端则为负端；若指针向左摆，则红表笔所接的为负端，而黑表笔所接的为正端。在测试时注意，弹纸盆时不要用力过猛，而使纸盆破裂或变形将扬声器损坏；而且不能弹音圈上面的防尘保护罩，以防使之凹陷影响美观。

1.5.2 传声器

传声器是一种将声能转换成电能的器件。它的功能是将声音变成电信号。

1. 传声器的分类

传声器按原理分为动圈式、铝带式、电容式和驻极体式等多种；按输出阻抗分为低阻抗型和高阻抗型。常见的传声器实物外形图如图 1-41 所示。

图 1-41　常见的传声器实物外形图

传声器的电路符号如图 1-42 所示。

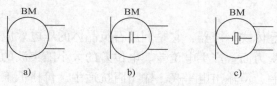

图 1-42　传声器的电路符号

a）一般符号　b）电容式传声器　c）晶体式传声器

2. 传声器的主要技术参数

（1）灵敏度

传声器的灵敏度是指传声器在一定声压作用下的输出声压级（即输出信号电压的多少）。灵敏度的单位是 mV/Pa（毫伏/帕）。

（2）输出阻抗

传声器的输出阻抗是指其输出端在 1kHz 频率下测量的交流阻抗。一般阻抗值为 200 ~ 600Ω 的称为低阻，10 ~ 20kΩ 的称为高阻。

（3）指向性

传声器的指向性是指传声器的灵敏度随声波入射方向而变化的特性。如果传声器的灵敏度与声波的入射角无关，则称为全指向性。如正面的灵敏度比背面的灵敏度高，则称为单指向性；如前、后两面灵敏度一样，而左、右两侧的灵敏度偏低一些，则称为双向性。

3. 几种常用传声器

（1）动圈式传声器

动圈式传声器由永久磁铁、音圈、音膜和输出变压器组成。其结构图如图 1-43 所示。音膜上粘有一个圆筒形的纸质音圈架，上面绕有线圈，即音圈。音圈位于强磁场的空气隙中，当入射声波使膜片振动时，音圈随膜片的振动而振动并切割磁力线产生感应电势。由于音圈的阻抗不同，有高有低，故输出电压和阻抗也不相同。为了使它与扩音机输入电路的阻抗相匹配，所以传声器中通常安装一台变压器，进行阻抗变换。动圈式传声器结构坚固、性能稳定，由于其频率响应特性好、噪声失真度小，在录音、演讲和娱乐活动中应用广泛。

（2）电容式传声器

电容式传声器是一种靠电容容量变化而起换能作用的传声器，其内部结构如图1-44所示，由金属振动膜片、固定电极等构成，两者之间的距离很近，为0.025~0.05mm，中间介质为空气，结构上类似电容器。其输出阻抗较高，具有较高的灵敏度和较平坦的频率特性，瞬时特性好，音质好。用驻极体材料做成的电容式传声器具有结构简单、体积小和输出阻抗高等特点。广泛应用于录音机、无线传声器及声控电路中。

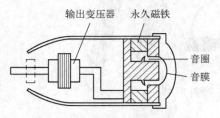

图1-43 动圈式传声器的结构图

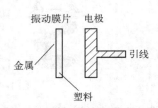

图1-44 电容式传声器的内部结构

（3）压电式传声器

压电式传声器又叫晶体式传声器，它是利用石英晶体的压电效应制作而成的，声波传到晶体的表面时，在两个受力面上产生电位差。电位差的大小随声波的强度而变化。此类传声器频率特性受到机械限制，但输出电平高，输出阻抗适中，价格低廉，使用方便。常用于电话、门铃和报警器等电路中。

4. 传声器的使用

传声器在使用时，应注意以下几个问题。

（1）阻抗匹配

在使用传声器时，传声器的输出阻抗与放大器的输入阻抗两者相同是最佳的匹配，如果失配比在3:1以上，则会影响传输效果。

（2）连接线

传声器的输出电压很低，为了免受损失和干扰，连接线必须尽量短，高质量的传声器应选择双芯绞合金属隔离线，一般传声器可采用单芯金属隔离线。

（3）工作距离

通常，传声器与声源之间的工作距离以30~40cm为宜，如果距离太远，则回响增加，噪声相对增长；工作距离过近，会因信号过强而失真，低频声过重而影响语言的清晰度。

（4）声源与传声器之间的角度

每个传声器都有它的有效角度，一般声源应对准传声器中心线，两者间偏角越大，高音损失越大。

（5）传声器位置和高度

在扩音时，传声器不要先靠近扬声器放置或对准扬声器，否则会引起啸叫。

5. 传声器的检测

用万用表 $R \times 100\Omega$ 或 $R \times 1k\Omega$ 档，将两表笔分别接传声器的引线，然后对准传声器讲话，如果传声器的表针摆动，说明传声器是好的，摆动幅度大，说明灵敏度高。若无摆动，说明传声器失效。注意对动圈式传声器不要用 $R \times 1\Omega$ 档测量，因为 $R \times 1\Omega$ 档电流大，易烧坏传声器的线圈。

1.6　实训　常用电子元器件的识别与检测

1. 实训目的

1）学习常见电子元器件的分类、命名和使用方法。

2）熟悉常见电子元器件的识别方法。

3）掌握常用电子元器件的检测方法。

2. 实训器材

1）电子产品电路板（电话机或收音机的电路板）　　　　1 块。

2）各种类型、不同规格的新电子元器件　　　　若干。

3）模拟万用表、数字万用表　　　　各 1 块。

3. 实训内容与步骤

1）识别整机电路板上面的电子元器件的类型，识别元器件外壳上的标注。

2）读识不同类型、不同规格的新电子元器件。

3）用万用表对电子元器件进行检测。

将常用电子元器件识别与检测记录在表 1-7 中。

表 1-7　常用电子元器件的识别与检测

序号	元器件类型	型号	标称值	测量值	质量判断	备注

4. 实训总结

1）常用电子元器件识别与检测过程中遇到了哪些问题？如何处理？

2）总结收获、体会及建议等。

1.7　习题

1. 常见电阻器有哪些类型？分别有什么特点？

2. 根据色环读出下列电阻的阻值及误差。

①棕红黑金　　　　②黄紫蓝银　　　　③绿蓝黑银棕　　　　④棕紫蓝黄金

3. 根据阻值及误差，写出下列电阻器的色环。

1) 用四色环表示下列电阻：6.8kΩ(1±5%)，47MΩ(1±10%)。

2) 用五色环表示下列电阻：820Ω(1±1%)，910kΩ(1±0.1%)。

4. 如何用万用表判断电位器的好坏？

5. 写出下列符号表示的电容量。

① p33   ② 223   ③ 3n3   ④ 3p3   ⑤ 0.47

6. 如何用万用表检测固定电容器的好坏？如何用万用表检测电解电容的漏电阻？

7. 如何用万用表测量电感器的好坏？

8. 如何对变压器进行质量检测？

9. 简述判断二极管正、负极的方法。

10. 稳压二极管为使其正常工作应如何加偏置电压？

11. 如何用万用表判断晶体管的基极、集电极和发射极？如何判断晶体管的好坏？

12. 场效应晶体管有哪些类型？使用中应注意哪些问题？

13. 如何识别集成电路的引脚顺序？

14. 如何用万用表检测扬声器的质量？

第2章　印制电路板的设计与制作

印制电路板（Printed Circuit Board，PCB）是按照一定工艺在覆铜板上完成印制导线和导电图形加工的成品板。覆铜板是由一定厚度的铜箔通过黏结剂热压在绝缘基板上而形成的。印制电路板能够实现电子元器件之间的电气连接，具有导电和绝缘底板的双重作用。

印制电路板有以下特点：

1）布线密度高，缩小了整机体积，有利于电子产品的小型化。

2）可采用标准化设计，有利于生产过程中实现自动化，提高电子产品的质量和可靠性。

3）简化了电子产品的装配、焊接及调试工作，降低了产品的成本，提高了劳动生产率。

由于以上特点，印制电路板广泛应用在各种电子产品中。

2.1　印制电路板的种类与结构

1. 印制电路板的种类

印制电路板的种类很多，按其结构可分为单面印制电路板、双面印制电路板、多层印制电路板、软性印制电路板和平面印制电路板。

（1）单面印制电路板

单面印制电路板是在绝缘基板（厚度为 $0.2 \sim 0.5 \text{mm}$）的一个表面敷有铜箔，通过印制和腐蚀的方法，在基板上形成印制电路。它适合手工制作，适用于电子元器件密度不高的电子产品，如收音机等。

（2）双面印制电路板

双面印制电路板是在绝缘基板（其厚度为 $0.2 \sim 0.5 \text{mm}$）的两面均敷有铜箔，可在基板的两面制成印制电路，但需要在两面铜箔之间安装金属化过孔，即在小孔内表面涂敷金属层，使之与夹在绝缘基板中间的印制电路接通。布线密度比单面板高，使用更为方便，适用于电性能要求较高的电子产品，如计算机、手机、仪器和仪表等。

（3）多层印制电路板

多层印制电路板是在绝缘基板上制作三层以上印制电路的印制电路板。它是由几层较薄的单面板或双层面板黏合而成，其厚度一般为 $1.2 \sim 2.5 \text{mm}$。为了把夹在绝缘基板中间的电路引出，多层印制电路板上安装元件的金属化过孔。

多层印制电路板与集成电路配合使用，可以减小电子产品的体积与重量，还可以增设屏蔽层，以提高电路的电气性能。随着电子技术的高速发展，电子产品越来越精密，印制电路板也就越来越复杂，多层印制电路板的应用也越来越广泛。

（4）软性印制电路板

软性印制电路板也称为柔性印制电路板，是以软层状塑料或其他软质膜性材料（如聚酯或聚亚胺的绝缘材料）为基板制成，其厚度为 0.25～1mm。它也有单层、双层及多层之分，它可以端接或排接到任意规定的位置，如用在手机的翻盖和机体之间实现电气连接，被广泛用于电子计算机、通信和仪表等电子产品上。

（5）平面印制电路板

将印制电路板的印制导线嵌入绝缘基板，使导线与基板表面平齐，就构成了平面印制电路板。平面印制电路板的导线上电镀有一层耐磨的金属，通常用于转换开关、电子计算机的键盘等。

2. 印制电路板的结构

一块完整的印制电路板主要包括以下几部分：绝缘基板、铜箔、孔、阻焊层和丝印层。

（1）绝缘基板

印制电路板的绝缘基板是由高分子的合成树脂与增强材料组成的，合成树脂的种类很多，常用的有酚醛树脂、环氧树脂和聚四氟乙烯树脂等。增强材料一般有玻璃布、比例毡、纸等。它们决定了绝缘基板的机械性能和电气性能。常见的绝缘基板有以下几种。

1）酚醛纸层压板。它是由绝缘浸渍纸或棉纤维浸渍纸浸以酚醛树脂经热压而成。这种板的机械强度低、易吸水及耐高温较差，但价格便宜。这种绝缘基板广泛用于一般的电子产品中，而在恶劣的环境中不宜使用。

2）环氧酚醛玻璃布层压板。它是用玻璃布浸以环氧酚醛树脂和酚醛树脂配成的合成树脂经热压而成。由于使用了环氧树脂，所以环氧酚醛玻璃布层压板的黏结力强、电气及机械性能好、既耐化学溶剂又耐高温潮湿，但环氧酚醛玻璃布覆铜箔板的价格较贵。

3）酚醛玻璃布层压板。它是用无碱玻璃布浸以酚醛树脂，经热压而成。它具有质量轻、电气及机械性能好，耐高温潮湿。主要用于工作温度和工作频率较高的电子产品中。

4）聚四氟乙烯层压板。它是用无碱玻璃布浸渍聚四氟乙烯分散乳液经热压而成。它具有优良的电性能和化学稳定性，是一种能耐高温且有高绝缘性的新型材料。用于高频或超高频电路中。

除以上几种外，还有以聚苯乙烯、聚酯和聚酰亚胺等材料制成的绝缘基板。

（2）铜箔

铜箔是印制电路板表面的导电材料，它通过黏合剂粘贴在绝缘基板的表面，然后再制成印制导线和焊盘，在板上实现元器件的相互连接。因此，铜箔是印刷电路板的关键材料，必须有较高的导电率和良好的可焊性。铜箔表面不得有划痕、砂眼和皱折。铜箔的厚度为 $18\mu m$、$25\mu m$、$35\mu m$、$70\mu m$ 和 $105\mu m$。通常使用的铜箔厚度为 $35\mu m$。

（3）孔

印制电路板的孔有元件孔、工艺孔、机械安装孔及金属化孔等。它们主要是用于基板加工、元件安装、产品装配及不同层面之间的连接。元件的安装孔用于固定元器件引线。安装孔的直径有 0.8mm、1.0mm 和 1.2mm 等几种尺寸，同一块印制电路板安装孔的尺寸规格应尽量少一些。金属化孔是把铜沉积在贯通两面导线或焊盘的孔壁上，使原来非金属的孔壁金属化，使双面印制电路板两面的导线或焊盘实现连通。

（4）阻焊层

阻焊层是指在印制电路板上涂敷的绿色阻焊剂。阻焊剂是一种耐高温涂料，除了焊盘和元器件的安装孔以外，印制电路板的其他部位均在阻焊层之下。这样可以使焊接只在需要焊接的焊点上进行，而将不需要焊接的部分保护起来。应用阻焊剂可以防止搭焊、连桥所造成的短路，减少返修、虚焊和提高焊接质量，减少焊接时受到的冲击，使板面不易起泡、分层，减少了潮湿气体和有害气体对板面的侵蚀。

（5）丝印层

丝印层一般用白色油漆制成，主要用于标注元器件的符号和编号，便于印制电路板装配时的电路识别。

2.2 印制电路板的设计

印制电路板的电路设计是将电路原理图转换成印制电路板图的过程。通常有两种设计方法，一种是人工设计，另一种是计算机辅助设计，简单不需要批量生产的印制电路板可采用人工设计的方法。

印制电路板的电路设计时，需要考虑电路的复杂程度、元器件的外形和重量、工作电流的大小、电路电压的高低等，以便选择合适的基板材料并确定印制电路板的类型，在设计印制导线的走向时，还要考虑到电路的工作频率，尽量减少导线间的分布电容和分布电感等。

2.2.1 印制电路板的设计原则

为了使电路获得最佳性能，印制电路板设计时，应遵循以下几方面的原则。

1. 元器件布局原则

元器件布局时，首先要考虑 PCB 尺寸大小。PCB 尺寸过大时，印制线路长，阻抗增加，抗噪声能力下降，成本也增加；过小，则散热不好，且邻近线条易受干扰。在确定 PCB 尺寸后，再确定特殊元器件的位置。最后，根据电路的功能单元，对电路的全部元器件进行布局。

（1）确定特殊元器件的位置

1）在板面上的元器件应按照电路原理图的顺序尽量成直线排列，力求电路安装紧凑和密集，以缩短引线，减少分布电容，尽可能缩短高频元器件之间的连线，减少它们的分布参数和相互间的电磁干扰。

2）某些元器件或导线之间可能有较高的电位差，应加大它们之间的距离，以免放电引起意外短路。带强电的元器件应尽量布置在调试时手不易触及的地方。

3）重量超过 15g 的元器件用支架加以固定，然后焊接。体积大而重、发热量多的元器件不宜装在印制电路板上，而应装在整机的机箱底板上，并考虑散热问题。热敏元件应远离发热元件。

4）电位器、可调电感线圈、可变电容器和微动开关等可调元件的布局应考虑整机的结构要求。若是机内调节，应放在印制电路板上方便于调节的地方；若是机外调节，其位置要与调节旋钮在机箱面板上的位置相适应。

5）应留出印制电路板的定位孔和固定支架所占用的位置。

（2）根据电路的功能单元，对电路的全部元器件进行布局

1）按照电路信号流程来安排各个功能电路单元的位置，使布局便于信号流通，并使信号尽可能保持一致的方向。如果电路要求必须将整个电路分成几块进行安装，则应使每一块

装配好的印制电路板成为具有独立功能的电路，以便于单独进行调试和维护。

2）以每个功能电路的核心元器件为中心，围绕它来进行布局。元器件要均匀、整齐和紧凑地排列在 PCB 上，尽量减少和缩短各元器件之间的引线和连接。

3）在高频下工作的电路，要考虑元器件之间的分布参数。一般电路应尽可能使元器件平行排列。这样，不但美观，而且焊接容易，易于批量生产。

4）位于印制电路板边缘的元器件，离印制电路板边缘一般不小于 2mm。印制电路板的最佳形状为矩形，长宽比为 3:2 或 4:3。印制电路板面尺寸大于 200mm × 150mm 时，应考虑印制电路板所受的机械强度。

2. 布线原则

（1）地线的布设

1）一般将公共地线布置在印制电路板的边缘，便于将印制电路板安装在机架上，也便于与机架地相连接。导线与印制电路板的边缘应留有一定的距离（不小于板厚），便于安装导轨和进行机械加工，还能提高电路的绝缘性能。

2）在各级电路的内部，应防止因局部电流而产生的地阻抗干扰，采用一点接地是最好的办法。但在实际布线时并不一定能绝对做到，而是尽量使它们安排在一个公共区域之内。

3）当电路工作频率在 30MHz 以上或是工作在高速开关的数字电路中，为了减少地阻抗，常采用大面积覆盖地线，这时各级的内部元件接地也应贯彻一点接地的原则，即在一个小的区域内接地。

（2）输入、输出端导线的布设

为了减小导线间的寄生耦合，在布线时要按照信号的流通顺序进行排列，电路的输入端和输出端应尽可能远离，输入端和输出端之间最好用地线隔开。在图 2-1a 中，由于输入端和输出端靠得过近且输出导线过长，将会产生寄生耦合，图 2-1b 的布局就比较合理。

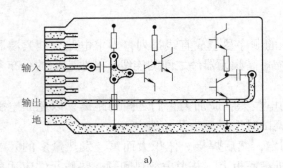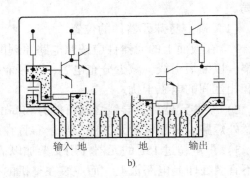

a)   b)

图 2-1　输入端和输出端导线的布设

a）输入端和输出端靠得过近　b）输入端和输出端之间用地线隔开

（3）高频电路导线的布设

对于高频电路必须保证高频导线、晶体管各电极的引线、输入和输出线短而直，若线间距离较小要避免导线相互平行。高频电路应避免用外接导线跨接，若需要交叉的导线较多，最好采用双面印制电路板，将交叉的导线印制在板的两面，这样可使连接导线短而直，在双面板两面的印制线应避免互相平行，以减小导线间的寄生耦合，最好成垂直布置或斜交，如图 2-2 所示。

（4）印制电路板的对外连接

印制电路板对外的连接有多种形式，可根据整机结构要求而确定。一般采用以下两种方法。

1）用导线互连。将需要对外进行连接的接点，先用印制导线引到印制电路板的一端，导线应从被焊点的背面穿入焊接孔，如图2-3所示。

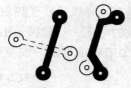

图2-2　双面印制电路板高频导线的布设

对于电路有特殊需要如连接高频高压外导线时，应在合适的位置引出，不应与其他导线一起走线，以避免相互干扰，图2-4所示为高频屏蔽导线的外接方法。

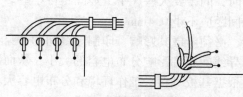 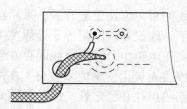

图2-3　导线互连图　　　　　　　　图2-4　高频屏蔽导线的外连方法

2）用印制电路板接插式互连。图2-5所示为印制电路板接插的簧片式互连，将印制电路板的一端制成插头形状，以便插入有接触簧片的插座中去。图2-6所示是采用针孔式插头与插座的连接，在针孔式插头的两边设有固定孔与印制电路板固定，在插头上有90°的弯针，其一端与印制电路板接点焊接，另一端可插入插座内。

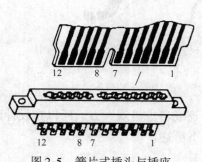 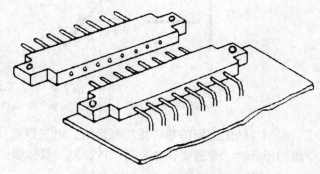

图2-5　簧片式插头与插座　　　　　图2-6　针孔式插头与插座的连接

2.2.2　印制导线的尺寸和图形

设计印制电路板时，当元器件布局和布线初步确定后，就要具体地设计与绘制印制电路图形。将会遇到确定印制导线宽度、导线间距和图形的格式等问题，印制电路的设计尺寸和图形格式关系到印制电路板的总尺寸和电路性能，不能随便选择，应遵循以下原则。

1. 印制导线的宽度

一般情况下，印制导线应尽可能宽一些，这有利于承受电流和制造方便。建议导线宽度优先采用0.5mm、1.0mm、1.5mm和2.0mm。

印制导线具有一定的电阻，通过电流时将产生热量和电压降。通过导线的电流越大，温度越高。导线长期受热后，铜箔会因粘贴强度降低而脱落。因此，要控制工作温度就要控制导线的电流。一般可采用导线的最大电流密度不超过 $20A/mm^2$。

0.05mm 厚的导线宽度与允许电流量、电阻的关系见表 2-1。

表 2-1　导线宽度与允许电流量、电阻的关系（0.05mm 厚）

线宽/mm	0.5	1.0	1.5	2.0
I/A	0.8	1.0	1.3	1.9
$R/(\Omega/m)$	0.7	0.41	0.31	0.25

2. 印制导线的间距

导线间距与焊接工艺有关，采用浸焊或波峰焊时，间距要大些，手工焊间距可小些。一般情况下，建议导线间距等于导线宽度，最小导线间距应不小 0.4mm。

在高压电路中，相邻导线间存在着高电位梯度，必须考虑其影响，印制导线间的击穿将导致基板表面炭化、腐蚀和破裂。在高频电路中，导线间距将影响分布电容的大小，从而影响着电路的损耗和稳定性。因此导线间距的选择应根据基板材料、工作环境和分布电容大小等因素来确定。最小导线间距还同印制板的加工方法有关，选用时应综合考虑。

3. 印制导线的形状

印制导线的形状可分为平直均匀形、斜线均匀形、曲线均匀形和曲线非均匀形，如图 2-7 所示。

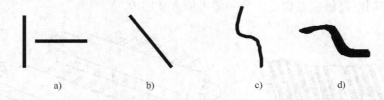

图 2-7　导线形状

a）平直均匀形　b）斜线均匀形　c）曲线均匀形　d）曲线非均匀形

印制导线的图形除要考虑机械因素、电气因素外，还要考虑美观大方。所以在设计印制导线的形状时，应遵循图 2-8 所示的原则。具体原则如下所述。

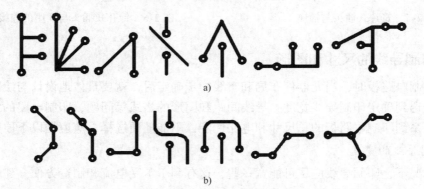

图 2-8　印制导线的形状

a）避免采用　b）优先采用

① 同一印制电路板的导线宽度（除地线外）最好一样。

② 印制导线应走向平直，不应有急剧的弯曲和出现尖角，所有弯曲与过渡部分均须用圆弧连接。

③ 印制导线应尽可能避免有分支，如必须有分支，分支处应圆滑。

④ 印制导线尽避免长距离平行，对双面布设的印制线不能平行，应交叉布设。

⑤ 如果印制电路板面需要有大面积的铜箔，例如电路中的接地部分，则整个区域应镂空成栅状，见图2-9。这样在浸焊时能迅速加热，并保证涂锡均匀。此外还能防止板受热变形，防止铜箔翘起和剥脱。

⑥ 当导线宽度超过3mm时，最好在导线中间开槽成两根并行的连接线，见图2-10。

图2-9　栅状铜箔

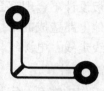

图2-10　导线中间开槽成两根并行的连接线

4. 印制焊盘

焊盘是指印制导线在焊接孔周围的金属部分，连接盘的尺寸取决于焊接孔的尺寸。焊接孔是指固定元器件引线或跨接线贯穿基板的孔。显然，焊接孔的直径应该稍大于焊接元器件的引线直径。连接盘的直径 D 应大于焊接孔内径 d，一般取 $D = (2 \sim 3) d$，如图2-11所示。

连接盘的形状有不同选择，圆形连接盘用得最多，因为圆焊盘在焊接时，焊锡将自然堆焊成光滑的圆锥形，结合牢固、美观。但有时，为了增加连接盘的黏附强度，也采用正方形、椭圆形和长圆形连接盘。连接盘的常用形状如图2-12所示。

图2-11　焊盘尺寸

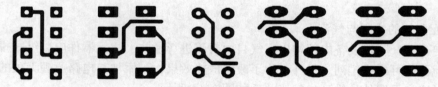

图2-12　连接盘的常用形状

若焊盘与焊盘间的连线合为一体，如水上小岛，故称为岛形焊盘，如图2-13所示。岛形焊盘常用于元器件的不规则排列中，有利于元器件的密集和固定，并可大量减少印制导线的长度与数量。此外，焊盘与印制导线合为一体后，铜箔面积加大，使焊盘和印制线的抗剥离强度大大增加。岛形焊盘多用在高频电路中，它可以减少接点和印制导线的电感，增大地线的屏蔽面积，减少接点间的寄生耦合。

图2-13　岛形焊盘

2.2.3　印制电路板电路的干扰及抑制

干扰现象在整机调试中经常出现，其原因是多方面的。不仅有外界因素造成的干扰（如电磁波），而且印制电路板绝缘基板的选择、布线不合理和元器件布局不当等都可能造成干扰，这些干扰在电路设计和 PCB 设计中如果予以重视，则可避免。相反，如果不在设计中考虑，便会出现干扰，使设计失败。

1. 电源干扰及抑制

任何电子产品都需要供电，并且绝大多数直流电源是由交流电源通过变压、整流和稳压后供电的。供电电源的整流、滤波效果会直接影响整机的技术指标。如果电源电路的工艺布线和印制电路板设计不合理都会产生干扰，这里主要包含交流电源的干扰和直流电源电路产生的电场对其他电路造成的干扰。所以印制电路布线时，交直流回路不能彼此相连，电源线不要平行大环线走线；电源线与信号线不要靠得太近，并避免平行等。

2. 热干扰及抑制

元器件在工作中都有一定程度的发热，尤其是功率较大的器件所发出的热量会对周边温度比较敏感的器件产生干扰，若热干扰得不到很好的抑制，那么整个电路的电性能就会发生变化。为了对热干扰进行抑制，可采取以下措施。

（1）发热元器件的放置

不要贴板放置，可以移到机壳之外，也可以单独设计为一个功能单元，放在靠近边缘容易散热的地方。比如微型计算机电源、贴于机壳外的功放管等。另外，发热量大的器件与小热量的器件应分开放置。

（2）大功率元器件的放置

应尽量靠近印制电路板边缘布置，在垂直方向时应尽量布置在印制电路板上方。

（3）温度敏感元器件的放置

对温度比较敏感的元器件应安置在温度最低的区域，千万不要将它放在发热元器件的正上方。

（4）元器件的排列与气流

非特定要求，一般设备内部均以空气自由对流进行散热，故元器件应以纵式排列；若强制散热，元器件可横式排列。另外，为了改善散热效果，可添加与电路原理无关的零部件以引导热量对流。元器件的排列与气流关系如图 2-14 所示。

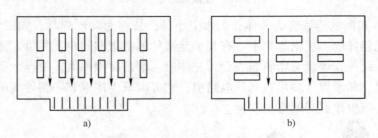

图 2-14　元器件的排列与气流关系

a）自由对流纵式排列　b）强制散热横式排列

3. 共阻抗干扰及抑制

共阻干扰是由 PCB 上大量的地线造成。当两个或两个以上的回路共用一段地线时，不同的回路电流在共用地线上产生一定压降，此压降经放大就会影响电路性能；当电流频率很高时，会产生很大的感抗而使电路受到干扰。为了抑制共阻抗干扰，可采用如下措施。

（1）一点接地

使同级单元电路的几个接地点尽量集中，以避免其他回路的交流信号窜入本级，或本级中的交流信号窜入其他回路中去。适应于信号频率小于 1MHz 的低频电路，如果信号频率为 1～10MHz，而采用一点接地时，其地线长度应不超过波长的 1/20。总之，一点接地是消除地线共阻抗干扰的基本原则。

（2）就近多点接地

PCB 上有大量公共地线分布在板的边缘，且呈现半封闭回路（防磁场干扰）各级电路采取就近接地，以防地线太长，适用于信号频率大于 10MHz 的高频电路。

（3）汇流排接地

汇流排是由铜箔板镀银而成，PCB 上所有集成电路的地线都接到汇流排上。汇流排具有条形对称传输线的低阻抗特性，在高速电路里，可提高信号传输速度，减少干扰。汇流排接地示意图如图 2-15 所示。

（4）大面积接地

在高频电路中将 PCB 上所有不用面积均布设为地线，以减少地线中的感抗，从而削弱在地线上产生的高频信号，并对电场干扰起到屏蔽作用。

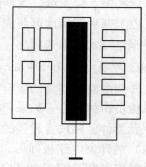

图 2-15　汇流排接地示意图

（5）加粗接地线

若接地线很细，接地电位则随电流的变化而变化，致使电子设备的定时信号电平不稳，抗噪声性能变坏，其宽度至少应大于 3mm。

（6）D/A（数/模）电路的地线分开

两种电路的地线各自独立，然后分别与电源端地线相连，以抑制它们相互干扰。

4. 电磁干扰及抑制

电磁干扰是由电磁效应而造成的干扰，由于 PCB 上的元器件及布线越来越密集，如果设计不当就会产生电磁干扰。为了抑制电磁干扰，可采取如下措施。

（1）合理布设导线

印制线应远离干扰源且不能切割磁力线；避免平行走线，双面板可以交叉通过，单面板可以通过"飞线"跨过；避免成环，防止产生环形天线效应；时钟信号布线应与地线靠近，对于数据总线的布线应在每两根之间夹一根地线或紧挨着地址引线放置；为了抑制出现在印制导线终端的反射干扰，可在传输线的末端对地和电源端各加接一个相同阻值的匹配电阻。

（2）采用屏蔽措施

可设置大面积的屏蔽地线和专用屏蔽线以屏蔽弱信号不受干扰，屏蔽线防止电磁干扰。

（3）去耦电容的配置

在直流供电电路中，负载的变化会引起电源噪声并通过电源及配线对电路产生干扰。为抑制这种干扰，可在单元电路的供电端接一个 10～100μF 的电解电容器；可在集成电路的供电端配置一个 680pF～0.1μF 的陶瓷电容器或 4～10 个芯片配置一个 1～10μF 的电解电容器；对 ROM、RAM 等芯片应在电源线（U_{CC}）和地线（GND）间直接接入去耦电容等。

2.2.4 印制电路板的设计步骤和方法

1. 印制电路板材料选择

印制电路板的材料选择要考虑电气、机械特性以及价格、制造成本等因素。电气特性是指基材的绝缘电阻、抗电弧性、印制导线电阻、击穿强度、抗剪强度和硬度。机械特性是指基材的吸水性、热膨胀系数、耐热性、抗挠曲强度、抗冲击强度、抗剪强度和硬度。

酚醛纸基层压板的机械强度低，易吸水及耐高温性能较差，表面绝缘电阻较低，但价格便宜。一般适用于民用电子产品。环氧酚醛玻璃布层压板的电气及机械性能好，耐化学溶剂，耐高温、耐潮湿，表面绝缘电阻高，但价格较贵。一般适用于仪器、仪表及军用电子产品。以上两种基材均可制成单面的、双面的或多层的、阻燃型的或是可燃型的印制电路板。可根据电路的要求选用。

2. 印制电路板的厚度

印制电路板厚度的确定，主要是考虑对印制电路板上元器件重量的承受能力和使用中承受机械负荷的能力。如果只在印制电路板上装配集成电路、小功率晶体管、电阻和电容等小功率元器件，在没有较强的负荷振动条件下，使用厚度为 1.5mm（尺寸在 500mm × 500mm 之内）的印制电路板即可。如果板面较大或支撑强度不够，应选择 2～2.5 mm 厚的板。印制电路板的厚度已标准化，其尺寸为 1.0、1.5、2.0 和 2.5mm 几种，最常用的是 1.5mm 和 2.0mm。

对于尺寸很小的印制电路板如计算器、电子表等，为了减小重量和降低成本，可选用更薄一些的敷铜箔层压板来制作。对于多层印制电路板的厚度也要根据电路的电气性能和结构要求来决定。

3. 印制电路板形状和尺寸的确定

印制电路板的尺寸与印制电路板的加工和装配有密切关系，从装配工艺的角度考虑：一方面是便于自动化组装，使设备的性能得到充分利用，能使用通用化、标准化的工具和夹具，另一方面是便于将印制电路板组装成不同规格的产品，安装方便，固定可靠。

印制电路板的外形应尽量简单，一般为长方形，应尽量避免采用异形板。印制电路板的尺寸应尽量靠近标准系列的尺寸，以便简化工艺，降低加工成本。

4. 印制电路板坐标尺寸图的设计

用手工绘制 PCB 图时，可借助于坐标纸上的方格正确地表达在印制电路板上元器件的坐标位置。在设计和绘制坐标尺寸图时，应根据电路图并考虑元器件布局和布线的要求。

典型元器件是全部安装元器件中在几何尺寸上具有代表性的元器件，它是布置元器件时的基本单元。估算一下典型元器件的尺寸和其他大元器件尺寸相当于典型元器件的倍数（即一个大元器件在几何尺寸上相当于几个典型元器件），将它们尺寸加在一起，就可以算出整个印制电路板需要多大尺寸。

阻容元器件、晶体管等应尽量使用标准跨距，以适应元器件引线的自动成型。各元器件的安装孔的圆心必须设置于坐标格的交点上。

5. 根据电原理图绘制印制排版连线图

排版连线图是用简单线条表示印制导线的走向和元器件的连接，在排版连线图中应尽量避免导线的交叉，但可以在元器件处交叉。在印制电路板几何尺寸已确定的情况下，从排版连线图中可以看出元器件的基本位置，当然，当电路比较简单时，也可以不画排版连线图，而直接画排版设计草图。

排版设计草图一般应用方格纸绘制，所用比例一般选用2：1或4：1。首先，根据已给的印制电路板尺寸及各安装孔尺寸画出印制制板的外轮廓。然后查元器件手册（或测量实物），确定有关元器件的尺寸及跨距。在具体绘制时，可将各元器件剪成纸型，放置在方格纸上以确定其位置，也可应用绘图模板来绘制。再根据排版连线图上元器件大体位置及其连线方向，精确布置元器件及孔的位置（最好放在坐标格的交点上），并用单线画出印制导线的走向。

2.3 印制电路板的制作

2.3.1 手工制作方法

在进行电子产品研制、设计及样品制作等过程中，往往需要制作少量印制电路板，进行产品性能分析试验。如在专业制版厂加工，不仅周期长，而且很不经济，因此，掌握手工制作印制板的方法是很有必要的。

1. 刀刻法制作印制电路板

一些图形简单、线条较少的印制电路板可以用贴图刀刻法来制作，此法适用于保留铜箔面积较大的图形。

（1）裁取覆铜板

用刀刻法制作印制电路板时，一般采用厚度为1mm的单面覆铜板就可以满足要求。可按照图2-16所示方法，先用钢板尺、铅笔在单面覆铜板的铜箔面画出裁取线，再用手钢锯沿画线的外侧锯得所用单面覆铜板，最后用细砂纸（或砂布）将覆铜板的边缘打磨平直光滑。

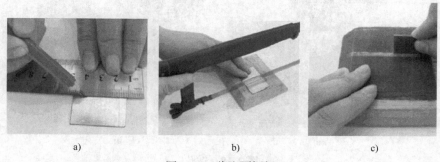

a)   b)   c)

图 2-16　裁取覆铜板

a）画出裁取线　b）锯下所用单面覆铜板　c）用细砂纸打磨

注意：画裁取线时最好紧靠覆铜板的一个直角，这样只需要画两条裁取直线即可；锯覆铜板时不要沿画线走锯，否则锯取的覆铜板经砂纸打磨后尺寸就会小于要求许多。

（2）刀刻覆铜板

刻制印制电路板所用的工具是：刻刀、钢板尺和尖嘴钳（用直头手术钳效果更佳），刀刻覆铜板如图2-17所示，可分为画除箔线、刻透除箔线、剥掉除箔条3大步骤来完成。残留的铜箔可用刻刀铲除。刀口存在的毛刺和铜箔上的氧化物等可用细砂纸（或砂布）打磨至光亮。

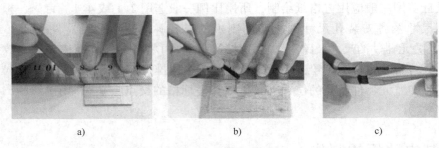

图2-17 刀刻覆铜板

a）画除箔线　b）刻透除箔线　c）剥掉除箔条

（3）钻孔

刻好的印制电路板，在业余条件下可将元器件直接焊在有铜箔的一面，这样可省去在印制电路板上钻元器件安装孔的麻烦，而且可以很直观地对照着印制电路板接线图焊接元器件，不易出错，这对于简单的电路尤为适用。但是大多数制作还是要求给印制电路板钻出元器件安装孔。钻孔前，先用锥子在需要钻孔的铜箔上扎出一个凹痕，这样钻孔时钻头才不会滑动。如嫌用锥子扎凹痕吃力，可用尖头冲子（或铁钉）在焊点处冲个小坑。钻孔时，按照图2-18所示，钻头要对准铜箔上的凹痕，钻头要和电路板垂直，并适当地施加压力。钻孔时注意，装插一般小型元器件接脚的孔径应为0.8~1mm，稍大元器件接脚和电线的孔径应为1.2~1.5mm，装固定螺钉的孔径一般是3mm，应根据元器件引脚的实际粗细等选择合适的钻头。如果没有适当大小的钻头，可先钻一个小孔，再用斜口小刀把它适当扩大就行；对于个别更大的孔，可用尖头小钢锉或圆锉来进一步加工。

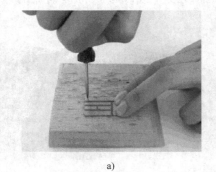

图2-18 钻孔

a）用锥子在铜箔上扎出一个凹痕　b）用钻头在铜箔的凹痕处钻孔

（4）涂助焊剂

钻完孔的印制电路板按照图 2-19 所示，用细砂纸轻轻打磨（或用粗橡皮擦除）铜箔表面的污物和氧化层后还需要用小刷子在铜箔面均匀地涂刷上松香酒精溶液（俗称为"松香水"），自然风干即可。涂刷松香酒精溶液的目的是：保护铜箔不被氧化，便于焊接。

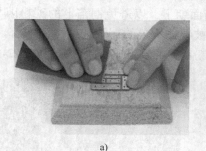

a)   b)

图 2-19   涂刷 "松香水"

a）细砂纸打磨铜箔表面的污物和氧化层   b）涂刷松香酒精溶液

2. 热转印法制作印制板

将热转印纸上的电路图形通过加热转印到覆铜板上的方法称为热转印法。其制作印制板步骤如下所述。

（1）裁取覆铜板

按设计尺寸把覆铜板裁成所需要的大小和形状。先用钢板尺、铅笔在单面覆铜板的铜箔面画出裁取线，再用切板机沿画线的外侧锯得所用单面覆铜板，最后用细砂纸（或砂布）将覆铜板的边缘打磨平直、光滑。

（2）打印印制电路图

将设计好的 PCB 电路图打印在热转印纸上。注意打印转印纸的光滑面，打印机要选择搓纸能力强、打印速度相对较慢的机型。搓纸能力不强的机型很可能无法送纸打印。打印速度快的机型打印在转印纸上的碳粉光滑着墨面附着碳粉不牢固，容易脱落。打印好的转印纸禁止折弯和受摩擦，以避免碳粉脱落，且马上进入转印步骤。

（3）热转印

转印是将转印纸上附着的碳粉（附着不是很牢）转印到覆铜板上，该步骤操作一定要小心，否则容易引起碳粉脱落、移位、断线，导致制作的线路板性能不良。

1）将转印纸上有碳粉走线的地方紧贴在覆铜板的铜箔上，然后将其包好固定，务必要贴紧且不能左右移动，否则转印时容易出现碳粉走线移位、断线的情况。

2）将覆盖转印纸的覆铜板送到热转印机或塑封机转印，热转印如图 2-20 所示。转印机或塑封机事先预热保持在 150℃左右，为保证所有碳粉全部转印到覆铜板上，可同一走向多转印几次。若敷钢板平整无翘曲，则也可用不带蒸汽的电熨斗熨烫几次，也可获得同样的效果。

3）待覆铜板冷却后（务必要冷却，否则容易引起碳粉脱落），再轻轻揭开转印纸，可见到覆铜板上已附着碳粉走线。

（4）修图

检查热转印后的电路图形是否遗漏焊盘与导线，然后用油性笔对于热转印后缺损或断线的地方进行修补，以保证图形质量。

（5）腐蚀

用三氯化铁溶液把覆铜板上裸露的铜箔腐蚀掉。其具体过程如下所述。

将三氯化铁（不要用分析纯的三氯化铁，否则腐蚀速度慢）放进敞开容器（玻璃、瓷器或塑料材质）中，按1:2倒入热水（冷水也可，水温越高，腐蚀速度越快），不断地摇晃容器，待三氯化铁溶解后，放入覆铜板，铜箔面朝上，以避免铜箔上的碳粉因与容器底摩擦而脱落；经常摇动容器以加快腐蚀速度，待未被碳粉覆盖的铜箔被腐蚀完毕后，取出覆铜板，用清水洗干净擦干，这时覆铜板上只剩下被碳粉覆盖的铜箔，腐蚀覆铜板如图2-21所示。

图2-20　热转印

图2-21　腐蚀覆铜板

（6）钻孔

钻孔前，根据焊盘孔径选择合适的钻头，一般采用直径为1mm的钻头，对于少数元器件端子较粗的插孔，例如电位器端子孔，需用直径为1.2mm以上的钻头钻孔。用微型电钻（或钻床）钻孔时，进刀不要过快，以免将铜箔挤出毛刺。如果制作双面板，覆铜板和印制电器板布线图要有3个以上的定位孔，先用合适的钻头将它钻透，以利于反面连线描图时定位。钻头钻入电路板的瞬间电路板不能移动，否则极易导致脆而硬的钻头折断。钻孔完毕用小刀除去孔的毛边。

（7）清洁表面

清洗掉覆铜板上的碳粉，或用细砂纸仔细打磨掉覆铜板上的碳粉。

（8）涂助焊剂

覆铜板冲洗晾干后即涂助焊剂（可用已配好的松香酒精溶液），涂助焊剂后可使板面得到保护，提高可焊性。

3. 用感光板制作电路板

用感光板制作电路板的过程如下所述。

（1）裁取感光板

按设计尺寸把感光板裁成所需要的大小和形状。裁取流程和前面方法一样，先用钢板尺、铅笔在覆铜板的铜箔面画出裁取线，再用切板机沿画线的外侧锯得所用覆铜板，最后用细砂纸（或砂布）将覆铜板的边缘打磨平直光滑。

（2）打印印制电路图

将设计好的PCB电路图打印在菲林纸上。选用激光打印机打印效果好，打印印制电路图如图2-22所示。

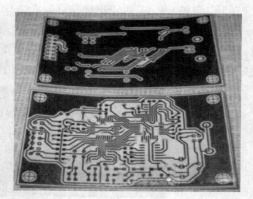

图 2-22　打印印制电路图

（3）曝光

曝光过程操作如图 2-23 所示。

1）取出感光板，轻轻揭去保护膜，可以看到感光板铜皮面被一层绿色的化学物质所覆盖，这层绿色的东西就是感光膜，如图 2-23a 所示。

2）用一个玻璃相框，取下盖板，将打印好的菲林纸轻轻铺在相框的玻璃板上，然后把感光板涂有感光膜的一面贴在已打印电路图的菲林纸上，如图 2-23b 所示。再装上相框的后盖板，固定压紧。

3）曝光的方法有几种：太阳照射曝光、荧光灯曝光、专用的曝光机曝光，可以根据情况灵活选择。曝光的时间要根据曝光光源的照射强度以及不同厂家生产的感光板对曝光时间要求的不同，具体时间请参考厂家的说明。这里选用荧光灯曝光，如图 2-23c 所示，时间大约为 12min，但时间不要太短，那样会导致曝光不充分。

　　　　　　a)　　　　　　　　　　　　　　b)　　　　　　　　　　　　c)

图 2-23　曝光

a）揭去感光板的保护膜　b）涂有感光膜的一面贴在已打印电路图的菲林纸上
c）在荧光灯下曝光

（4）显影

显影操作过程如下所述。

1）配制显影剂。将粉末状显影剂与水混合放入水槽，粉末显影剂和水的比例为 1:20，适当搅拌使显影剂溶化均匀。

2）将曝光后的感光板放入水槽中，轻轻晃动，使其充分接触显影液，待显影充分后，可以看到 PCB 已经附在上面了。

（5）腐蚀

将三氯化铁与水按1∶2的比例混合，不断地摇晃容器，待三氯化铁溶解后，放入覆铜板，铜箔面朝上，轻轻晃动水槽，使溶液形成对流，可以加快腐蚀速度。十几分钟后，将腐蚀好的 PCB 取出，用水冲洗干净，腐蚀如图 2-24 所示。

 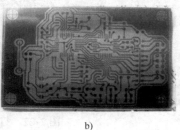

a)   b)

图 2-24　腐蚀

a）在腐蚀液中放入覆铜板　b）腐蚀后的覆铜板

（6）钻孔

钻孔前，根据焊盘孔径选择合适的钻头，钻头钻入电路板的瞬间电路板不能移动，否则极易导致脆而硬的钻头折断。钻孔完毕用小刀除去孔的毛边。

（7）清洁表面、涂助焊

清洗掉覆铜板上的碳粉，或用细砂纸仔细打磨掉覆铜板上的碳粉，然后涂上助焊剂。

2.3.2　印制电路板的生产工艺

工厂生产印制电路板的制造工艺发展很快，不同类型和不同要求的 PCB 采取不同的生产工艺流程。

单面板的印制图形比较简单，一般采用丝网漏印的方法转移图形后，蚀刻出印制电路板，图 2-25 为一单面 PCB 的生产工艺流程。

双面 PCB 两面都有导电图形，面积比单面板大了一倍。双面板的生产工艺一般分为工艺导线法、掩蔽法和图形电镀蚀刻法等几种，图形电镀蚀刻法双面 PCB 的生产工艺流程如图 2-26 所示。

工厂生产印制电路板一般要经过几十道工序，每一道技术工艺都有具体的工序及操作方法。一般要经历胶片制版、图形转移、化学蚀刻、过孔和铜箔处理、助焊和阻焊处理等过程。

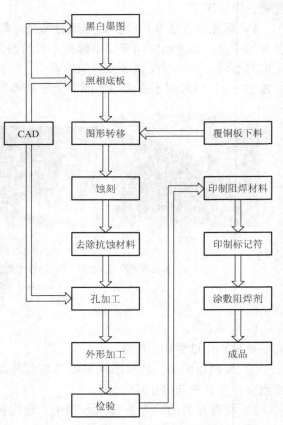

图 2-25　单面 PCB 的生产工艺流程

56

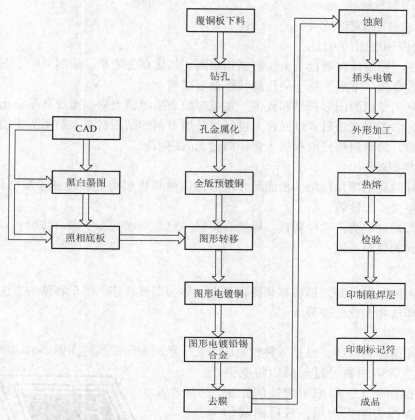

图 2-26 双面 PCB 的生产工艺流程

1. 胶片制版

（1）绘制照相底图

制作一块标准的印制电路板，一般需要绘制 3 种不同的照相底图：制作导电图形的底图，制作印制电路板表面阻焊层的底图，制作标志印制电路板上所安装元器件的位置及名称等文字符号的底图。

1）绘制照相底图的要求。

① 底图尺寸一般应与布线草图相同。对于高精度和高密度的印制电路板底图，可适当扩大比例，以保证精度要求。

② 焊盘大小、焊盘位置、焊盘间距、插头尺寸、印制导线宽度和元器件安装尺寸等均应按草图所标尺寸绘制。

③ 焊盘之间、导线之间、焊盘与导线之间的最小距离不应小于草图中注明的安全距离。

④ 注明印制电路板的技术要求。

2）绘制照相底图的步骤。

① 确定图样比例，画出底图边框线。

② 按比例确定焊盘中心孔，确保孔位及孔心距的尺寸。

③ 绘制焊盘，注意内外径尺寸应按比例画。

④ 绘制印制导线。

⑤ 绘制或剪贴文字符号。

3）绘制照相底图的方法。

手工绘图：用墨汁在铜板纸上绘制照相底图。其优点是简单、绘制灵活。缺点是导线宽度不均匀、效率低。常用于新产品研制或小批量试制。

贴图：利用专制的图形符号和胶带，在图样或聚酯薄膜上依据布线草图贴出印制电路板的照相底图。贴图需在透射式灯光台上进行，并用专制的贴图材料。贴图法速度快、修改灵活、线条连续、轮廓清晰光滑和易于保证质量，故应用较广。

（2）照相制版

用绘制好的底图照相制版，板面尺寸应通过调整相机焦距准确达到印制电路板的尺寸，相版要求反差大、无砂眼。

照相制版的过程为：软片剪裁→曝光→显影→定影→水洗→干燥→修版。双面板的相板应保持正反面的焦距一致。

2. 图形转移

把相版上的印制电路图形转移到覆铜板上，称为图形转移。图形转移的方法很多，常用的有丝网漏印法和光化学法等。

（1）丝网漏印

丝网漏印简称为丝印，也是一种古老的工艺。丝网漏印法是将所需要的印制电路图形制在丝网上，然后用油墨通过丝网版将电路图形漏印在铜箔板上，形成耐腐蚀的保护层，再经过腐蚀去除保护层，最后制成印制电路板。简单的丝网漏印装置如图2-27所示。

由于丝网漏印法具有操作简单、生产效率高、质量稳定及成本低廉等优点，所以广泛用于印制电路板的制造。目前，丝网漏印法在工艺、材料和设备上都有较大的突破，现在已能印制2mm宽的导线。丝网漏印法的缺点是，所制造的印制电路板

图2-27 简单的丝网漏印装置

的精度比光化学法的差；对品种多、数量少的产品，生产效率比较低，并且要求丝印人员有熟练的操作技术。

（2）光化学法

光化学法分直接感光法和光敏干膜法两种，如下所述。

1）直接感光法。直接感光法采用蛋白感光胶和聚乙醇感光胶涂敷在覆铜板上，工艺过程为：覆铜板表面处理→涂感光胶→曝光→显影→固膜→修版。它的缺点是生产效率低，难于实现自动化，本身耐蚀性差，适用于批量较大、单精度要求不高的单面和双面印制电路板的生产。

2）光敏干膜法。光敏干膜法的工艺过程与直接感光法相同，只是不适用感光胶，而是使用一种薄膜作为感光材料，这种薄膜由聚酯薄膜、感光胶膜和聚乙烯薄膜3层材料组成，

感光胶膜夹在中间，使用时揭掉外层的保护膜，使用贴膜机把感光胶膜贴在覆铜板上。

光敏干膜法在提高生产效率、简化工艺和提高制版质量等方面优于其他方法。

3. 蚀刻

蚀刻也称为腐蚀，是指利用化学或电化学方法，将涂有抗蚀剂并经感光显影后的印制电路板上未感光部分的铜箔腐蚀除去，在印制电路板上留下精确的电路图形。

制作印制电路板有多种蚀刻工艺可以采用，这些方法可以除去未保护部分的铜箔，但不影响感光显影后的抗蚀剂及其保护下的铜导体，也不腐蚀绝缘基板及黏结材料。工业上最常用的蚀刻剂有三氧化铁、过硫酸铵、铬酸及碱性氯化铜。其中三氧化铁的价格低廉且毒性较低，碱性氯化铜的腐蚀速度快，能蚀刻高精度、高密度的印制电路板，并且铜离子又能再生回收，也是一种经常采用的方法。

4. 过孔与铜箔处理

（1）金属化孔

金属化孔就是把铜沉积在贯通两面导线或焊盘的孔壁上，使原来非金属的孔壁金属化，也称为沉铜。在双面和多层 PCB 中，这是一道必不可少的工序。

实际生产中要经过：钻孔→去油→粗化→浸清洗液→孔壁活化→化学沉铜→电镀→加厚等一系列工艺过程才能完成。

金属化孔的质量非常关键，要求金属层均匀、完整，与铜箔连接可靠。

（2）金属涂覆

为提高印制电路板的导电性、可焊性、耐磨性、装饰性及延长 PCB 的使用寿命，提高电气可靠性，往往在 PCB 铜箔上进行金属涂敷，常用的涂敷材料有金、银和铅锡合金等。

5. 助焊与阻焊处理

PCB 经表面金属处理后，根据不同需要可进行助焊和阻焊处理。涂助焊剂可提高可焊性；而在高密度铅锡合金板上，为了板面得到保护，确保焊接的准确性，可在板面上加阻焊剂，使焊盘裸露，其他部位均在阻焊剂层下。阻焊涂料分热固化型和光固化型两种，色泽为深绿或浅绿色。

2.3.3 印制电路板质量检验

印制电路板制作完成后必须进行质量检验，只有检验合格才能进行下一步的装配焊接。

1. 目视检验

目视检验是用肉眼检验所能见到的一些情况，一般检验如下内容：

1）印制电路板的翘曲度是否过大，过大时可采用手工进行矫正。

2）印制电路板上的注字、符号是否被腐蚀掉，或因腐蚀不够造成字迹、符号不清。

3）导线上有无沙眼或断线，线条边缘上有无锯齿状缺口，不该连接的导线间有无短路。

4）印制电路板表面是否光滑、平整，是否有凹凸点或划伤的痕迹。

5）印制电路板上有无漏钻孔、钻错孔或四周铜箔被钻破的情况。

6）导线图形的完整性如何，用照相底片覆盖在印制电路板上，测定一下导线宽度、外形是否符合要求。

7）印制电路板的外边缘尺寸是否符合要求。

2. 连通性检验

多层印制电路板需进行连通性试验。一般借助万用表测量电阻、电流和电压等来判断印制电路图形是否连通。

3. 可焊性检验

可焊性是用来测量元器件焊接到印制电路板上时焊锡对印制图形的润湿能力，一般用润湿、半润湿和不润湿来表示。

1）润湿。焊料在导线和焊盘上可自由流动及扩展，形成黏附性连接。

2）半润湿。焊料先润湿焊盘的表面，然后由于润湿不佳而造成焊锡回缩，结果在基底金属上留下一薄层焊料。在焊盘表面一些不规则的地方，大部分焊料都形成了焊料球。

3）不润湿。焊料虽然在焊盘的表面上堆积，但未和焊盘表面形成粘附性连接。

4. 印制电路板的绝缘电阻

印制电路板的绝缘电阻是印制电路板绝缘部件对外加直流电压所呈现出的一种电阻。在印制电路板上，此项测试既可以在同一层上的各条导线之间来进行，也可以在两个不同层之间来进行。选择两根或多根间距紧密、电气上绝缘的导线，先测量其间的绝缘电阻；再加速湿热一个周期（将试样垂直放在试验箱的框架上，箱内相对湿度约为100%，温度为42～48℃，放置几小时到几天）后，置于室内条件下恢复1h，再测量它们之间的绝缘电阻。

5. 镀层附着力

检查镀层附着力的一种方法是胶带试验法。把透明胶带横贴于要测的导线上，并将此胶带用手按压，使气泡全部排除，然后掀起胶带的一端，大约与印制电路板呈90°时扯掉胶带，扯胶带时应快速猛扯，扯下的胶带完全干净没有铜箔附着，说明该板的镀层附着力合格。

2.4 印制电路板的计算机设计

2.4.1 Protel DXP 2004 SP2 电路板设计软件简介

现代计算机的发展为电路原理图和PCB设计提供了强有力的手段。在电子行业中，借助计算机软件对产品进行设计已经成为一种趋势。Protel是进入我国较早的CAD软件之一，一直以其易学易用而深受广大电子爱好者的喜爱。Protel DXP 2004是Altium（奥腾，前身是Protel）公司于2004年推出的第一套完整的板卡级设计系统，主要运行于Windows XP或Windows 2000操作系统中。SP2以上版本支持多种语言（中文、英文、德文、法文和日文等）。Protel DXP 2004由4大模块组成系统工具，分别是原理图设计（SCH）、PCB设计、原理图仿真（SCH）和可编程逻辑器件（FPGA）设计。本节只讲述SCH设计和PCB设计两个系统工具的使用。

1. 启动 Protel DXP 2004 SP2

1）在"开始"菜单中，单击"开始"→"DXP 2004"，启动 Protel DXP 2004 SP2。

2）执行"开始"→"程序"→"Altium SP2"→"DXP 2004 SP2"，启动 Protel DXP 2004 SP2。

启动程序后，屏幕出现 Protel DXP 2004 SP2 的启动界面，启动完成后，系统自动进入设计主窗口，如图 2-28 所示。

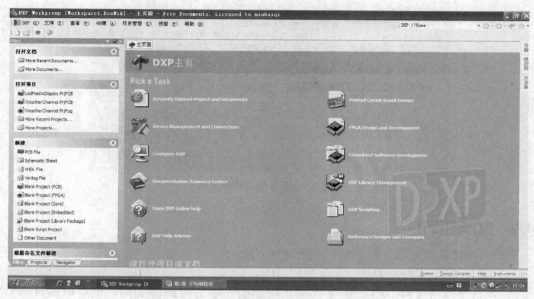

图 2-28　Protel DXP 2004 SP2 启动完成界面

2. 创建 PCB 文件

Protel DXP 2004 SP2 的 PCB 设计通常是先建立 PCB 工程项目文件，然后在该项目文件下建立原理图和 PCB 等其他文件，建立的项目文件将显示在"Projects"选项卡中。

（1）新建 PCB 项目

执行菜单"文件"→"创建"→"项目"→"PCB 项目"，Protel DXP 2004 SP2 系统会自动创建一个名为"PCB_ Project1. PrjPCB"的空白工程项目文件，如图 2-29 所示。此时的文件显示在"Projects"选项卡中，在新建的项目文件"PCB _ Project1. PrjPCB"下显示的是空文件夹"No Documents Added"。

（2）保存项目

建立 PCB 项目文件后，一般要将项目文件另存为自己需要的文件名，并保存到指定的文件夹中。

执行菜单"文件"→"另存项目为"，屏幕弹出另存项目对话框，更改保存的文件夹和文件名后，单击"保存"按钮完成项目保存，图 2-30 所示为更名后的项目文件。

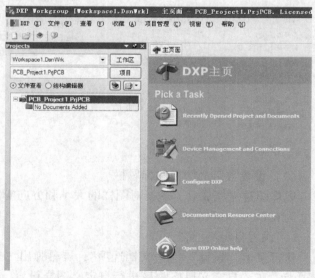

图 2-29　新建 PCB 项目

图 2-30　更名后的项目文件

2.4.2　原理图设计

下面以单管放大电路为例介绍原理图设计方法。

（1）新建原理图文件

1）执行菜单"文件"→"创建"→"原理图"添加原理图文件；也可以用鼠标右键单击项目文件名，在弹出的菜单中选择"追加新文件到项目中"→"Schematic"新建原理图文件，如图 2-31 所示。

2）用鼠标右键单击原理图文件"Sheet1. SchDoc"，在弹出的菜单中选择"另存为"，屏幕弹出一个对话框，将文件改名为"单管放大电路"并保存，如图 2-32 所示。

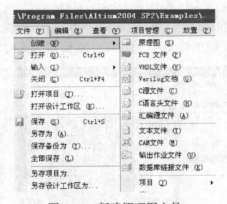

图 2-31　新建原理图文件

图 2-32　保存原理图文件

（2）设置自定义图样和标题栏

原理图建立完成后，就要对图样的大小和方向等参数进行设定。本例电路图样自定义，尺寸为 650mils×400mils。

1）设置自定义图样

执行菜单"设计"→"文档选项"，屏幕弹出"文档选项"对话框，选中"图样选项"选项卡，在"自定义风格"区进行自定义图样设置，具体设置如图 2-33 所示。进行自定义前必须选中"使用自定义风格"复选框。

2）设置自定义标题栏。

在图 2-33 中，去除"图样明细表"复选框，图样上将不显示标准标题栏，此时用户可以自行定义标题栏，标题栏一般定义在图样的右下方。

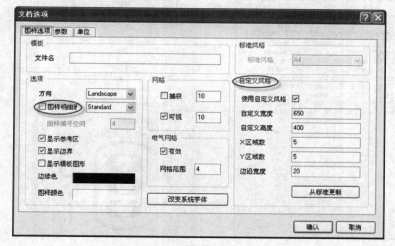

图 2-33　设置图样和标题栏

图 2-34　元器件库控制面板

（3）设置元器件库与元器件放置

1）加载元器件库。

单击原理图编辑器右上方的"元器件库"选项卡，屏幕弹出图 2-34 所示的"元器件库"控制面板，该控制面板中包含元器件库栏、元器件查找栏、元器件名栏和当前元器件符号栏和当前元器件封装等参数栏及元器件封装图形栏等内容，用户可以在其中查看相应信息，以判断元器件是否符合要求。

加载元器件库也可以通过执行菜单"设计"→"追加/删除元器件库"实现。

单击"元器件库"按钮，屏幕弹出可用元器件库对话框，选择"安装"选项卡，完成元器件库的加载，如图 2-35 所示。

在原理图设计中，常用元器件库为 Miscellaneous Devices. IntLib 和 Miscellaneous Connectors. IntLib，它们包含了常用的电阻、电容、二极管、晶体管、变压器、按键开关和接插件等元器件。

2）放置元器件。

通过元器件库控制面板放置元器件。本例中要用到 3 种元器件，即电阻、电解电容和晶体管，它们都在"Miscellaneous Devices. IntLib"库中，设计前需先安装该库。以下以放置晶体管 2N3904 为例介绍元器件放置。

选中所需元器件库，该元器件库的元件将出现在元器件列表中，找到晶体管 2N3904，控制面板中将显示它的元器件号和封装图，如图 2-36 所示。

单击"Place 2N3904"按钮，将光标移到工作区中，此时元件以虚框的形式粘在光标上，将元件移到合适的位置后再次单击鼠标，元器件就放到图样上，此时系统仍处在放置元器件状态，可继续放置该类元器件，单击鼠标右键，退出放置状态。

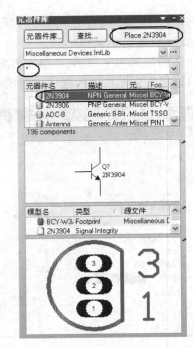

图 2-35　加载元器件库　　　　　　　图 2-36　元器件库控制面板放置元器件

通过菜单放置元器件。

"库参考"栏中输入需要放置的元器件名称，如电阻为 RES2；"标识符"栏中输入元器件标号，如 R1；"注释"栏中输入标称值或元器件型号，如 10k；"封装"栏用于设置元器件的 PCB 封装形式，系统默认电阻封装为 AXIAL_ 0.4，如图 2-37 所示。

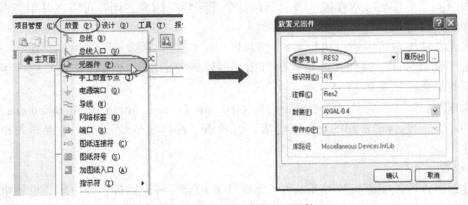

图 2-37　通过菜单放置元器件

所有输入内容输入完毕，单击"确认"按钮，此时元器件便出现在光标处，单击鼠标左键放置元器件。

放置元器件时，如不知道元器件在哪个元器件库中，可以使用搜索功能，查找元器件所在库并放置元器件。

（4）放置电源接地符号和电路的 I/O 端口

单击"放置"→"电源端口"，单击"放置"→"端口"，分别放置电源接地符号和电路的 I/O 端口，如图 2-38 所示。

由于在放置符号时，初始出现的是电源符号 V_{CC}，若要放置接地符号，除了在修改符号风格外，还必须将网络 Net 修改为 GND。

放置完元器件的电路如图 2-39 所示。

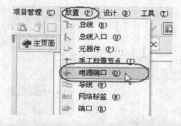
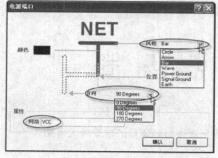

图 2-38　放置电源端口

图 2-39　放置完元器件的电路

（5）调整元器件布局与电气连接

1）元器件选中与取消选中。

选中对象的方法如下所述。

① 通过执行菜单"编辑"→"选择"进行，可以选择"区域内对象""区域外对象"或"全部对象"。

② 利用工具栏按钮□选取对象。

③ 直接用鼠标单击选取，这种方法每次只能选取一个对象，如要选取同时多个对象，可以按下〈Shift〉键的同时用鼠标左键点取多个对象。

解除选取状态的方法如下所述。

① 通过执行菜单"编辑"→"取消选取"进行，可以选择"区域内对象""区域外对象"或"全部当前文档"和"全部打开文档"进行解除。

② 利用工具栏按钮 ⁒ 解除选取状态。

③ 在空白处单击鼠标左键解除选中状态。

2）移动元器件。

常用的方法是用鼠标左键单击选中要移动的元器件，并按住鼠标左键不放，将元器件拖到要放置的位置。

同时选中多个元器件，点住其中的一个可进行一组移动。

3）元器件的旋转。

用鼠标左键点住要旋转的元器件不放，按〈Space〉键逆时针90°旋转，按〈X〉键水平

方向翻转，按〈Y〉键垂直方向翻转。（注意必须在英文输入状态下才有效）

4）元器件的删除。

要删除某个元器件，可用鼠标左键单击要删除的元器件，按〈Delete〉键删除该元器件，也可执行"编辑"→"删除"，用鼠标单击要删除的元器件进行删除。

5）全局显示全部对象。

元器件布局调整完毕，执行菜单"查看"→"显示全部对象"，全局显示所有对象，此时可以观察布局是否合理。

完成元器件布局调整的单管放大电路如图 2-40 所示。

6）放置导线。

执行菜单"放置"→"导线"，或单击配线工具栏的 ~ 按钮，当光标变为"×"形，系统处在画导线状态，此时按下〈TAB〉键，屏幕弹出属性对话框，可以修改连线粗细和颜色，一般情况下不做修改。

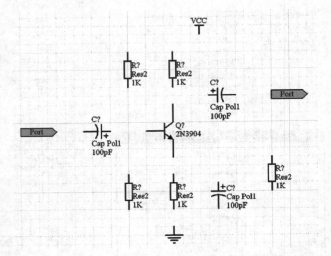

图 2-40　完成元器件布局调整的单管放大电路

在放置导线的状态下按〈Shift〉+〈Space〉键来切换，可以依次切换为 90°、45°和任意转角。

7）放置节点。

当两条导线呈"T"相交时，系统将会自动放置节点，但对于呈"十"字交叉的导线，不会自动放置节点，必须采用手动放置，执行菜单"放置"→"手工放置节点"进行节点放置。

8）元器件属性调整。

在放置元器件状态时，按键盘上的〈Tab〉键，或者在元器件放置好后用鼠标双击该元器件，屏幕弹出"元器件属性"对话框，图 2-41 所示为电阻的"元器件属性"对话框，图中主要设置如下。

元器件属性调整后的电路图如图 2-42 所示。

（6）文件保存与退出

1）文件的保存。

执行菜单"文件"→"保存"，或单击主工具栏上的 🖫 图标，可自动按原文件名保存，同时覆盖原先的文件。在保存时如果不希望覆盖原文件，可采用另存的方法，执行菜单"文件"→"另存为"，在弹出的对话框中输入新的存盘文件名后单击"保存"即可。

2）文件的退出。

若要退出当前原理图编辑状态，可执行菜单"文件"→"关闭"。也可用鼠标右键单击项目文件名。在弹出的菜单中选择"Close　Project"关闭项目文件。

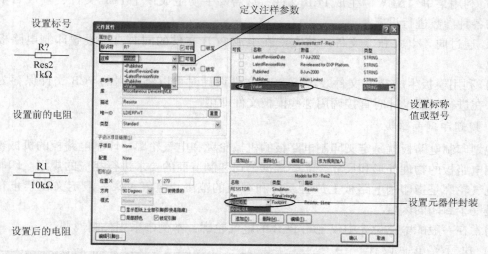

图 2-41　电阻的"元器件属性"对话框

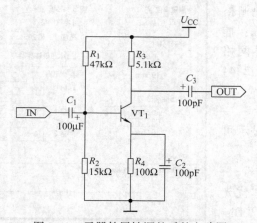

图 2-42　元器件属性调整后的电路图

2.4.3　PCB 设计

设计印制电路板是整个设计的目的，在原理图设计的基础上，PCB 图设计的流程如图 2-43 所示。

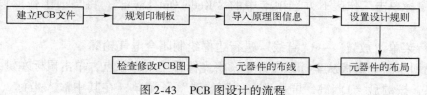

图 2-43　PCB 图设计的流程

1. PCB 文件的建立

PCB 文件的建立有以下 3 种方法。

1）利用菜单"NEW"生成 PCB 文件，这需要手动生成一个 PCB 文件，生成后单独对 PCB 的各种参数进行设置。

2）通过向导生成 PCB 文件。该方法在生成 PCB 文件的同时直接设置印制电路板的各种参数。

3）利用模板生成 PCB 文件。进行 PCB 文件设计时可以将常用的 PCB 文件保存为模板文件，在进行新的设计时直接调用这些模板文件即可。

2. 规划印制电路板

规划印制电路板就是定义印制电路板的机械轮廓和电气轮廓。印制电路板的机械轮廓是指印制电路板的物理外形和尺寸，需要根据公司和制造商的要求进行相应的规划。印制电路板的电气轮廓是指印制电路板上放置元件和布线的范围，电气轮廓一般定义在禁止布线层上，是一个封闭的区域。

通常在一般的电路设计中仅规划 PCB 的电气轮廓，本例中采用公制规划。

1）执行菜单"设计"→"PCB 选择项"，设置单位制为 Metric（公制）；设置可视栅格 1、2 分别为 1mm 和 10mm；捕获栅格 X、Y 均和元器件网格 X、Y 均为 0.5mm，如图 2-44 所示。

2）执行菜单"设计"→"PCB 层次颜色"，设置显示可视栅格 1（Visible Grid1）。

3）执行菜单"工具"→"优先设定"，屏幕弹出"优先设定"对话框，选中"Display"选项，在"表示"区中选中"原点标记"复选框，显示坐标原点。

图 2-44　PCB 选择项

4）执行菜单"编辑"→"原点"→"设定"，定义相对坐标原点，设定后，沿原点往右为 +x 轴，往上为 +y 轴。

5）用鼠标单击工作区下方选项卡中的"Keep Out Layer"，将当前工作层设置为 Keep Out Layer。

6）执行菜单"放置"→"直线"进行边框绘制闭合电气轮廓。

一般规划印制电路板从坐标原点开始，将光标移至坐标原点，单击鼠标左键，确定第一条边的起点，按键盘〈J〉键，屏幕弹出"新位置"子菜单，在其中输入坐标（70，0）光标自动跳转到坐标（70，0），双击鼠标左键，确定连线终点，绘出第一条边线，采用同样的方法继续画线，坐标依次为（70，40）（40，0）（0，0），绘制一个尺寸为 70mm×40mm 的闭合边框，以此为印制电路板的尺寸，如图 2-45 所示，PCB 尺寸为 70mm×40mm。

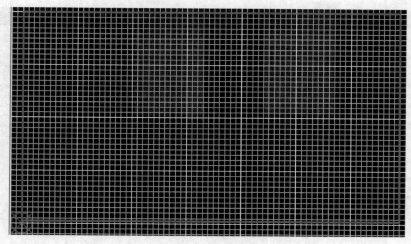

图 2-45　PCB 边框绘制

3. 原理图信息的导入

1）单击工作区上方的"单管放大电路.SCHDOC"文件选项卡,切换到原理图编辑器。单击"设计"→"Update PCB Document 单管放大电路.PCBDOC",将弹出图 2-46 所示的对话框。

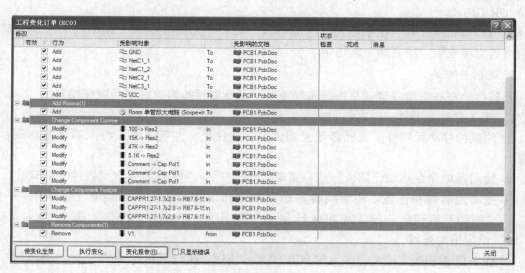

图 2-46　原理图信息的导入

2）单击对话框左下角的"使变化生效"按钮,验证更新内容是否存在错误,如没有错误,则软件在"检查"栏中显示对勾。

3）没有错误后,单击"执行变化"按钮,然后单击"关闭"按钮。系统将完成原理图信息的导入。这时可看到 PCB 图布线框的右侧出现了导入的所有元器件的封装。

4. 设置设计规则

1）单击"设计""规则"菜单项,打开"PCB 规则和约束编辑器"对话框,用鼠标双击"Routing"（走线规则）选项,如图 2-47 所示。

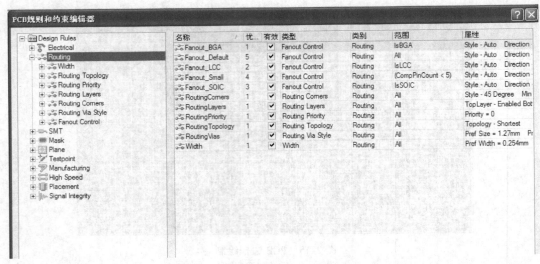

图 2-47　设置设计规则

2）用鼠标右键单击"Width"（走线宽度）选项，在弹出的菜单中选择"New Rule…"。

3）单击"Width1"下面的"Width"选项，在右侧的对话框中将"Name"选项改为"12V OR GND"。

4）在"Full Query"栏中输入"（InNet（'12V'）OR InNet（'GND'））"，这样就使范围设置为将规则应用到两个网络中。

5. 元器件布局

元器件的布局简单理解就是遵循布局原则，把元器件按照原理图的顺序摆开。

1）手工移动元器件。

① 用鼠标移动元器件。光标移到元器件上，按住鼠标左键不放，将元器件拖动到目标位置。

② 使用菜单命令移动元器件。执行菜单"编辑"→"移动"→"元器件"实现。

③ 拖动元器件和连线。用于同时移动元器件和印制导线，执行菜单"编辑"→"移动"→"拖动"实现，一般使用前执行菜单"工具"→"优先设定"，选中"Connected Tracks"设定拖动连线。

④ 在 PCB 中快速定位元器件。在 PCB 较大时使用。执行菜单"编辑"→"跳转到"→"元器件"，输入要查找的元器件标号，单击"确认"按钮，光标跳转到指定元器件上。

2）旋转元器件。

用鼠标单击选中元器件，按住鼠标左键不放，同时按下键盘的〈X〉键进行水平翻转；按〈Y〉键进行垂直翻转；按〈空格〉键进行指定角度旋转。

3）元器件标注的调整。

元器件布局调整后，往往元器件标注的位置过于杂乱，布局结束还必须对元器件标注进行调整，一般要求排列要整齐，文字方向要一致，不能将元器件的标注文字放在元器件的框内或压在焊盘或过孔上。元器件标注的调整采用移动和旋转的方式进行，与元器件的操作相似。

在 Protel DXP 2004 SP2 中，系统默认的注释是处于隐藏状态，一般为了便于读图，应将其设置为显示状态。用鼠标双击要修改的元器件，屏幕弹出元器件属性对话框，在"注释"区取消"隐藏"即可。

在图2-48所示的元器件布局图中，元器件的标注文字未调好，存在重叠、反向及堆积在元器件上的问题，由于该元器件的标注文字在顶层丝网层上，有些标号将被元件覆盖。为保证PCB的可读性，必须手工移动好元件的标注，经过调整标注后的电路布局图如图2-49所示。

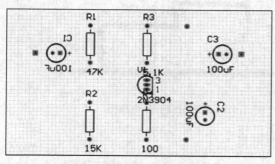

图2-48　元器件标注未调整

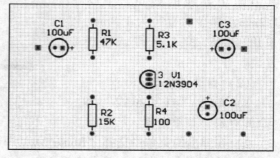

图2-49　调整标注后的电路布局图

6. 元器件布线

（1）手动布线

1）设置工作层。

执行菜单"设计"→"PCB层次颜色"，屏幕弹出"板层和颜色"对话框，在要设置为显示状态的工作层中后的"表示"复选框内单击打勾，选中该层。

本例中采用单面布线，元器件采用通孔式元器件，故选中"Bottom Layer"（底层）"Top Overlay"（顶层丝网层）"Keep-out Layer"（禁止布线层）及"Multi-Layer"（焊盘多层）。

PCB单面布线的布线层为"Bottom Layer"，故在工作区的下方单击"Bottom Layer"选项卡，选中工作层为"Bottom Layer"。

2）为手工布线设置栅格。

在电路工作区中单击鼠标右键，在弹出的菜单中选择"捕获栅格"子菜单，屏幕弹出栅格设置对话框，从中可以选择捕获栅格尺寸，本例中选择为0.500mm。

3）通过"放置直线"的方式布线。

通过"放置直线"方式放置的印制导线可以放置在PCB的信号层和非信号层上，当放置在信号层上，具有电气特性，称为印制导线；当放置在其他层，代表无电气特性的绘图标志线，在规划PCB时就是采用这种方式放置导线。

执行菜单"放置"→"直线"，进入放置PCB导线状态，系统默认放置线宽为10mil的连线，图2-50为连线示意图，其中图2-50a、b、c分别为连线前、连线中、完成连线的示意图。

若在放置连线的初始状态时，单击

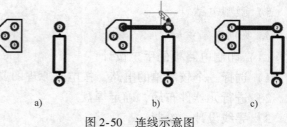

a)　　　　　b)　　　　　c)

图2-50　连线示意图

a）连线前　b）连线中　c）完成连线

键盘上的〈Tab〉键，屏可以修改线宽和线的所在层。本例中设计的是单面板，故布线层为"Bottom Layer"（底层），手工布线后的电路图如图2-51所示，其中印制导线的线宽设置为1.2mm，焊盘的直径为1.8mm，采用了45°和1/4圆弧转折方式。

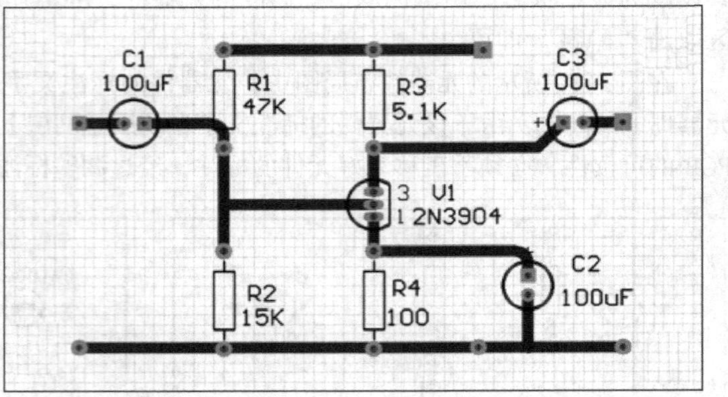

图2-51　手工布线后的电路图

（2）自动布线

1）单击"自动布线"和"全部对象"菜单选项。

2）在弹出的菜单中选择"Route All"即可。

3）若取消自动布线，单击"Tools"→"Un‒Route"→"All"选项即可取消。

7. 对PCB图进行检查修改

绘制完PCB后要对其进行检查、修改，导线能加粗的尽量加粗，必要时可添加覆铜、泪滴焊盘。

要想设计出性能优良、布局布线完美的印制电路板，不仅要熟练掌握软件的使用，还要通过大量的实践才能掌握。

2.5　实训　手工制作印制电路板

1. 实训目的

1）能够完成印制电路板的设计。

2）熟悉PCB手工制作的方法。

3）能够完成印制电路板的制作。

2. 实训设备与器材

1）覆铜板　　　　　　　　　　　　　　　　　1块。

2）三氯化铁　　　　　　　　　　　　　　　　若干。

3）直流稳压电源套件　　　　　　　　　　　　1套。

4）图样、直尺和橡皮等画图工具　　　　　　　1套。

5）微型电钻　　　　　　　　　　　　　　　　1个。

3. 实训内容步骤

（1）印制电路板的手工设计

1）选择一个较简单的电路，按电路原理图要求进行草图绘制。

2）进行元器件布局，确定焊盘。

3）导线设计、绘制。

4）反复修改、完善，确定印制电路板设计图。

（2）印制电路板手工制作

1）下料。

下料是按实际设计尺寸把覆铜板裁成所需要的大小和形状，把四周边缘毛刺去掉。用细砂纸或少量去污粉去掉表面的氧化物，最后用清水洗净后，将板晾干。

2）拓图。

拓图是用复写纸将已设计的印制板布线草图拓在铜箔基板的铜箔面上。

（3）钻孔

选择合适的钻头，对准电路板焊盘中心进行钻孔。

（4）描图

用调好的清漆或油性笔把需要保留的导线、焊盘涂好，晾干。

（5）修图

描好的图在漆未干时用直尺和小刀沿导线边缘修整，同时修补断线或缺损图形，以保证图形质量。

（6）蚀刻

在腐蚀容器中按1:2的比例配制三氯化铁水溶液，温度在40℃左右。将描修好的板子完全浸没到三氯化铁溶液中，蚀刻印制图形。

为加速蚀刻可轻轻搅动溶液，并注意观察腐蚀情况，待铜箔完全腐蚀掉后用夹具将板子取出，用清水冲洗。

（7）涂助焊剂

用热水浸泡将漆膜剥掉，待漆膜去净后用碎布蘸去污粉在板面上擦拭，去掉铜箔氧化膜，用水冲洗、晾干。

用已配好的松香酒精溶液，对焊盘涂助焊剂进行保护。

4. 实训总结

1）设计 PCB 过程中遇到什么问题？如何处理？

2）描图过程遇到什么问题？如何处理？

3）蚀刻过程遇到什么问题？如何处理？

2.6　习题

1. 印制电路板的种类有哪些？各有什么特点？

2. 一块完整的印制电路板由哪几部分组成？

3. 印制电路板设计时应遵循哪些原则？

4. 印制电路板设计一般有哪些步骤？

5. 用描图蚀刻法手工制作印制电路板有哪些步骤？

6. 工厂生产印制电路板的基本工艺流程是什么？

7. 印制电路板质量检验包括哪些内容？

8. 简述用 Protel DXP 2004 SP2 软件绘制电路原理图的过程。

9. 简述用 Protel DXP 2004 SP2 软件设计 PCB 图的流程。

第3章 焊接技术

3.1 焊接的基础知识

3.1.1 焊接与锡焊

焊接是利用加热、加压或其他手段，在两种金属的接触面，依靠原子或分子的相互扩散作用，形成一种新的牢固地结合，使这两种金属永久地连接在一起。焊接具有节省金属、减轻结构重量、焊点的机械性能和紧密性好等特点，因而得到了十分广泛的应用。

1. 焊接分类

在生产中使用较多的焊接方法主要有熔焊、压焊和钎焊3大类。

1）熔焊。熔焊是利用高温热源将需要连接处的金属局部加热到熔化状态，使它们的原子充分扩散，冷却凝固后连接成一个整体的方法。熔焊可以分为电弧焊、气焊、电子束焊和激光焊等。

2）压焊。在焊接过程中，必须对焊件施加压力（加热或不加热）完成的焊接的方法。这是一种不用焊料与焊剂即可获得可靠的连接的焊接技术，如点焊、碰焊和超声波焊等。

3）钎焊。如果在焊接的过程中需要熔入第三种物质，则称为"钎焊"，所加熔进去的第三种物质称为"焊料"。按焊料熔点的高低又将钎焊分为"硬钎焊"和"软钎焊"，通常以450℃为界，低于450℃的称为"软钎焊"。

电子产品安装工艺中的所谓"焊接"就是软钎焊的一种，因主要用锡和铅等低熔点合金做焊料，故称为"锡焊"。

2. 锡焊的特点

1）焊料的熔点低、适用范围广。锡焊的熔化温度为180～320℃，对金、银、铜和铁等金属材料具有良好的可焊性。

2）易于形成焊点、焊接方法简便。锡焊焊点是靠融溶的液态焊料的浸润作用而形成的，因而，对加热量和焊料不必有精确的要求就能形成焊点。

3）成本低廉、操作方便。锡焊比其他焊接方法成本低，焊料也便宜，焊接工具简单，操作方便，并且整修焊点、折换元器件以及重新焊接都很方便。

4）容易实现焊接自动化。

3. 锡焊形成的过程

锡焊必须将焊料、焊件同时加热到最佳焊接温度。从微观角度看锡焊是通过"润湿""扩散"和形成"合金层"三个过程来完成的。

1）润湿。润湿过程是指已经熔化了的焊料借助毛细作用的力，沿着母材金属表面细微的凹凸及结晶的间隙向四周流动，从而在被焊母材表面形成一个附着层，使焊料与母材金属的原子相互接近，达到原子引力起作用的距离。这个过程称为熔融焊料对母材表面的润湿。润湿过程是形成良好焊点的先决条件。

2）扩散。伴随着润湿的进行，焊料与母材金属原子间的互相扩散现象开始发生，通常金属原子在晶格点阵中处于热振动状态，这种运动随着温度升高，其频率和能量也逐步增加。当达到一定的温度时，某些原子就因具有足够的能量克服周围原子对它的束缚，脱离原来的位置，转移到其他晶格中，这个现象称为扩散。

3）合金层。由于焊料与母材的原子间互相扩散，在金属和焊料之间形成一个中间层，称为合金层。从而使母材与焊料之间达到牢固的冶金结合状态。

锡焊是让熔化的焊锡分别渗透到两个被焊物体的金属表面分子中，然后让其冷却凝固而使它们之间结合。

以元器件引出脚和印制电路板焊盘的焊接为例，两金属（引脚和焊盘）之间有两个界面：其一，是元器件引出脚与焊锡之间的界面；其二，是焊锡与焊盘之间的界面。当一个合格的焊接过程完成后，在以上两个界面上都必定会形成良好的扩散层。在界面上，高温促使焊锡分子向元器件引出脚的金属中扩散，同时，引出脚的金属分子也向焊锡中扩散。在金属和焊料之间形成一个合金层，于是，元器件引出脚和焊盘就通过焊锡紧紧地结合在一起了。

从以上分析可以知道：焊接过程的本质是扩散，焊接不是"粘"，也不是"涂"，而是"熔入""浸润"和"扩散"，它们最后形成了"合金层"。

4. 焊点形成的必要条件

要使焊接成功，必须形成合金层，应满足以下几个条件。

1）两金属表面必须清洁。因为氧化膜和杂质会阻碍焊锡和焊件相互作用，达不到原子间相互作用距离，在焊接时难以生成真正合金层，容易虚焊。

2）焊接的温度和时间要合适。只有在足够高的温度下，才能使焊料熔化、润湿，并充分扩散形成合金层。然而，受元器件耐温性能和焊剂、焊料等重新氧化的限制，在实际的焊接工艺中，温度和时间都不能过度。合适的加热时间一般为 2～5s。

3）冷却时，两个被焊物的位置必须相对固定。在凝固时不允许有位移发生，以便熔融的金属在凝固时重新生成其特定的晶相结构，使焊接部位保持应有的机械强度。

3.1.2 焊接工具

1. 电烙铁

电烙铁是电子制作和电器维修必不可少的工具，用于焊接、维修及更换元器件等。手工锡焊过程中，电烙铁担任着加热被焊金属、熔化焊料、运载焊料和调节焊料用量的多重任务。合理选择和使用电烙铁是保证焊接质量的基础。

1）外热式电烙铁。外热式电烙铁由烙铁头、烙铁心、外壳、手柄和电源引线等部分组成，如图 3-1 所示。这种电烙铁的烙铁头安装在烙铁心内，故称为外热式电烙铁。

电烙铁的发热部件是烙铁心，它的结构是将电热丝平行地绕制在一根空心瓷管上，中间由云母片绝缘，电热丝的两头与两根交流电源线连接。烙铁头由紫铜材料制成，作用是储存热量和传导热量，它的温度比被焊物体的温度要高得多，烙铁的温度与烙铁头的体积、形状和长短等均有一定的关系。若烙铁头的体积较大，保持温度的时间则较长。

外热式电烙铁规格很多，常用的有 25W、45W 和 75W 等，功率越大，烙铁头的温度越高。

2）内热式电烙铁。内热式电烙铁是指烙铁心装在烙铁头的内部，从烙铁头的内部向外传导热。它由烙铁心、烙铁头、连接杆和手柄等几部分组成，如图 3-2 所示。

图 3-1　外热式电烙铁

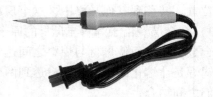

图 3-2　内热式电烙铁

内热式电烙铁具有体积小、发热快、重量轻和耗电少等特点。常用的规格有 20W、30W 和 50W 等。内热式电烙铁的传导效率比外热式电烙铁高。20W 的内热式电烙铁的有效发热功率与 30W 左右的外热式电烙铁相当。

3）恒温式电烙铁。图 3-3 所示为一种常见的恒温式电烙铁，它是在普通电烙铁头上安装强磁体传感器作为温控元器件制成的。其工作原理是，接通电源后，烙铁头的温度上升，当达到设定的温度时，传感器里的磁铁达到居里点而磁性消失，从而使磁心触点断开，此时停止向烙铁心供电，当温度低于居里点时，磁铁恢复磁性，与永久磁铁吸合，触点接通，继续向烙铁供电，如此反复，自动控温。

4）吸锡式电烙铁。图 3-4 所示为一种常见的吸锡式电烙铁，它是将普通电烙铁与活塞式电烙铁融为一体的拆焊工具。使用方法是接通电源 3 ~ 5s 后，把活塞按下并卡住，将吸头对准将要拆下的元器件，待锡融化后按下按钮，活塞上升，焊锡被吸入吸管。用完后推动活塞 3、4 次，清除吸管内残留的焊锡，以便下次使用。

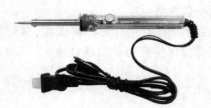

图 3-3　恒温式电烙铁

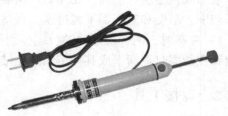

图 3-4　吸锡式电烙铁

5）热风枪。热风枪又称为贴片元件拆焊台，它专门用于表面贴片安装电子元件的焊接和拆焊，如图 3-5 所示。热风枪由控制电路、空气压缩泵和热风喷头等组成。其中控制电路是整个热风枪的温度、风力控制中心，空气压缩泵是热风枪的心脏，负责热风枪的风力供应，热风喷头是将空气压缩泵送来的压缩空气加热到可以使 BGA　IC 上焊锡熔化的部件。其中头部还可以装有检测温度的传感器，把温度信号转变为电信号送回电源控制印制电

图 3-5　热风枪

路板。各种不同的喷嘴用于拆装不同的表面贴片元器件。

2. 电烙铁的选择和使用

电烙铁的种类和规格很多，由于被焊工件的大小和性质不同，因而合理选用电烙铁的功率和种类，对提高焊接质量和效率有直接关系。如果被焊件较大，使用的电烙铁功率较小，则焊接温度过低，焊料熔化较慢，焊剂不易挥发，焊点不光滑，不牢固，会造成外观质量与焊接强度不合格，甚至焊料不能熔化，焊接无法进行。如果电烙铁功率过大，则会使过多的热量传递到被焊件上，使元器件焊点过热，可能造成元器件损坏，印刷电路板的铜箔脱落，焊料在焊接面上流动过快，并无法控制等。

（1）电烙铁功率的选择

1）焊接集成电路、晶体管及其他受热易损元件时，考虑选用 20W 内热式或 25W 外热式电烙铁。

2）焊接较粗导线及同轴电缆时考虑选用 50W 内热式或 45～75W 外热式电烙铁。

3）焊接较大的元器件时，如金属底盘接地焊片，应选 100W 以上的电烙铁。

（2）烙铁头的选择

烙铁头的外形主要有直头和弯头之分。工作端的形状有圆锥形、圆柱形、铲形、斜劈形及专用的特制形等，如图 3-6 所示。通常在小功率电烙铁上，以使用直头锥形的为多，而弯头铲形的则比较适合于 75W 以上的电烙铁。

图 3-6　烙铁头的外形

1）烙铁头的形状要适应被焊件物面要求和产品装配密度。烙铁头形状的选择可以根据加工的对象和个人的习惯来决定，或根据所焊元器件种类来选择适当形状的烙铁头。小焊点可以采用圆锥形的，较大焊点可以采用铲形或圆柱形的。

2）烙铁头的顶端温度要与焊料的熔点相适应，一般比焊料熔点高 30～80℃。可以利用更换烙铁头的大小及形状来达到调节烙铁头温度的目的。烙铁头越细，温度越高；烙铁头越粗，相对来说温度越低。

3）电烙铁的热容量要恰当。烙铁头的温度恢复时间要与被焊件物面的要求相适应。温度恢复时间是指在焊接周期内，烙铁头顶端温度因热量散失而降低后，再恢复到最高温度所需时间。它与电烙铁功率、热容量及烙铁头的形状、长短有关。

3. 其他焊接工具

焊接所用的工具还有吸锡器、尖嘴钳、斜口钳、剥线钳、镊子、放大镜、小刀和台灯等。

吸锡器是锡焊元器件无损拆卸时的必备工具。吸锡器有很多种形式，但工作原理和结构都大同小异。常用的手动专用吸锡器是利用一个较强力的压缩弹簧，弹簧在突然释放时带动一个吸气筒的活塞抽气，在吸嘴处产生强大的吸力将处于液态的锡吸走，如图 3-7 所示。

也有将电烙铁和吸锡器合二为一，如本节前面介绍的吸锡式电烙铁。

镊子和尖嘴钳用于夹持细小的零件，以及不便直接用手捏拿着进行操作的零件。镊子可

图 3-7　吸锡器

选修钟表用的那种不锈钢镊子。尖嘴钳应选用较细长的那一种。斜口钳用来在焊接后修剪元器件过长的引脚，它也是安装焊接中使用得较为频繁的一件工具，一定要选购钳嘴密合、刀口锋利、坚韧耐用的一种，使用时要注意保护，不得随便用来剪切其他较硬的东西，比如铁丝等。剥线钳的使用既可提高效率，又可保证剥线质量。小刀和砂纸用于零件上锡前的表面处理。放大镜在检查焊接缺陷时非常有用。

3.2　焊接材料

焊接材料即焊接时所消耗的材料，包括焊料和焊剂。焊接材料在焊接技术中起重要的作用，选用正确、合适的焊接材料，能使产品的质量和性能得到优化。

3.2.1　焊料

焊料又称为钎料，是一种熔点比被焊金属熔点低的易溶金属。焊料熔化时，在被焊金属不熔化的条件下能浸润被焊金属表面，并在接触面处形成合金层而与被焊金属连接到一起。

1. 焊料的分类

根据其组成成分，焊料可以分为锡铅焊料、银焊料及铜焊料；根据其熔点，焊料又可以分为软焊料（熔点在450℃以下）和硬焊料（熔点在450℃以上）。

在电子产品装配中，常用的是锡铅焊料，即焊锡。焊锡是一种锡和铅的合金，它是一种软焊料，为了提高焊锡的物理化学性能，有时还有意地掺入少量的锑（Sb）、铋（Bi）和银（Ag）等金属。

2. 焊料的规格

根据需要可以将铅锡焊料的外形加工成焊锡条、焊锡带、焊锡丝、焊锡圈和焊锡片等不同形状。也可以将焊料粉末与焊剂混合制成膏状焊料，即所谓"银浆""锡膏"，用于表面贴装元器件的安装焊接。手工焊接现在普遍使用有松香助焊剂的焊锡丝，焊锡丝的直径从0.5~5.0 mm 等，有十多种规格。

3. 杂质金属对焊料的影响

通常将焊锡料中除锡、铅以外所含的其他微量金属成分称为杂质金属。这些杂质金属会影响焊锡的熔点、导电性、抗张强度等物理和机械性能。

1）铜（Cu）。铜的成分来源于印制电路板的焊盘和元器件的引线，并且铜的熔解速度随着焊料温度的提高而加快。随着铜的含量增加，焊料的熔点增高，速度加快，容易产生桥接、拉尖等缺陷。一般焊料中铜的含量允许在0.3%~0.5%。

2）锑（Sb）。加入少量锑会使焊锡的机械强度增高，光泽变好，但润滑性变差，会对焊接质量产生影响。

3）锌（Zn）。锌是锡焊最有害的金属之一。焊料中熔进0.001%的锌就会对焊料的焊接质量产生影响。当熔进 0.005% 的锌时，会使焊点表面失去光泽，流动性变差。

4）铝（Al）。铝也是有害的金属，即使熔进 0.005% 的铝，也会使焊锡出现麻点，黏接性变坏，流动性变差。

5）铋（Bi）。含铋的焊料熔点下降，当添加 10% 以上时，有使焊锡变脆的倾向，冷却时易产生龟裂。

6）铁（Fe）。铁难熔于焊料中。它使焊料熔点升高，难于熔解。

7）银（Ag）。银可以增加导电率，改善焊接性能。含银焊料可以防止银膜在焊接时熔解，特别适合于陶瓷器件上有银层处的焊接，还可用在高档音响产品的电路及各种镀银件的焊接。

4. 焊膏

焊膏（俗称为银浆）是由高纯度的焊料合金粉末、焊剂和少量印刷添加剂混合而成的浆料，能方便地用钢模或丝网印刷的方式涂布于印制电路板上。焊膏适合片式元器件用再流焊进行焊接。由于可将元件贴装在印制电路板的两面，因而节省了空间、提高了可靠性、有利于大量生产，是现代表面贴装技术（SMT）中的关键材料。

5. 无铅焊料

无铅焊料中不含有毒元素铅，是以锡为主的一种锡、银和铋的合金。由于含有银的成分，提高了焊料的抗氧化性和机械强度，该焊料具有良好的润湿性和焊接性，可用于瓷基元器件的引出点焊接和一般元器件引脚的搪锡。

3.2.2 助焊剂与阻焊剂

助焊剂又称为焊剂（钎剂），是一种在受热后能对施焊金属表面起清洁及保护作用的材料，在整个焊接过程中焊剂起着至关重要的作用。

1. 焊剂的功能

助焊剂的作用是清除金属表面氧化物、硫化物、油和其他污染物，并防止在加热过程中焊料继续氧化。同时，它还具有增强焊料与金属表面的活性，增加浸润的作用。

焊剂一般是具有还原性的块状、粉状或糊状物质。焊剂的熔点比焊料低，其比重、黏度和表面张力都比焊料小。因此，在焊接时，焊剂必定会先于焊料熔化、流浸、覆盖于焊料及被焊金属的表面，起到隔绝空气，防止金属表面氧化，降低焊料本身和被焊金属的表面张力，增加焊料润湿能力，能在焊接的高温下与焊锡及被焊金属表面的氧化膜反应，使之熔解，还原出纯净的金属表面来。

2. 对焊剂的要求

① 有清洗被焊金属和焊料表面的作用。

② 熔点要低于所有焊料的熔点。

③ 在焊接温度下能形成液状，具有保护金属表面的作用。

④ 有较低的表面张力，受热后能迅速均匀地流动。

⑤ 熔化时不产生飞溅或飞沫。

⑥ 不产生有害气体和有强烈刺激性的气味。

⑦ 不导电，无腐蚀性，残留物无副作用。

⑧ 助焊剂的膜要光亮、致密、干燥快、不吸潮以及热稳定性好。

3. 焊剂的品种与特点

焊剂有无机系列、有机系列和松香树脂系列 3 种，其中无机焊剂活性最强；有机焊剂活性次之；应用最广泛的是松香助焊剂，但其活性较差。

（1）无机系列助焊剂

无机助焊剂包括无机酸和无机盐。无机酸有盐酸、氟化氢酸、溴化氢酸和磷酸等；无机盐有氯化锌、氯化铵和氟化钠等。无机盐助焊剂的代表是氯化锌和氯化铵的混合物（氯化锌75%，氯化铵25%）。它的熔点约为180℃，是适用于钎焊的助焊剂。由于其具有强烈的腐蚀作用，所以不能在电子产品装配中使用，只能在特定场合使用，并且焊后一定要清除残渣。

（2）有机系列助焊剂

有机助焊剂由有机酸、有机类卤化物以及各种胺盐树脂类等合成。这类助焊剂由于含有酸值较高的成分，具有较好的助焊性能，可焊性好。此类助焊剂具有一定程度的腐蚀性，残渣不易清洗，焊接时有废气污染，限制了它在电子产品装配中的使用。

（3）树脂系列助焊剂

树脂系列助焊剂其主要成分是松香。在加热情况下，松香具有去除焊件表面氧化物的能力，同时焊接后形成的膜层具有覆盖和保护焊点不被氧化腐蚀的作用。由于松脂残渣为非腐蚀性、非导电性和非吸湿性，焊接时没有什么污染，且焊后容易清洗，成本又低，所以这类助焊剂被广泛使用。松香助焊剂的缺点是酸值低、软化点低（一般为55℃左右），且易氧化、易结晶和稳定性差，在高温时很容易脱羧炭化而造成虚焊。

目前出现了一种新型的助焊剂——氢化松香，它是用普通松脂提炼来的。氢化松香在常温下不易氧化变色，软化点高、脆性小、酸值稳定、无毒和无特殊气味，残渣易清洗，适用于波峰焊接。将松香熔于酒精（1:3）形成"松香水"，焊接时在焊点处蘸以少量松香水，就可以达到良好的助焊效果。但用量过多或多次焊接形成黑膜时，松香即失去助焊作用，需清理干净后再行焊接。对于用松香焊剂难以焊接的金属元器件，可以添加4%左右的盐酸二乙胺或三乙醇胺（6%）。

在电子技术中主要使用以松香为主的有机焊剂。松香是天然树脂，是一种在常温下呈浅黄色至棕红色的透明玻璃状固体，松香的主要成分为松香酸，在74℃时熔解并呈现出活性，随着温度的升高，作为酸开始起作用，使参加焊接的各金属表面的氧化物还原、熔解，起到助焊的作用。固体状松香有良好的绝缘性，而且化学性能稳定，对焊点及电路没有腐蚀性。由于它本身就是很好的固体助焊剂，可以直接用电烙铁熔化，蘸着使用，焊接时略有气味，但无毒。早期的无线电工程人员没有松香焊锡丝而使用实心的焊锡条时，只要有一块松香佐焊，就可以焊出非常漂亮的焊点来。松香佐焊时间过长时会挥发、炭化，因此作焊剂使用时要掌握好与烙铁接触的时间。

松香不镕于水，易溶于乙醇、乙醚、苯、松节油和碱溶液。通常可以方便地制成松香酒精溶液供浸渍和涂覆用。

4. 阻焊剂

阻焊剂（俗称为绿油）是为适应现代化电器设备安装和元器件连接的需要而发展起来

的防焊涂料，它能保护不需要焊接的部位，以避免波峰焊时出现焊锡搭线造成的短路和焊锡的浪费。

在 PCB 上应用的阻焊剂种类很多，通常可分为热固化、紫外光固化和感光干膜 3 大类，前两类属于印料类阻焊剂，即先经过丝网漏印然后固化，而感光干膜是将干膜移到 PCB 上再经过紫外线照射显影后制成。

热固化型阻焊剂使用方便，稳定性较好，其主要缺点是效率低、耗能。感光干膜精度很高，但需要专业的设备才能应用于生产。目前紫外光固化型阻焊剂发展很快，它克服了热固化型阻焊剂的缺点，在高度自动化的生产线中得到广泛应用。

3.3　手工焊接技术

手工焊接是锡铅焊接技术的基础。尽管目前现代化企业已经普遍使用自动插装、自动焊接的生产工艺。但产品的试制、小批量生产和具有特殊要求的高可靠性产品等目前还采用手工焊接。即使印制电路板结构这样的小型化大批量，采用自动焊接技术，也还有一定数量的焊点需要手工焊接。所以目前还没有一种方法完全取代手工焊接技术。

3.3.1　手工焊接的过程

1. 焊接前的准备

焊接开始前必须清理工作台面，准备好焊料、焊剂和镊子等必备的工具，选择合适功率的电烙铁，检查电烙铁电源线是否完好，根据被焊工件表面的要求和产品的装配密度选用合适的烙铁头。电烙铁使用时应先对其进行镀锡处理，以便使烙铁头能带上适量的焊锡。如果烙铁头表面有黑色的氧化层，应锉掉氧化层后再镀锡。对于清洁的电烙铁通电，粘上锡后在松香中来回摩擦，直到烙铁均匀镀上一层锡。

2. 操作姿势

手工操作时应注意保持正确的姿势，有利于健康和安全。正确的操作姿势是：挺胸端正直坐，鼻尖至烙铁尖端至少应保持 20cm 以上的距离，通常以 40cm 时为宜（根据各国卫生部门的规定，距烙铁头 20～30cm 处的有害化学气体、烟尘的浓度是卫生标准所允许的）。

烙铁架一般放置在工作台右前方，电烙铁用后稳妥地放于烙铁架上，并注意导线等物不要碰烙铁头。由于焊锡丝有一定比例的铅，它是对人体有害的重金属，因此操作时应戴手套或操作后洗手。

3. 电烙铁握法

电烙铁的握法有反握法、正握法和握笔法 3 种，如图 3-8 所示。

反握法：适合于较大功率的电烙铁（>75W）对大焊点的焊接操作。

正握法：适用于中功率的电烙铁及带弯头的电烙铁的操作，或直烙铁头在大型机架上的焊接。

笔握法：适用于小功率的电烙铁焊接印制板上的元器件。

4. 焊锡丝的拿法

手工操作时常用的焊料为焊锡丝。根据连续锡焊和断续锡焊的需要，焊锡丝的拿法有连

a) b) c)

图 3-8 电烙铁的握法

a）反握法 b）正握法 c）握笔法

续焊锡丝拿法和断续焊锡丝拿法两种，如图 3-9 所示。

1）连续焊锡丝的拿法。连续焊锡丝的拿法是用拇指和食指捏住焊锡丝、端部留出 3～5cm 的长度，其他三指配合拇指和食指把焊锡丝连续向前送进。它适合于成卷的（筒）的焊锡丝的手工焊接。

a) b)

图 3-9 焊锡丝的拿法

a）连续锡丝拿法 b）断续锡丝拿法

2）断续焊锡丝的拿法。断续焊锡丝的拿法是用拇指和食指和中指夹住焊锡丝，采用这种焊锡丝不能连续向前送进。它适用于小段焊锡丝的手工焊接。

5. 手工焊接的步骤

焊接操作一般分为准备焊接、加热焊件、熔化焊料、移去焊料和移开电烙铁 5 个步骤，称为手工焊接"五步法"，如图 3-10 所示。

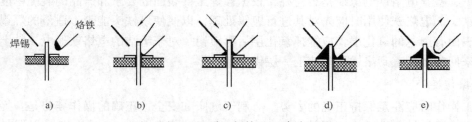

a) b) c) d) e)

图 3-10 手工焊接"五步法"

a）准备焊接 b）加热焊件 c）熔化焊料 d）移去焊料 e）移开电烙铁

1）准备焊接。准备好被焊工件，电烙铁加温到工作温度，烙铁头保持干净并吃锡，一手握好电烙铁，一手抓好焊料（通常为焊锡丝），电烙铁与焊料分居于被焊工件两侧。

2）加热焊件。烙铁头接触被焊工件，包括工件端子和焊盘在内的整个焊件全体要均匀受热，一般烙铁头扁平部分（较大部分）接触热容量较大的焊件，烙铁头侧面或边缘部分接触热容量较小的焊件，以保持焊件均匀受热。不要施加压力或随意拖动烙铁。

3）熔化焊料。当工件的被焊部位升温到焊接温度时，送上焊锡丝并与工件焊点部位接触，熔化并润湿焊点。焊锡应从电烙铁对面接触焊件。送焊锡要适量，一般以有均匀、薄薄的一层焊锡，能全面润湿整个焊点为佳。如果焊锡堆积过多，内部就可能掩盖着某种缺陷隐患，而且焊点的强度也不一定高；但焊锡如果填充得太少，就不能完全润湿整个焊点。

4）移去焊料。溶入适量焊料（这时被焊件已充分吸收焊料并形成一层薄薄的焊料层）后，迅速移去焊锡丝。

5）移开电烙铁。移去焊料后，在助焊剂（市场焊锡丝内一般含有助焊剂）还未挥发完之前，迅速移去电烙铁．否则将留下不良焊点。电烙铁撤离方向与焊锡留存量有关，一般以与轴向成45°的方向撤离。撤掉电烙铁时，应往回收，回收动作要迅速、熟练，以免形成拉尖；收电烙铁的同时，应轻轻旋转一下，这样可以吸除多余的焊料。

另外，焊接环境空气流动不宜过快。切忌在风扇下焊接，以免影响焊接温度。焊接过程中不能振动或移动工件，以免影响焊接质量。

对于热容量较小的焊点，可将2）和3）合为一步，4）和5）合为一步，概括为三步法操作。

6. 手工锡焊技术要领

（1）焊锡量要合适

实际焊接时，合适的焊锡量才能得到合适的焊点。过量的焊剂不仅增加了焊后清洁的工作量，延长了工作时间，而且当加热不足时，会造成"夹渣"现象。合适的焊剂是熔化时仅能浸湿将要形成的焊点。

图3-11示意了焊料使用过少、过多及焊料正常时焊点的形状。如果焊料过少，如图3-11a所示，焊料未形成平滑过渡面，焊接面积小于焊盘的80%，机械强度不足；当焊料过多时，焊料面呈凸形，如图3-11b所示；合适的焊料，外形美观、焊点自然成圆锥状、导电良好、连接可靠，以焊接导线为中心，匀称、成裙形拉开，外观光洁、平滑，如图3-11c所示。

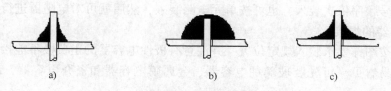

图3-11　焊锡量的掌握
a）焊料太少　b）焊料太多　c）焊料合适

（2）正确的加热方法和合适的加热时间

加热时靠增加接触面积加快传热，不要用烙铁对焊件加力，因为这样不但加速了烙铁头的损耗，还会对元器件造成损坏或产生不易察觉的隐患。所以要让烙铁头与焊件形成面接触，使焊件上需要焊锡浸润的部分受热均匀。

加热时应根据操作要求选择合适的加热时间，一般1个焊点需要加热2~5s。焊接时间不能太短也不能太长。加热时间长、温度高，容易使元器件损坏、焊点发白，甚至造成印制电路板上铜箔脱落；而加热时间太短，则焊锡流动性差、容易凝固，使焊点成"豆腐渣"状。

（3）固定焊件，靠焊锡桥传热

在焊锡凝固之前不要使焊件移动或振动，否则会造成"冷焊"，使焊点内部结构疏松、强度降低、导电性差。实际操作时可以用各种适宜的方法将焊件固定。

如果焊接时，所需焊接的焊点形状很多，为了提高烙铁头的加热效率，需要形成热量传递的焊锡桥。所谓焊锡桥就是靠烙铁上保留少量焊锡作为加热时烙铁头与焊件之间传热的桥梁。由于金属液的导热效率远高于空气，而使焊件很快被加热到焊接温度，应注意，作为焊锡桥的焊锡保留量不可过多。

（4）烙铁撤离方式要正确

烙铁撤离要及时，而且撤离时的角度和方向对焊点的形成有一定的关系。不同撤离方向对焊料的影响如图 3-12 所示。

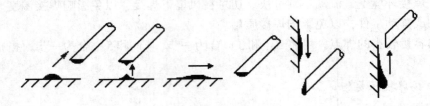

图 3-12　撤离方向对焊料的影响

因为烙铁头温度一般在 300℃ 左右，焊锡丝时的焊剂在高温下容易分解失效，所以用烙铁头作为运载焊料的工具，很容易造成焊料的氧化及焊剂的挥发，在调试或维修工作时，不得已用烙铁头蘸焊锡焊接时，动作要迅速敏捷，防止氧化造成劣质焊点。

7. 常见元器件的焊接

（1）电阻器的焊接

按图样要求将电阻器插入规定位置，插入孔位时要注意，字符标注的电阻器的标称字符要向上（卧式）或向外（立式），色环电阻器的色环顺序应朝一个方向，以方便读取。插装时可按图样标号顺序依次装入，也可按单元电路装入，然后就可对电阻器进行焊接。

（2）电容器的焊接

将电容器按图样要求装入规定位置，并注意有极性电容器的正负极不能接错，电容器上的标称值要容易看见。可先装玻璃釉电容器、金属膜电容器和瓷介电容器，最后装电解电容器。

（3）二极管的焊接

将二极管辨认正、负极后按要求装入规定位置，型号及标记要向上或朝外。对于立式安装二极管，其最短的引线焊接要注意焊接时间不要超过 2s，以避免温升过高而损坏二极管。

（4）晶体管的焊接

按要求将 e、b、c 这 3 个引脚插入相应孔位，焊接时应尽量缩短焊接时间，可用镊子夹住引脚，以帮助散热。焊接大功率晶体管，若需要加装散热片时，应将散热片的接触面加以平整，打磨光滑，涂上硅脂后再紧固，以加大接触面积。要注意，有的散热片与管壳间需要加垫绝缘薄膜片。引脚与印制电路板上的焊点需要进行导线连接时应尽量采用绝缘导线。

（5）集成电路的焊接

将集成电路按照要求装入印制电路板的相应位置，并按图样要求进一步检查集成电路的型号、引脚位置是否符合要求，确保无误后便可进行焊接。焊接时应先焊接 4 个角的引脚，使之固定，然后再依次逐个焊接。

8. 导线的焊接

在导线的焊接前进行挂锡处理非常关键，尤其是多股导线，如果没有挂锡处理，焊接质量很难保证。导线挂锡时要一边镀锡一边旋转。多股导线的挂锡要防止"烛芯效应"，即焊锡浸入绝缘层内，造成软线变硬，容易导致接头故障。

导线焊接方法因焊接点的连接方式而定，通常有 3 种基本方式：绕焊、钩焊和搭焊，如图 3-13 所示。

图 3-13　导线焊接方法

a）绕焊　b）钩焊　c）搭焊

（1）绕焊

绕焊是将被焊元器件的引线或导线绕在焊接点的金属件上（绕 1～2 圈），用尖嘴钳夹紧，以增加绕焊点强度和缩小焊点，然后再进行焊接。这种焊接强度高、应用广。

（2）钩焊

钩焊是将被焊接的元器件引线或导线等，钩接在焊接点的眼孔中，夹紧，形成钩形，使导线或引线不易脱落。钩焊的机械强度不如绕焊，但操作方便，适用于不便绕焊，且要有一定机械强度或便于拆焊的地方，如一些小型继电器的焊接点焊片等。

（3）搭焊

搭焊是将元器件引线或导线搭在焊接点上，再进行焊接。它适用于要求便于调整或改焊的临时焊点上，某些要求不高的产品为了节省工时，也采用此方法。

3.3.2　焊接的质量检验

通过焊接把组成整机产品的各种元器件可靠地连接在一起，它的质量与整机产品质量紧密相关。每个焊点的质量都影响着整机的稳定性、可靠性及电气性能。

1. 焊接的质量要求

1）电气接触良好。良好的焊点应该具有可靠的电气连接性能，不允许出现虚焊、桥接等现象。

2）机械强度可靠。保证使用过程中，不会因正常的振动而导致焊点脱落。

3）外形美观。一个良好的焊点其表面应该光洁、明亮，不得有拉尖、起皱、鼓气泡、夹渣和出现麻点等现象；其焊料到被焊金属的过渡处应呈现圆滑流畅的浸润状凹曲面，如图 3-14 所示，其 $a = (1～1.2) b$，$c = (1～2)$ mm。

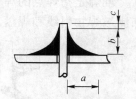

图 3-14　良好的焊点外形示意图

2. 焊接的质量检查方法

焊接的质量检查通常采用目视检查、手触检查和通电检查的方法。

（1）目视检查

目视检查是指从外观上检查焊接质量是否合格，焊点是否有缺陷。目视检查的主要内容有：是否有漏焊；焊点的光泽好不好，焊料足不足；是否有桥接、拉尖现象；焊点有没有裂纹；焊盘是否有起翘或脱落情况；焊点周围是否有残留的焊剂；导线是否有部分或全部断线、外皮烧焦、露出芯线的现象。

（2）手触检查

手触检查主要是用手指触摸元器件，看元器件的焊点有无松动、焊接不牢的现象。用镊子夹住元器件引线轻轻拉动，有无松动现象。

（3）通电检查

通电检查必须在目视检查和手触检查无错误的情况之后进行，这是检验电路性能的关键步骤。

3. 焊点缺陷及质量分析

（1）桥接

桥接是指焊料将印制电路板中相邻的印制导线及焊盘连接起来的现象。明显的桥接较易发现，但较小的桥接用目视法较难发现，往往要通过仪器的检测才能暴露出来。

明显的桥接是由于焊料过多或焊接技术不良造成的。当焊接的时间过长使焊料的温度过高时，将使焊料流动而与相邻的印制导线相连，以及电烙铁离开焊点的角度过小都容易造成桥接，如图3-15a所示。

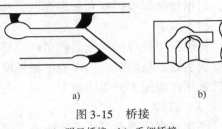

图3-15 桥接
a）明显桥接 b）毛细桥接

对于毛细状的桥接，可能是由于印制电路板的印刷导线有毛刺或有残余的金属丝等，在焊接过程中起到了连接的作用而造成的，如图3-15b所示。

处理桥接的方法是将电烙铁上的焊料抖掉，再将桥接的多余焊料带走，断开短路部分。

（2）拉尖

拉尖是指焊点上有焊料尖产生，如图3-16所示，焊接时间过长，焊剂分解挥发过多，使焊料黏性增加，当电烙铁离开焊点时，就容易产生拉尖现象，或是由于电烙铁撤离方向不当，也可产生焊料拉尖。避免产生拉尖现象的方法是提高焊接技能，控制焊接时间，对于已造成拉尖的焊点，应进行重焊。焊料拉尖如果超过了允许的引出长度，将造成绝缘距离变小，尤其是对高压电路，将造成打火现象。因此，对这种缺陷要加以修整。

（3）堆焊

堆焊是指焊点的焊料过多，外形轮廓不清，甚至根本看不出焊点的形状，而焊料又没有布满被焊物引线和焊盘，如图3-17所示。

图3-16 拉尖

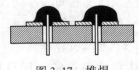

图3-17 堆焊

造成堆焊的原因是焊料过多，或者是焊料的温度过低，焊料没有完全熔化，焊点加热不均匀，以及焊盘、引线不能润湿等。

避免堆焊形成的办法是彻底清洁焊盘和引线、适量控制焊料、增加助焊剂，或提高电烙铁的功率。

（4）空洞

空洞是由于焊盘的穿线孔太大、焊料不足，致使焊料没有完全填满印制电路板插件孔而形成的。除上述原因外，如印制电路板焊盘开孔位置偏离了焊盘中点，或孔径过大，或孔周围焊盘氧化、赃污、预处理不良，都将造成空洞现象，如图 3-18 所示。出现空洞后，应根据空洞出现的原因分别予以处理。

（5）浮焊

浮焊的焊点没有正常焊点光泽和圆滑，而是呈现白色细颗粒状，表面凹凸不平，造成原因是电烙铁温度不够，或焊接时间过短，或焊料中的杂质太多。浮焊的焊点机械强度较弱，焊料容易脱落。出现该焊点时，应进行重焊，重焊时应提高电烙铁温度，或延长电烙铁在焊点上的停留时间，也可更换熔点低的焊料重新焊接。

（6）虚焊

虚焊是指焊锡简单的依附在被焊物的表面上，没有与被焊接的金属紧密结合，形成金属合金层，如图 3-19 所示。从外形看，虚焊的焊点几乎是焊接良好，但实际上松动或电阻很大，甚至没有连接。由于虚焊是较易出现的故障，且不易发现，因此要严格焊接程序，提高焊接技能，尽量减少虚焊的出现。

图 3-18　空洞

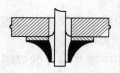

图 3-19　虚焊

造成虚焊的原因：一是焊盘、元器件引线上有氧化层、油污和污物，在焊接时没有被清洁或清洁不彻底而造成焊锡与被焊物的隔离，因而产生虚焊；二是由于在焊接时焊点上的温度较低，热量不够，使助焊剂未能充分发挥，致使被焊面上形成一层松香薄膜，这样就造成虚焊。

（7）焊料裂纹

焊点上产生裂纹主要是由于在焊料凝固时移动了元器件位置造成的。

（8）铜箔翘起、焊盘脱落

铜箔从印刷电路板上翘起，甚至脱落，主要原因是焊接温度过高，焊接时间过长，另外，维修过程中拆卸和重插元器件时，由于操作不当，也会造成焊盘脱落，有时元器件过重而没有固定好，不断晃动也会造成焊盘脱落。

从上面焊接缺陷产生原因的分析可知，焊接质量的提高要从以下两个方面着手：第一，要熟练掌握焊接技能，准确掌握焊接温度和焊接时间，使用适量的焊料和焊剂，认真对待焊接过程中的每一个步骤。第二，要保证被焊面的可焊性，必要时采取涂敷浸焊措施。

3.3.3　手工拆焊技术

在电子产品的研究、生产和维修中有很多时候需要将已经焊好的元器件无损伤地拆下来，锡焊元器件的无损拆卸（拆焊）也是焊接技术的一个重要组成部分。拆焊的方法和拆焊用的工具多种多样。其方法有逐点脱焊法、堆锡脱焊法、吸铜法和吹漏法。

对于只有两三个引脚，并且引脚位点比较分开的元器件，可采用吸锡法逐点脱焊。对于引脚较多，引脚位点较集中的元器件（如集成块等），一般采用堆锡法脱焊。例如拆卸双列直插封装的集成块，可用一段多股芯线置于集成块一列引脚上，用焊锡堆积于此列引脚，待此列引脚焊锡全部熔化即可将引脚拔出。不论采用何种拆焊法，必须保证：拆下来的元器件安然无恙；元器件拆走以后的印制电路板完好无损。

1. 拆焊的基本原则

拆焊的步骤一般是与焊接的步骤相反的，拆焊前要清楚原焊点的特点，不要轻易动手。

① 不损坏拆除的元器件、导线、原焊接部位的结构件。

② 在拆焊时不损坏印制电路板上的焊盘与印制导线。

③ 对已判断为损坏的元器件可先将引线剪断后再拆除，这样可减少其他损伤。

④ 在拆焊的过程中，应尽量避免拆动其他元器件或变动其他元器件的位置，如确实需要，应做好复原工作。

2. 拆焊工具

常用的拆焊工具除普通电烙铁还有以下几种。

（1）镊子

镊子以端头较尖、硬度较高的不锈钢为佳，用以夹持元器件或借助电烙铁恢复焊孔。

（2）吸锡绳

吸锡绳用以吸取焊接点上的焊锡，也可用镀锡的编织套浸以助焊剂代用，效果也较好。

（3）吸锡器

吸锡器用于吸去熔化的焊锡，使焊盘与元器件引线或导线分离，达到接触焊接的目的。

3. 拆焊的操作要点

（1）严格控制加热的温度和时间

因拆焊的加热时间和温度较焊接时要长、要高，所以要严格控制温度和加热时间，以免将元器件烫坏或使焊盘翘起、断裂。宜采用间隔加热法来进行拆焊。

（2）在拆焊时不要用力过猛

在高温状态下，元器件封装的强度都会下降，尤其是塑封器件、陶瓷器件和玻璃端子等，过分地用力拉、摇、扭易损坏元器件和焊盘。

（3）吸去拆焊元件上的焊锡

拆焊前，用吸锡工具吸去焊锡，有时可以直接将元器件拔下。即使还有少量的焊锡连接，也可以减少拆焊的时间，减少元器件及印制电路板损坏的可能性。如果在没有吸锡工具的情况下，则可以将印制电路板或能移动的部件倒过来，用电烙铁加热拆焊点，利用重力，让焊锡自动流向烙铁头，也能达到部分去锡的目的。

4. 印制电路板上元器件的拆焊方法

（1）分点拆焊法

对卧式安装的阻容元器件，两个焊接点距离较远，可采用电烙铁分点加热，逐点拔出，如果引线是弯折的，则应用烙铁头撬直后再行拆除，如图3-20所示。

（2）集中拆焊法

像晶体管以及直立安装的阻容元器件，焊接点距离较近，可用电烙铁同时快速交替加热几个焊接点，待焊锡熔化后一次拔出，如图3-21所示。对多接点的元器件，如开关、插头、集成电路等可用专用烙铁头同时对准各个焊接点，一次加热取下。专用烙铁头的外形如图 3-22 所示。

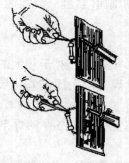

图 3-20　分点拆焊示意图　　　　图 3-21　集中拆焊　　　　图 3-22　专用烙铁头的外形

（3）间断加热拆焊法

在拆焊耐热性差的元器件时，为了避免因过热而损坏元器件，不能长时间连续加热该元器件，应该采用间隔加热法进行拆焊。

（4）吸锡工具拆焊法

1）吸锡器拆焊法。

吸锡器拆焊法是利用吸锡器的内置空腔的负压作用，将加热后熔融的焊锡吸进空腔，使引线与焊盘分离。

2）空针头拆焊法。

空针头拆焊法是利用尺寸相当（孔径稍大于引线直径）的空针头（可用注射器针头），套在需要拆焊的引线上，当电烙铁加热焊锡熔化的同时，迅速旋转针头直到烙铁撤离焊锡凝固后方可停止，这时拨出针头，引线已被分离。

3）吸锡绳拆焊法。

吸锡绳拆焊法是利用吸锡绳吸走熔融的焊锡而使引线与焊盘分离的方法。

4）用吸锡电烙铁拆焊。

吸锡电烙铁能对焊点加热，同时把锡吸入内腔，从而完成拆焊。

5）热风枪拆焊。

热风枪可同时对多个焊点进行加热，待焊点熔化后可取下元器件。

3.4　自动焊接技术

随着科学技术的发展，电子整机产品日趋小型和微型化，电路越来越复杂，印制电路板上的元器件排列密度越来越高，手工焊接难以满足对焊接高效率和高可靠性的要求。采用自动焊接技术，提高了焊接速度，降低了成本，减少了人为因素的影响，提高了焊点质量。

3.4.1　浸焊

浸焊是将安装好元器件的印制电路板，浸入装有熔融焊料的锡锅内，一次完成印制电路板上全部元器件的焊接方法。浸焊比手工焊接效率高，可消除漏焊。常见的浸焊有手工浸焊和机器自动浸焊两种形式。

1. 手工浸焊

手工浸焊是由人工用夹具将已插接好元器件、涂好助焊剂的印制电路板，浸在锡锅内，完成浸锡的方法。

（1）手工浸焊步骤

1）锡锅准备。将锡锅加热，控制锡锅熔化焊锡的温度在 230~250℃，对于较大的元器件和印制电路板可将焊锡的温度提高到 260℃ 左右。为了及时去除焊锡层表面的氧化层应随时加入松香助焊剂。

2）涂覆助焊剂。将装好元器件的印制电路板涂上助焊剂。通常是在松香助焊剂中浸渍，使焊盘上充满助焊剂。

3）浸锡。用夹具夹住印制电路板的边缘，以与锡锅内的焊锡液成 30°~45°的倾角，且与焊锡液保持平行浸入锡锅内，浸入的深度以印制电路板厚度的 50%~70% 为宜，浸锡的时间为 2~5s，浸焊后仍按原浸入的角度缓慢取出，如图 3-23 所示。

4）冷却。刚焊接完成的印制电路板上有大量余热未散，如不及时冷却，可能会损坏印制电路板上的元器件，可采用风冷或其他方法降温。

5）检查焊接质量。焊接后可能会出现连焊、虚焊和假焊等，可用手工焊接补焊。如果大部分未焊好，应检查原

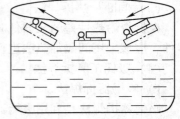

图 3-23　浸焊示意图

因，重复浸焊。但印制电路板只能浸焊两次，否则，会造成印制电路板变形，铜箔脱落，元器件性能变差。

（2）浸焊操作注意事项

1）为防止焊锡槽的高温损坏不耐高温的元器件，浸焊前用耐高温胶带贴封这些元器件。对未安装元器件的安装孔也需贴上胶带，以避免焊锡填入孔中。

2）液态物体要远离锡槽，以免倒翻在锡槽内引起锡"爆炸"及焊锡喷溅。

3）高温焊锡表面极易氧化，必须经常清理，以免造成焊接缺陷。

4）印制电路板浸入锡锅。一定要平稳，接触良好，时间适当。

2. 自动浸焊

自动浸焊一般是利用具有震动头或是超声波的浸焊机进行浸焊。将插装好元器件的印制电路板用专用夹具安装在传送带上，由传动机构自动导入锡锅，浸焊时间一般为 2~5s。

（1）工艺流程

首先喷上泡沫助焊剂，再用加热器烘干，然后放入熔化的锡锅内进行浸锡，待焊锡冷却凝固后再送到切头机剪去过长的引脚。

图 3-24 是自动浸焊的工艺流程图。

（2）操作要点

1）普通浸焊机。普通浸焊机在浸焊时，将振动头安装在印制电路板的专用夹具上，当印制电路板浸入锡锅内停留 2~3s 后，开启振动头振动 2~3s，这样既可振动掉多余的焊锡，又可使焊锡渗入焊点内部。

2）超声波焊接机。超声波焊接机是通过向锡锅内辐射超声波来增强浸锡的效果，使焊

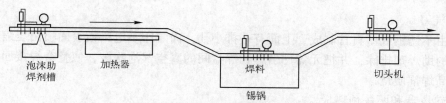

图 3-24　自动浸焊的工艺流程图

接更可靠，适用于一般浸锡较困难的元器件的浸锡。

浸焊设备比手工焊接效率高，设备也比较简单。但由于锡槽内的焊锡表面是静止的，表面上的氧化物极易粘在被焊物的焊接处，易造成虚焊；又由于温度高，容易烫坏元器件，并导致印刷电路板变形，所以现代的电子产品生产中已逐渐被波峰焊取代。

3.4.2　波峰焊

波峰焊接是将插装好元器件的印制电路板与融化焊料的波峰接触，一次完成印制电路板上所有焊点的焊接过程。

波峰焊适合单面印制电路板的大批量地焊接，速度快，效率高，焊接的温度、时间、焊料及焊剂等的用量均能得到较完善的控制。但波峰焊容易造成焊点桥接的现象，需要补焊修正。

实现波峰焊的设备称为波峰焊机，如图 3-25 所示。波峰焊机的主要结构是一个温度能自动控制的熔锡缸，缸内装有机械泵（或电磁泵）和具有特殊结构的喷嘴。机械泵（或电磁泵）能根据焊接的要求，连续不断地从喷嘴压出液态锡波。装有元器件的印制电路板以直线平面运动的方式通过钎料波峰面而完成焊接。

1. 波峰焊设备关键部件及功能

（1）泡沫助焊剂发生槽

涂覆助焊剂是利用波峰焊机上的涂覆装置把助焊剂均匀的涂覆在印制电路板上，涂覆的方式有发泡式、浸渍式和喷雾式，其中以发泡式最常用。

泡沫助焊剂发生槽的结构是在塑料或不锈钢制成的缸槽内装有一根微孔型发泡瓷管或塑料管，槽内盛有助焊剂。当发泡管接通压缩空气时，助焊剂从微孔内喷出细小的泡沫，喷射到印制电路板覆铜板的一面，如图 3-26 所示。

图 3-25　波峰焊机的实物图

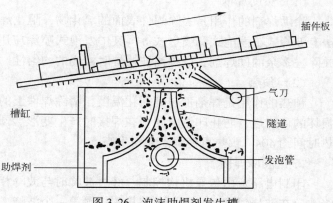

图 3-26　泡沫助焊剂发生槽

（2）气刀

气刀由不锈钢或塑料管制成，上面有一排小孔，向着印制电路板表面喷出压缩空气，将板上多余的助焊剂排除，并把元器件引脚和焊盘间的真空气泡吹破，使整个焊接面喷涂助焊剂，以提高焊剂质量。

（3）热风器和两块预热板

热风器的作用是将印制电路板焊接面上的水淋状助焊剂逐渐加热，使其成糊状，增加助焊剂中活性物质的作用，同时也逐步缩小印制电路板和锡槽焊料的温差，防止印制电路板变形和助焊剂脱落。

热风器结构简单，一般由不锈钢板制成箱体，上加百叶窗口，其箱体底部安装一个小型风扇，中间安装加热器，如图 3-27 所示，当风叶转动时，空气通过加热器后形成气流，经过百叶窗口对印制电路板进行预加热，温度一般控制在 40~50℃。

（4）波峰焊锡槽

波峰焊锡槽是完成印制电路板波峰焊的主要设备之一。熔化的焊锡在机械泵（或电磁泵）的作用下，由喷嘴源源不断喷出而形成波峰，如图 3-28 所示，当印制电路板经过波峰时元器件被焊接。

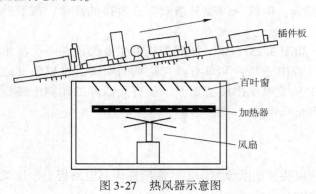

图 3-27　热风器示意图　　　　　　　图 3-28　焊接方式示意图

2. 波峰焊接的工艺

波峰焊的工艺流程与设备规模、自动化焊接程度有关，但基本工艺流程是一致的，一般过程是：涂助焊剂→预热→波峰焊接→焊后冷却→焊后清洗→检验。

（1）涂助焊剂

涂助焊剂的作用是去除焊件表面的氧化物，阻止焊接时焊件表面发生氧化等。常用的方法有波峰式、发泡式和喷射式等，其中发泡式喷涂应用最多。涂助焊剂后紧跟着用风吹匀，并除去多余的助焊剂，以提高波峰焊时浸锡的均匀性。

（2）预热

预热的作用是焊剂加热到活化温度，清除焊件上的氧化物。减少元器件突受高温冲击而损坏的可能性，防止印制电路板在焊接时产生变形。预热的方式通常有辐射式和热风式，预热时间约 40s。预热可使焊点光滑发亮。

（3）波峰焊接

印制电路板由传导机构控制，经过波峰时与波峰相接触进行焊接。焊接系统一般采用双峰波，在波峰焊接时，印制电路板先接触第一个波峰，然后接触第二个波峰。第一个波峰是由窄喷嘴喷出的"湍流"波峰，流速快，对组件有较高的垂直压力，使焊料对尺寸小、贴装密度高的元器件有较好的渗透性。经过第一个波峰的产品，因浸焊时间短以及自身散热等因素，浸锡后有短路、锡多、焊点光洁度不够及焊接强度不足等焊接缺陷。因此必须进行浸锡不良的修正，这个动作由喷流面较宽阔、波峰较稳定的二级喷流进行，这是一个平滑的波峰，流动速度慢，有利于形成充实的焊缝，同时也有效地消除焊端上过量的焊料，使焊接面上焊料润湿良好，消除可能出现的拉尖和桥接，保证焊接的可靠性。

（4）焊后冷却

焊后要立即冷却。减少印制电路板的受高热时间，防止印制电路板变形，提高印制导线与基板的附着强度，增加焊接点的牢固性。常用的冷却方法有风冷和水冷，采用较多的是风冷。

（5）焊后清洗

各种助焊剂均有一定的副作用，焊剂的残渣如不及时清洗干净，会影响电路的电气性能和机械强度。

（6）检验

焊接结束后，应对焊接质量进行检查，少数漏焊可用手工烙铁补焊，出现大量问题要从工艺分析原因。

3. 波峰焊的操作要点

1）焊接温度和时间。这是指焊接处与熔化的焊料相接触时的温度。温度太低会使焊点毛糙、不光滑和拉尖，造成虚假焊。温度过高易使焊料迅速氧化，还会造成印制电路板变形翘曲，烫伤元器件。较适合的焊接温度在230～260℃，焊接时间为3～4s。焊接温度的确定，还需视印制电路板的大小、元器件的多少和热容量大小、传送带速度以及环境气候不同而异。

2）波峰的宽度、高度直接影响焊接质量。高度不够易漏焊、挂焊、完成不了焊接过程。波峰过高易拉毛、堆锡、使焊料溢到印制电路板上面，造成整个印制电路板报废。波峰的最佳高度要视印制电路板厚度而定，一般要控制波峰顶端达到印制板厚度的1/2～2/3为好。可在焊接前用同样厚度的废板做个试验。

3）焊接角度。焊接角度是指印制电路板通过波峰的倾斜角，也就是传送带与水平之间的角度。焊接角度一般取5°～8°。适当的角度可以减少挂锡、拉毛、气泡等不良现象。

4）传送带速度。印制板的传递速度决定了焊接时间。速度过慢，则焊接时间就长、温度就高，给印制电路板及元器件带来不良影响。速度过快，则焊接时间过短，容易产生假焊、虚焊、桥接等不良现象。一般传送带速度取1～1.2m/min，视具体情况而定。冬季、板子线条宽、元器件多和元器件热容量大等情况时，速度可放慢一些，反之，速度可快一些。

波峰焊是将装有元器件的印制电路板与熔融焊料的波峰相接触从而实现焊接的一种方法。波峰焊接工艺是目前应用最广泛的自动化焊接工艺，不但生产效率高，而且焊接质量可以得到保证，焊点的合格率在99.97%以上，因而在工厂里它取代了大部分传统的焊接工艺。波峰焊不仅用于焊接通孔元器件，还广泛用于STM。

3.4.3 再流焊

再流焊（Reflow Soldering）也称为回流焊，是预先在PCB焊接部位（焊盘）施放适量和适当形式的焊料，然后贴放表面组装元器件，经固化（在采用焊膏时）后，再利用外部热源使焊料再次流动达到焊接目的的一种成组或逐点焊接工艺。再流焊接技术能完全满足各类表面组装元器件对焊接的要求，因为它能根据不同的加热方法使焊料再流，实现可靠的焊接连接。

1. 再流焊技术的特点

再流焊与波峰焊接技术相比具有以下一些特征。

1）再流焊工艺不需要把元器件直接浸渍在溶融的焊料中，所以元器件受到的热冲击小。但由于其加热方法不同，有时会施加给器件较大的热应力。

2）仅在需要部位施放焊料，能控制焊料施放量，避免桥接等缺陷的产生。

3）当元器件贴放位置有一定偏离时，由于溶融焊料表面张力的作用，只要焊料施放位置正确，就能自动校正偏离，使元器件固定在正常位置。

4）可以采用局部加热热源，从而可在同一基板上，采用不同焊接工艺进行焊接。

5）焊料中一般不会混入不纯物。使用焊膏时，能正确地保持焊料的组成。

2. 几种再流焊简介

再流焊根据传热方式的不同，可分为：用于印制电路板整体加热的红外再流焊、气相再流焊、热风加热法、热板加热法等；用于印制电路板局部加热的激光再流焊、红外光束再流焊、热气流再流焊等。

（1）红外再流焊

红外再流焊的加热炉采用远红外辐射作为热源，根据热源和加热机理不同分为对流/红外焊接和近红外焊接两种。

对流/红外再流焊采用热空气自然对流的板式红外加热器，从红外板上产生的中等波长（2.5~5μm）的红外线直接进行辐射加热。被焊元器件吸收的全部热量中，辐射只占其中的40%，其余60%的热量是从炉中热空气的对流中得到。

近红外再流焊采用石英辐射加热器，类似家用红外取暖，从加热器产生的红外线波长为0.72~1000μm，其中1~5μm短波辐射的热量供焊接热处理用。在被焊元件吸收的全部热量几乎都是从短波长范围的红外辐射中得到的，对流加热不到5%。

红外再流焊具有加热快、操作方便、价格便宜、红外炉结构简单和使用安全等优点。对流/红外再流焊是目前使用最广泛的SMT焊接方法。

（2）气相再流焊

气相再流焊也称为冷凝焊，它利用饱和蒸汽热作为传热介质的一种自动化钎焊方法。其工作过程是把介质的饱和蒸汽转变成为相同温度下的液体，释放出潜热，使膏状焊料熔融浸润，从而使印制电路板上的所有焊点同时完成焊接。这种焊接方法的液体介质要有较高的沸点（高于铅锡焊料的熔点）有良好的热稳定性，不自燃。

气相再流焊的优点是：受热均匀、温度精度高、无氧化、工艺过程简单。适合焊接柔性电路、插头、接插件等异形组件。不足之处是：升温速度快（40℃/s），介质液体及设备价格较高，有环境污染。

（3）激光再流焊

激光再流焊是利用激光束良好的方向性及功率密度高的特点，通过光学聚焦系统将激光束聚焦在很小的区域内，在很短的时间内使被加热处形成局部的加热区。这种加热高度局部化的特点，不产生热应力，热冲击小，热敏元器件不易损坏。这种设备通常将焊接过程和检验结合起来，焊接的同时可通过显示器检查焊接情况，保证焊点质量。设备用于焊接细间距器件时，优点尤为突出，可靠性较高。

激光再流焊是一种先进的焊接技术，它是对其他焊接方法的补充，不是代替、不能用于批量自动化生产。激光焊接设备价格昂贵，一般限于特殊领域中的应用，如焊接易损热敏器件等。另外，激光焊常用于密度 SMT 印制板组件的维修，切断多余的印制板连接，补焊添加更换的元器件，这样其他焊点不受热，保证维修质量。

3.4.4　焊接技术的发展趋势

1. 焊件微型化

现代电子产品不断向微型化发展促进了微型焊件焊接技术的发展。印制电路板最小导线间距已小于 0.1mm，最小线宽达 0.06mm，最小孔径为 0.08mm。微电子器件轴向尺寸最小达 0.01mm，厚度为 0.01mm，显然，这种微型的焊件已很难用传统方法焊接了。

2. 焊接方法多样化

（1）锡焊新技术

目前，焊接技术正在向自动化、智能化发展，波峰焊和再流焊技术日臻完善，发展迅速，其他焊接方法也随着微组装技术发展而不断涌现，已用于生产实践的就有丝球焊、TAB焊、倒装焊和真空焊等。

（2）特种焊接

锡焊以外的焊接方法，主要有高频焊、超声焊、电子束焊、激光焊、摩擦焊、爆炸焊和扩散焊等。

（3）无铅焊接

由于铅是有害金属，人们已经在探讨非铅焊料实现锡焊。目前已成功用于代替铅的有铟（In）、铋（Bi）以及镓基汞剂等。

（4）无加热焊接

用导电黏结剂将焊件粘起来，如同普通黏合剂黏结物品一样。

3. 设计生产计算机化

现代计算机及相关工业技术的发展，使制造业从对各个工序的自动控制发展到集中控制，即从设计、试验到制造，从原材料筛选、测试到整件装配检测，由计算机系统进行控制，组成计算机集成制造系统。焊接中的温度、焊剂浓度、印制电路板的倾斜及速度、冷却速度等均由计算机智能系统自动控制。

4. 生产过程绿色化

绿色是环境保护的象征。目前电子焊接中使用的焊剂、焊料及焊接过程、焊后清洗不可避免地影响环境和人们的健康。绿色化进程主要在以下两个方面：

1）使用无铅焊料。尽管由于经济上的原因尚未达到产业化，但正在向此方向努力。

2）免清洗技术。适应免洗焊膏，避免污染环境。

今后，随着现代电子技术的不断发展，传统的焊接方法将不断被改进和完善，而新的先进的高效率焊接方法也将不断涌现。

3.5 实训 手工焊接训练

1. 实训目的

1）掌握电烙铁的使用方法。

2）掌握元器件的清洁方法。

3）掌握手工焊接技能。

4）学会拆焊技术。

2. 实训仪器和器材

1）电烙铁	1个。
2）烙铁架、镊子、夹嘴钳、斜口钳和小刀等工具	1套。
3）焊锡、松香焊剂	若干。
4）各种电子元器件	若干。
5）焊接用印制电路板	1块。

3. 实训内容与步骤

（1）电烙铁的使用

1）烙铁头的清洁。用锉刀将烙铁头锉出铜的颜色，去掉表面氧化层。

2）通电加热，涂助焊剂。电烙铁通电加热的同时，将烙铁头接触松香助焊剂，涂上助焊剂。

3）上锡。待烙铁头加热到适当的温度，将焊锡丝接触烙铁头，待熔化后，使焊锡丝布满烙铁头。

（2）焊点成型训练

1）焊接姿势练习。掌握正确的焊接姿势，参阅本章相关内容。

2）焊点成型练习。用铜丝制作成"＋"网格，在"＋"网格上进行焊接练习。掌握好焊接时间和用焊料量。

3）焊点检查。焊出的焊点要求大小均匀、牢固和光亮。

（3）PCB 焊点成型练习

1）准备一块 PCB，各种电子元器件若干。

2）电子元器件的清洁。用细砂纸、小刀或橡皮除去元器件的引脚上氧化层。

3）焊接练习。将元器件插入焊盘中，进行焊接练习。

4）检查焊点情况，焊接完毕后，用斜口钳剪去多余的引脚。

（4）拆焊练习

将 PCB 上焊接的元器件拆除。

1）加热拆焊点。一手拿镊子，一手拿电烙铁，用电烙铁加热拆焊点，用镊子夹住元器件的引脚往外拉。

2）对焊点间距小的焊点，通过烙铁在焊点间的移动，使焊点熔化，用镊子拔出。

3）对多焊点元器件使用吸锡器或吸锡绳拆焊。

4）清除焊盘上的焊锡。

拆焊注意：控制加热时间和温度，拆焊不要用力过猛，动作要迅速，防止破坏元器件及PCB焊盘。

4. 实训总结

1）如何进行电烙铁头及元器件表面的清洁？

2）焊接过程中遇到哪些问题？如何解决？

3）拆焊过程中遇到哪些问题？如何解决？

3.6 习题

1. 什么是锡焊？锡焊有哪些特点？

2. 简述锡焊形成的过程。

3. 焊接时如何选择合适的电烙铁？

4. 简述杂质金属对焊料的影响。

5. 简述五步法手工焊接的过程。

6. 简述手工焊接技术的要领。

7. 什么是桥接？桥接形成的原因是什么？

8. 什么是虚焊？虚焊形成的原因是什么？

9. 简述印制电路板上元器件常用的拆卸方法。

10. 简述手工浸焊的步骤。

11. 简述波峰焊设备关键部件的功能。

12. 简述波峰焊工艺流程。

第 4 章 表面安装技术

表面安装技术（Surface Mounting Technology，SMT）是一种直接将表面贴装元器件（SMC/SMD）贴装、焊接到印制电路板表面规定位置的电路装联技术。它是目前电子组装行业里最流行的一种技术和工艺。

表面安装技术改变了传统的印制电路板（Printed Circuit Board，PCB）通孔基板插装元器件方式，实现了电子产品贴装的高密度、高可靠性、小型化、低成本以及生产的自动化。被广泛地应用在计算机、手机及精密仪表等电子产品中。

4.1 表面安装技术概述

4.1.1 表面安装技术的发展过程

目前，电子应用技术的迅速发展，表现出智能化、网络化和多媒体化的特点，这种发展趋势和市场需求推动了电路组装技术向高密度、高速化和标准化方向发展，迫使对在通孔基板 PCB 上插装电子元器件的工艺方式进行革命，电子产品的装配技术必然全方位的转向 SMT。

从 20 世纪 60 年代到现在，表面安装技术的发展经历了 3 个阶段。

第 1 阶段（1960~1975）：主要技术目标是把小型化的片式元器件应用在混合集成电路的生产制造中，同时 SMT 开始大量使用在石英电子表和电子计算器等产品中。

第 2 阶段（1976~1985）：促进电子产品迅速小型化，多功能化，开始广泛应用于摄像机、录像机、数码相机等产品中，同时用于表面安装的自动化设备大量研制开发出来，片式元器件的组装工艺也已经成熟，为 SMT 的高速发展打下了基础。

第 3 阶段（1985 至今）：主要目标是降低成本，大力发展生产设备，进一步改善电子产品的性能价格比。

随着 SMT 技术的成熟，工艺可靠性的提高，应用在军事和投资类（汽车、计算机和工业设备）领域的电子产品迅速发展，同时，大量涌现的自动化表面装配设备及工艺手段，使片状元器件在 PCB 上的使用高速增长，加速了电子产品总成本的下降。

表面安装技术的重要基础之一是表面安装元器件，其发展需求和发展程度也主要受表面安装元器件 SMC/SMD 发展水平的制约，为此，SMT 的发展历史与 SMC/SMD 发展历史基本是同步的。

20 世纪 60 年代，飞利浦公司研制出可表面安装的纽扣状微型元器件供手表工业使用。这种元器件已发展成为现在的表面安装用的小外形集成电路（SOIC）。它的引线分布在元器件两侧，引线的中心间距为 1.27mm，引线数多达 28 针以上。

在 20 世纪 70 初期，日本开始使用方形扁平封装的集成电路（QFP）来制造计算器。QFP 的引线分布在元器件的四边，引线的中心间距为 0.65mm 或更小，引线数多达几百针。

美国又研制出塑封有引线芯片载体（PLCC）元器件、无引线陶瓷芯片载体（LCCC）全密封元器件，该阶段初期 SMT 的水平以组装引线中心间距为 1.27mm 的 SMC/SMD 为标志，20 世纪 80 年代逐步进步为可组装 0.65mm 和 0.3mm 细引线间距 SMC/SMD 阶段，进入 20 世纪 90 年代后，0.3mm 细引线间距 SMC/SMD 的组装技术和组装设备趋向成熟。

现阶段 SMT 与 SMC/SMD 的发展相适应，在发展和完善引线间距为 0.3mm 及其以下的超细间距组装技术的同时，正在发展和完善球形栅格阵列（BAG）、芯片尺寸封装（CSP）元器件的组装技术。

美国是世界上最早应用 SMT 的国家之一，一直重视在投资类电子产品和军事装备领域发挥 SMT 技术优势。在 20 世纪 70 年代初期，日本从美国引进 SMT 技术并将之应用在消费类电子产品领域，并投入巨资大力加强基础材料、基础技术和推广应用方面的开发研究工作。从 20 世纪 80 年代中后期起加速了 SMT 在电子设备领域的全面推广应用，仅用 4 年的时间使 SMT 在计算机和通信设备中应用数量超过 30%，使日本很快超过了美国在 SMT 方面处于领先地位。

欧洲各国 SMT 的起步较晚，但他们重视发展并有较好的工业基础，发展速度也很快，其发展水平仅次于日本和美国。

我国 SMT 的应用起步于 20 世纪 80 年代初期，最初从美、日等国成套引进了 SMT 生产线用于彩色电视机调谐器生产。随着电子信息产业的迅速发展，20 世纪 80 年代中期以来，我国的 SMT 进入高速发展阶段，20 世纪 90 年代初已成为完全成熟的新一代电路组装技术，并逐步取代通孔插装技术。

4.1.2　表面安装技术的特点

SMT 工艺技术与传统通孔插装技术（THT）相比，根本区别在于"贴"和"插"。

THT 采用有引线元器件，在印制电路板上设计好电路连接导线和安装孔，元器件的引线插入 PCB 上预先钻好的通孔中，通过焊接技术形成可靠的焊点，建立长期的机械和电气连接，元器件的主体和焊点分布在基板两侧。采用这种方法，由于元器件有引线，当电路密集到一定程度后，就无法解决缩小体积的问题了，同时，引线间相互接近导致的故障、引线长度引起的干扰也难以排除。

SMT 工艺技术是把片状结构的小型化元器件，按照电路的要求放置在印制电路板的表面上，通过焊接工艺组装成具有一定功能的电子产品。焊点和元器件都在同一侧，在印制电路板上通孔只用来连接印制电路板两面的导线，孔的数量要少得多，孔的直径也小得多，这样使印制电路板的装配密度极大地提高。

表面安装技术和通孔插装技术的方式相比，具有以下优越性。

1）高密集。SMC、SMD 的体积只有传统元器件的 1/3 ~ 1/10，可以装在 PCB 的两面，有效利用了印制电路板的面积，减轻了电路板的重量。

2）高可靠。SMC 和 SMD 无引脚或引脚很短，重量轻，因而抗振能力强，失效率比 THT 至少降低一个数量级，大大提高产品可靠性。

3）高性能。SMT 的密集安装减小了电磁干扰和射频干扰，尤其高频电路中减小了分布参数的影响，提高了信号传输速度，改善了高频特性，使整个产品性能提高。

4）高效率。SMT 更适合自动化大规模生产。

5）低成本。SMT 使 PCB 面积减小，成本降低；无引脚和短引脚使 SMD、SMC 成本降低；安装中省去引脚成型、打弯、剪线等工序；频率特性提高，减小调试费用；焊点可靠性提高，减小调试和维修成本。

4.2 表面安装元器件

表面安装元器件又称为贴片元器件，是一种无引线或有极短引线的小型标准化的元器件。它是适应当代电子产品微小型化和大规模生产的需要而发展起来的微型元器件，与传统元器件相比，它具有体积小、重量轻、集成度高、装配密度大、成本低、可靠性高、高频特性好、抗振性能好以及易于实现自动化等特点。广泛应用于计算机、移动通信设备、电子测量仪器和电视机等电子产品中。

4.2.1 表面安装元器件的种类

表面安装元器件按形状可分为薄片矩形、圆柱形和扁平异形等；按元器件的功能分无源器件（SMC）、有源元件（SMD）和机电元器件；习惯上把无源表面安装元件如片式电阻、电容和电感等称为 SMC，而将有源表面安装元器件，如小外形晶体管 SOT 及各种不同封装的表面贴装集成电路称为 SMD。表面安装元器件按照使用环境可分为非气密性封装器件和气密性封装器件；非气密性封装器件对工作环境的要求一般为 0 ~ 70℃，气密性封装器件的工作温度范围可达到 - 55 ~ 125℃。

表面安装元器件的详细分类见表 4-1。

表 4-1　表面安装元器件的详细分类

类　别	封　装	种　类
无源表面安装 元器件 SMC	矩形片式	厚膜和薄膜电阻、热敏电阻、压敏电阻、陶瓷电容、钽电容、片式电感和石英晶体等
	圆柱形	碳膜电阻、金属膜电阻、陶瓷电容和热敏电容等
	异形	电位器、微调电位器、铝电解电容、微调电容、线绕电感器、晶体振荡器和变压器等
	复合片式	电阻网络、电容网络和滤波器等
有源表面组件 SMD	圆柱形	二极管
	陶瓷组件（扁平）	无引脚陶瓷芯片载体 LCCC、陶瓷芯片载体 CBGA
	塑料组件（扁平）	SOT、SOP、PLCC、QFP、BGA 和 CSP
机电元器件	异形	继电器、开关、连接器、延迟器和薄膜微电动机等

4.2.2 表面安装元器件 SMC

无源表面安装元器件（SMC）包括片式电阻器、片式电容器和片式电感器等，常见实物外形图如图 4-1 所示。

1. 表面安装电阻器

表面安装电阻器按封装外形，可分为矩形片状电阻器和圆柱状片式电阻器两种，矩形片

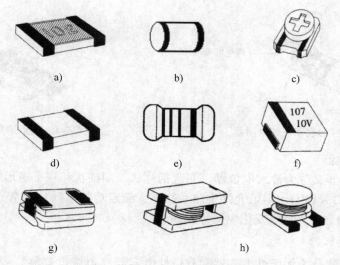

图 4-1　常见 SMC 实物外形图

a）矩形片式电阻器　b）圆柱形贴装电阻器　c）片式电位器　d）矩形片式电容器
e）圆柱形贴装电容器　f）片式钽电解电容器　g）膜压型片式电感器　h）片式电感器

状电阻器的阻值范围为 $0.39\Omega \sim 10M\Omega$，其外形尺寸长为 $0.6 \sim 3.2mm$，宽为 $0.3 \sim 2.7mm$。圆柱形片式电阻器的阻值范围为 $4.7\Omega \sim 1000k\Omega$，外形尺寸长为 $3.5 \sim 5.9mm$，直径为 $1.4 \sim 2.2mm$。表面安装电阻器一般为黑色，外形稍大的片式电阻器在外表标出阻值大小，外形太小的表面未标出电阻值，而是标注在包装袋上。表面安装电阻器按制造工艺可分为厚膜型（RN 型）和薄膜型（RK 型）两大类。

（1）片状表面安装电阻器

片状表面安装电阻器一般是用厚膜工艺制作的。在一个高纯度氧化铝（Al_2O_3，96%）基底平面上网印二氧化钌（RuO_2）电阻浆来制作电阻膜，改变电阻浆料成分或配比，就能得到不同的电阻值。也可以用激光在电阻膜上刻槽微调电阻值，然后再印刷玻璃浆覆盖电阻膜，并烧结成釉保护层，最后把基片两端做成焊端，结构如图 4-2 所示。

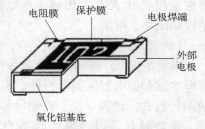

图 4-2　片状表面安装电阻器结构

（2）圆柱形表面安装电阻器（MELF）

可以用薄膜工艺来制作，在高铝陶瓷基柱表面溅射镍铬合金膜或碳膜，在膜上刻槽调整电阻值，两端压上金属焊端，再涂覆耐热漆形成保护层并印上色环标志，如图 4-3 所示，圆柱形表面安装电阻器简称为 MELF 电阻器，主要有以下 3 种：碳膜 ERD型、金属膜 ERO 型和跨接用的 0Ω 电阻器。

（3）SMC 电阻排（电阻网络）

表面安装电阻排是电阻网络的表面安装形式。电阻网络按结构可分为 SOP 型、芯片功率型、芯片载体型和芯片阵列型。根据用途不同，电阻网络有多种电路形式。图 4-4 所示为电阻网络的外形。

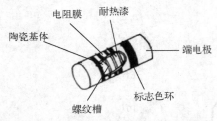

图 4-3 圆柱形表面安装电阻器

图 4-4 电阻排实物图

（4）SMC 电位器

表面安装电位器又称为片式电位器。它包括片状、圆柱状和扁平矩形结构各种类型。标称阻值范围在 $100\Omega \sim 1M\Omega$，阻值允许偏差 $\pm 25\%$，额定功耗系列 0.05W、0.1W、0.125W、0.2W、0.25W 和 0.5W，阻值变化规律为线性。

2. 表面安装电容器

表面安装电容器分为无极性电容器和有极性电容器（电解电容器），其中无极电容器的种类又可分为片式陶瓷电容器、片式有机薄膜电容器和片式云母电容器等。目前使用较多的主要有两种：陶瓷系列（瓷介）的电容器和钽电解电容器，其中瓷介电容器约占 80%，其次是钽和铝电解电容器。有机薄膜和云母电容器使用较少。

（1）SMC 多层陶瓷电容器

片式多层陶瓷电容器又称为独石电容器，是用量最大、发展最快的片式元件品种。表面安装陶瓷电容器多以陶瓷材料为电容介质，多层陶瓷电容器是在单层盘状电容器的基础上构成的，电极深入电容器内部，并与陶瓷介质相互交错，通常是无引脚矩形结构，外层电极与片式电阻相同，外形和结构如图 4-5 所示。

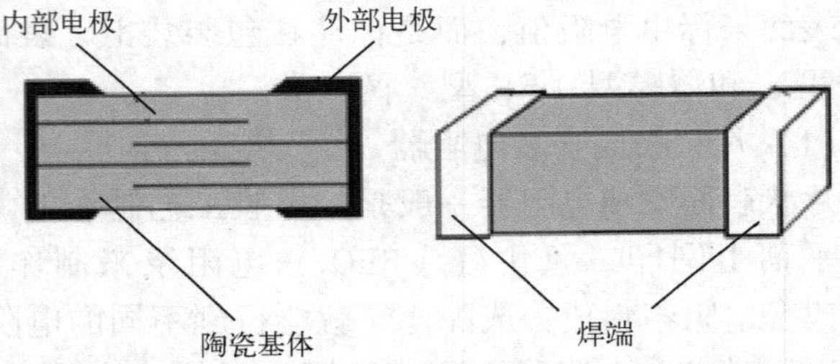

图 4-5 片式多层陶瓷电容器的外形和结构

（2）SMC 电解电容器

常见的 SMC 电解电容器有铝电解电容器和钽电解电容器两种。铝电解电容器的容量和额定工作电压的范围比较大，因此做成贴片形式比较困难，一般是异形。

钽电解电容以金属钽作为电容介质，可靠性很高，单位体积容量大，在容量超过 $0.33\mu F$ 时，大都采用钽电解电容器。钽电解电容器的外形都是片状矩，如图 4-6 所示。按封装形式的不同，分为裸片型、模塑封装型和端帽型 3 种。

（3）云母电容器

云母电容器采用天然云母作为电解质做成矩形片状，如图 4-7 所示。由于它具有耐热性好、损耗低、Q 值和精度高和易做成小电容等特点，特别适合在高频电路中使用，近年来已在无线通信、硬盘系统中大量使用。

3. 表面安装电感器

表面安装电感器除了与传统的插装电感器有相同的扼流、退耦、滤波、调谐、延迟和补偿等功能外，还特别在 LC 调谐器、LC 滤波器和 LC 延迟线等多功能器件中体现了独到的优越性。

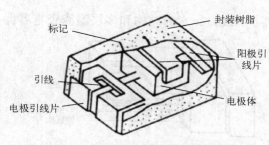

图 4-6　SMC 钽电解电容器的结构

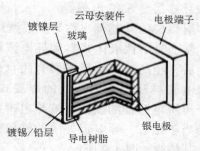

图 4-7　片状云母电容器的结构

由于电感器受线圈制约，片式化比较困难，故其片式化晚于电阻器和电容器，其片式化率也低。尽管如此，电感器的片式化仍取得了很大的进展。不仅种类繁多，而且相当多的产品已经系列化、标准化，并已批量生产。

（1）绕线型表面安装电感器

绕线型表面安装电感器实际上是把传统的卧式绕线电感器稍加改进而成。制造时将导线（线圈）缠绕在磁心上。低电感时用陶瓷作磁心，大电感时用铁氧体作磁心，绕组可以垂直也可水平。绕线后再加上端电极。端电极也称为外部端子，它取代了传统的插装式电感器的引线，以便表面安装。由于所用磁心不同，故结构上也有多种形式。

① 工字形结构。这种电感器是在工字形磁心上绕线制成的，图 4-8a 所示为开磁路工字形结构，图 4-8b 所示为闭磁路工字形结构。

② 槽形结构。槽形结构是在磁性体的沟槽上绕上线圈而制成的，如图 4-8c 所示。

③ 棒形结构。这种结构的电感器与传统的卧式棒形电感器基本相同，它是在棒形磁心上绕线而成的。只是它用适合表面安装用的端电极代替了插装用的引线。

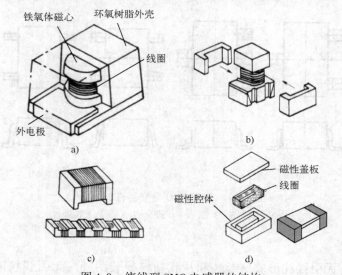

图 4-8　绕线型 SMC 电感器的结构

a）开磁路工字形结构　b）闭磁路工字形结构　c）槽形结构　d）腔体结构

④ 腔体结构。这种结构是把绕好的线圈放在磁性腔体内，加上磁性盖板和端电极而成，如图 4-8d 所示。

（2）多层型 SMC 电感器

多层型 SMC 电感器也称为多层型片式电感器（MLCI），它的结构和多层型陶瓷电容器相似，制造时由铁氧体浆料和导电浆料交替印刷叠层后，经高温烧结形成具有闭合磁路的整体。导电浆料经烧结后形成的螺旋式导电带，相当于传统电感器的线圈，被导电带包围的铁氧体相当于磁心，导电带外围的铁氧体使磁路闭合，其结构如图 4-9 所示。

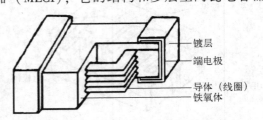

图 4-9　多层型 SMC 电感器的结构

（3）卷绕型 SMC 电感器

卷绕型 SMC 电感器是在柔性铁氧体薄片（生料）上，印制导体浆料，然后卷绕成圆柱形，烧结后形成一个整体，做上端电极即可。

卷绕型 SMC 电感器与绕线型 SMC 电感器相比，它的尺寸较小，某些卷绕型 SMC 电感器可用铜或铁做电极材料，成本较低。但因为是圆柱体的，组装时接触面积较小，所以表面安装性不甚理想，目前应用范围不大。

4.2.3　表面安装元器件 SMD

SMD 的分立器件包括各种分立半导体器件，有二极管、晶体管、场效应晶体管，也有由两三只晶体管、二极管组成的简单复合电路。

1. SMD 分立器件的外形

典型 SMD 分立器件的外形如图 4-10 所示，电极引脚数为 2～6 个。

二极管类器件一般采用两端或 3 端 SMD 封装，小功率晶体管类器件一般采用 3 端或 4 端 SMD 封装，4～6 端 SMD 器件内大多封装了两只晶体管或场效应晶体管。

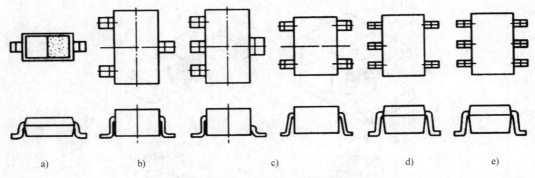

a)　　　　b)　　　　c)　　　　d)　　　　e)

图 4-10　典型 SMD 分立器件的外形
a) 2 脚　b) 3 脚　c) 4 脚　d) 5 脚　e) 6 脚

2. SMD 二极管

SMD 二极管有无引线柱形玻璃封装和片状塑料封装两种。无引线柱形玻璃封装二极管是将管芯封装在细玻璃管内，两端以金属帽为电极。常见的有稳压、开关和通用二极管，功耗一般为 0.5 ~ 1W。外形尺寸有 $\phi1.5\text{mm} \times 3.5\text{mm}$ 和 $\phi2.7\text{mm} \times 5.2\text{mm}$ 两种。外形如图 4-11 所示。

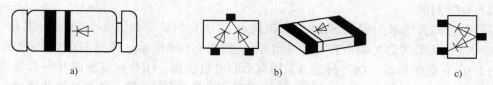

图 4-11　SMD 二极管的外形
a）圆柱形无端子二极管　b）矩形薄片二极管　c）SOT 型片状二极管

　　塑料封装二极管一般做成矩形片状，额定电流为 150mA ~ 1A，耐压为 50 ~ 400V，外形尺寸为 $3.8\text{mm} \times 1.5\text{mm} \times 1.1\text{mm}$。还有一种 SOT - 23 封装的片状二极管，多用于封装复合二极管，也可用于高速开关二极管和高压二极管，这类二极管由于引脚数多于两个，而且型号没有印在器件表面上，为区别是二极管还是晶体管使用时必须检查器件包装编带上标签确认。

　　3. 小外形塑封晶体管（SOT）

　　晶体管采用带有翼形短引线的塑料封装，可分为 SOT - 23、SOT - 89、SOT - 143 和 SOT - 252 几种尺寸结构，产品有小功率管、大功率管、场效应晶体管和高频管几个系列。

　　SOT - 23 是通用的表面安装晶体管，SOT - 23 有 3 条翼形引脚，如图 4-12a 所示。

　　SOT - 89 适用于较高功率的场合，它的 e、b、c 3 个电极是从管子的同一侧引出，管子底面有金属散热片与集电极相连，晶体管芯片粘接在较大的铜片上，以利于散热，如图 4-12b 所示。

　　SOT - 143 有 4 条翼形短引脚，对称分布在长边的两侧，引脚中宽度偏大一点的是集电极，这类封装常见双栅场效应晶体管及高频晶体管，如图 4-12c 所示。

　　SOT - 252 封装与 SOT - 89 相似，3 个电极从管子的同一侧引出，SOT - 252 封装的功耗可达 2 ~ 50W，应用于大功率晶体管，如图 4-12d 所示。

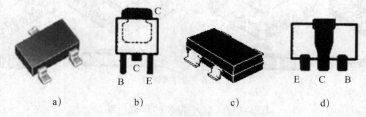

图 4-12　小外形塑封晶体管
a）SOT - 23　b）SOT - 89　c）SOT - 143　d）SOT - 252

　　4. SMD 集成电路及其封装

　　SMD 集成电路包括各种数字电路和模拟电路的集成器件，封装对集成电路起着机械支撑和机械保护、传输信号和分配电源、散热和环境保护等作用。SMD 集成电路的封装方式主要有 SOP 型、QFP 型、LCCC、PLCC 型和 BGA 型。

　　（1）小外形封装（SOP）

　　由双列直插式封装 DIP 演变而来，引脚分布器件的两边，其引脚数目在 28 个以下。

具有两个不同的引脚形式：一种具有"翼形"引脚，一种具有"J"型引脚，常见于线性电路、逻辑电路和随机存储器。其外形如图 4-13 所示。

（2）QFP 封装

矩形四边都有电极引脚的 SMD 集成电路称为 QFP 封装，如图 4-14 所示。其中 PQFP（Plastic QFP）封装的芯片四角有突出（角耳），如图 4-14b 所示。薄型 TQFP 封装的厚度已经降到 1.0mm 或 0.5mm。QFP 封装也采用翼形的电极引脚。QFP 封装的芯片一般都是大规模集成电路，在商品化的 QFP 芯片中，电极引脚数目最少的 28 脚，最多可能达到 300 脚以上，引脚间距最小为 0.4mm（最小极限为 0.3mm），最大为 1.27mm。

图 4-13　小外形封装（SOP）

图 4-14　QFP 封装的集成电路

a）QFP 封装集成电路实物　b）四角有突出的 QFP 封装

（3）LCCC 封装

LCCC 封装是陶瓷芯片载体封装的 SMD 集成电路中没有引脚的一种封装；芯片被封装在陶瓷载体上，无引线的电极焊端排列在封装底面上的四边，电极数目为 18～156 个，间距为 1.0mm 和 1.27mm 两种，分无引线 A 型、B 型、C 型和 D 型，其外形如图 4-15 所示。

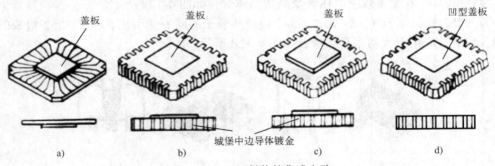

图 4-15　LCCC 封装的集成电路

a）无引线 A 型　b）无引线 B 型　c）无引线 C 型　d）无引线 D 型

LCCC 引出端子的特点是在陶瓷外壳侧面有类似城堡状的金属化凹槽和外壳底面镀金电极相连，提供了较短的信号通路，电感和电容损耗较低，可用于高频工作状态，如微处理器单元、门阵列和存储器。

LCCC 集成电路的芯片是全密封的，可靠性高但价格高，主要用于军用产品中，并且必须考虑器件与电路板之间的热膨胀系数是否一致的问题。

（4）PLCC 封装

PLCC 是集成电路的有引脚塑封芯片载体封装，它的引脚向内钩回，称为钩形（J 形）

电极，电极引脚数目为 16~84 个，间距为 1.27mm，PLCC 外形图如图 4-16 所示。PLCC 封装的集成电路大多是可编程的存储器。芯片可以安装在专用的插座上，容易取下来对其中的数据进行改写；为了减少插座的成本，PLCC 芯片也可以直接焊接在印制电路板上，但用手工焊接比较困难。

图 4-16　PLCC 外形图

（5）BGA 封装

BGA 是大规模集成电路的一种极富生命力的封装方法。20世纪 90 年代后期，BGA 方式已经大量应用。导致这种封装方式出现的根本原因是集成电路的集成度迅速提高，芯片的封装尺寸必须缩小。BGA 方式封装的大规模集成电路。BGA 封装是将原来器件 PLCC/QFP 封装的 J形或翼形电极引脚，改变成球形引脚；如图 4-17 所示。把从器件本体四周"单线性"顺列引出的电极，变成本体底面之下"全平面"式的格栅阵排列。这样，既可以疏散引脚间距，又能够增加引脚数目。目前，使用较多的 BGA 的 I/O 端子数为 72~736，预计将达到 2000。焊球阵列在器件底面可以呈完全分布或部分分布，如图 4-17b、c、d 所示。

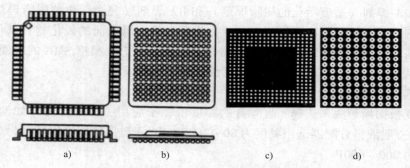

图 4-17　QFP 和 BGA 封装的集成电路比

a）QFP 封装　b）BGA 封装　c）焊球的部分分布　d）焊球的完全分布

4.3　表面安装材料与设备

4.3.1　表面安装材料

表面安装材料是指 SMT 装联技术中所用的化工材料，它是表面安装工艺的基础。不同的安装工序采用不同的安装材料，有时在同一工序中，由于后续工艺或组装方式不同，所用材料也不同。下面介绍表面安装工艺中常用的材料。

1. 黏合剂

SMT 的工艺过程涉及多种黏合剂材料，这些黏合剂主要是起将元器件黏结、固定或密封的作用。常用的黏合剂有 3 类。

按材料分有环氧树脂、丙烯酸树脂及其他聚合物黏合剂；按固化方式分有热固化、光固化、光热双固化及超声波固化黏合剂；按使用方法分有丝网漏印、压力注射和针式转移所用的黏合剂。

为了确保表面安装的可靠性，表面安装工艺对黏合剂的特性要求如下：

1）化学成分稳定和绝缘性好，制造容易，具有良好的填充性和长期储存性。

2）合适的黏度。能够可靠的固定元器件，对印制电路板无腐蚀性。

3）固化速度快。能在尽可能低的温度下，以最快的速度固化（时间小于20min），固化温度低于150℃。

4）耐高温。能够承受波峰焊接为240~270℃的高温而不会熔化。

5）触变特性好。触变特性是指胶体物质的黏度随外力作用而改变的特性。特性好是指受外力时黏度降低，有利于通过丝网网眼，外力除去后黏度升高，保持黏度不漫流。

2. 焊锡膏

焊锡膏是表面安装再流焊工艺中必需的材料，它是由焊料合金粉末、糊状助焊剂（载体）和一些添加剂混合而成的膏状体，具有一定的黏度和良好的触变特性。焊膏在表面安装工艺中具有多种用途，使用者应掌握选用方法。

（1）焊膏的活性选择

焊剂是焊膏载体的主要成分之一，焊膏可以利用3种不同类型的焊剂，即R焊剂（树脂焊剂）、RMA焊剂（适度活化的树脂焊剂）和RA焊剂（完全活化的树脂焊剂）。适度活化的树脂焊剂和完全活化的树脂焊剂中的活化剂可去除金属表面的氧化物和其他表面污物，促进熔化焊料浸润到表面贴装的焊盘和元器件端头或引脚上。根据SMB的表面清洁度，一般可选中等活性，必要时，选高活性或无活性级、超活性级。

（2）焊膏的黏度选择

焊膏黏度根据涂敷法来选择，且焊膏的黏度依赖于应用工艺的特性（如丝网孔径、刮板速度等）。一般液料分配器选用黏度为80~200Pa，对于丝网印刷选用黏度为100~300Pa，漏模板印刷为200~600Pa。

（3）焊料粒度选择

焊料颗粒的形状决定了粉末的含氧量及焊膏的可印刷性。球状粉末优于椭圆状粉末，球面越小，氧化能力越低。图形越精细，选择焊料粒度应越高。

另外，电路采用双面焊时，板两面所用的焊膏熔点应相差30~40℃。电路中含有热敏元件时用选用低熔点焊膏。

3. 助焊剂和清洗剂

焊接效果的好坏，除了和焊接工艺、元器件和印制电路板的质量有关外，助焊剂的选择十分重要。目前，在SMT中采用的大多是以松香为基体的活性助焊剂，SMT对助焊剂的要求和选用原则，基本上与THT相同，只是更严格，更有针对性。

SMT的高密度安装使清洗剂的作用大为增加，目前常用的清洗剂有三氟三氯乙烷和甲基氯仿，在实际使用时，还需加入乙醇酯、丙烯酸酯等稳定剂，以改善清洗剂的性能。

4.3.2 表面安装设备

在SMT生产中，用到的表面安装设备主要有3大类：涂布设备、贴片设备和焊接设备。

1. 涂布设备

涂布设备主要是用来涂敷黏合剂和焊膏到印制电路板上，常用方法有针印法、注射法和丝印法。

（1）针印法

针印法是利用针状物浸入黏合剂中，在提起时针头就挂上一定的黏合剂，将其放到 SMB 的预定位置，使黏合剂点到板上。当针蘸入黏合剂中的深度一定且胶水的黏度一定时，重力保证了每次针头携带的黏合剂的量相等，将印制电路板上元器件安装的位置做成针板，并自动控制胶的黏度和针插入的深度，即可完成自动针印工序。

（2）注射法

注射法如同用医用注射器一样的方式将黏合剂或焊膏注到 SMB 上，通过选择注射孔的大小和形状，调节注射压力就可改变注射胶的形状和数量。

（3）丝印法

用丝网或漏版漏印工具把黏合剂印制到印制电路板上的方法，称为丝印法。丝印方法精确度高、涂布均匀、成本低和效率高，是表面安装技术的主要涂布方法，特别适合元器件密度不太高，生产批量比较大的情况。生产设备有手动、半自动和自动式的各种型号规格的丝印机。

2. 贴片设备

贴片设备是 SMT 的关键设备，一般称为贴片机，其作用是往板上安装各种贴片元器件。贴片机有小型、中型和大型之分。一般小型机有 20 个以内的 SMC/SMD 料架，采用手动或自动送料，贴片速度较低。中型机有 20~50 个材料架，一般为自动送料，贴片速度为低速或中速。大型机则有 50 个以上的材料架，贴片速度为中速或高速。

目前，在电子产品制造企业里主要采用自动贴片机进行自动贴片，在小批量的试生产中，也可以采用手工方式贴片。

自动贴片机相当于机器人的机械手，能按照事先编制好的程序把元器件从包装中取出来，并贴放到印制电路板相应的位置上。自动贴片机基本结构包括设备本体、片状元器件供给系统、印制电路板传送与定位装置、贴装头及其驱动定位装置、贴片工具（吸嘴）、计算机控制系统等。为适应高密度超大规模集成电路的贴装，比较先进的贴片机还具有光学检测与视觉对中系统，保证芯片能够高精度地准确定位。图 4-18 所示是一种自动贴片机实物图。

图 4-18　一种自动贴片机实物图

（1）设备本体

贴片机的设备本体是用来安装和支撑贴片机的底座，一般采用质量大、震动小、有利于保证设备精度的铸铁件制造。

（2）贴装头

贴装头也称为吸—放头，是贴片机上最复杂、最关键的部分，它相当于机械手，它的动作由拾取→贴放和移动→定位两种动作模式组成。贴装头通过程序控制，完成三维的往复运动，实现从供料系统取料后移动到电路基板的指定位置上的操作。贴装头的端部有一个用真空泵控制的贴装工具（吸嘴），不同形状、不同大小的元器件要采用不同的吸嘴拾放：一般元器件采用真空吸嘴，异形元器件（例如没有吸取平面的连接器等）用机械爪结构拾放。当换向阀门打开时，吸嘴的负压把表面安装元器件从供料系统（散装料仓、管状料斗、盘状纸带或托盘包装）中吸上来；当换向阀门关闭时，吸盘把元器件释放到电路基板上。贴装头通过上述两种模式的组合，完成拾取→贴放元器件的动作。

贴装头的种类分为单头和多头两大类，多头贴装头又分为固定式和旋转式，旋转式包括水平旋转/转盘式和垂直旋转/转盘式两种。图 4-19 所示是垂直旋转/转盘式贴装头工作示意图，旋转头上安装有 12 个吸嘴，工作时每个吸嘴均吸取元器件，吸嘴中都装有真空传感器与压力传感器。这类贴装头多见于西门子公司的贴装机中，通常贴装机内装有两组或四组贴装头，其中一组在贴片，另一组在吸取元器件，然后交换功能以达到高速贴片的目的。

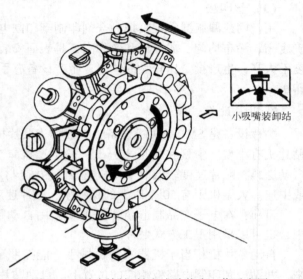

小吸嘴装卸站

图 4-19　垂直旋转/转盘式贴装头工作示意图

（3）供料系统

适合于表面安装元器件的供料装置有编带、管状、托盘和散装等几种形式。供料系统的工作状态根据元器件的包装形式和贴片机的类型而确定。贴装前，将各种类型的供料装置分别安装到相应的供料器支架上。随着贴装进程，装载着多种不同元器件的散装料仓水平旋转，把即将贴装的那种元器件转到料仓门的下方，便于贴装头拾取；纸带包装元器件的盘装编带随编带架垂直旋转；管状送料器定位料斗在水平面上二维移动，为贴装头提供新的待取元器件。

托盘状供料有手动和自动两种，可以实现不停机的上料或换料。散装供料一般在小批量生产中应用，规模化大生产一般应用很少。

（4）印制电路板定位系统

印制电路板定位系统可以简化为一个固定了印制电路板的 X—Y 二维平面移动的工作台。在计算机控制系统的操纵下，印制电路板随工作台沿传送轨道移动到工作区域内，并被精确定位，使贴装头能把元器件准确地释放到一定的位置上。精确定位的核心是"对中"，有机械对中、激光对中、激光加视觉混合对中以及全视觉对中方式。

（5）计算机控制系统

计算机控制系统是指挥贴片机进行准确有序操作的核心，目前大多数贴片机的计算机控制系统采用 Windows 界面。可以通过高级语言软件或硬件开关，在线或离线编制计算机程序并自动进行优化，控制贴片机的自动工作步骤。每个片状元器件的精确位置，都要编程输入计算机。具有视觉检测系统的贴片机，也是通过计算机实现对印制电路板上贴片位置的图形识别。

3. 焊接设备

在工业化生产过程中，THT 工艺常用的自动焊接设备是浸焊机和波峰焊机，从焊接技术上说，这类焊接属于流动焊接，是熔融流动的液态焊料和焊接对象做相对运动，实现润湿而完成焊接。再流焊接是使用膏状焊料，通过模板漏印或点滴的方法涂敷在印制电路板的焊盘上，贴上元器件后经过加热，焊料熔化再次流动，润湿焊接对象冷却后形成焊点。

SMT 焊接设备主要是再流焊炉以及焊锡膏印刷机、贴片机等组成的焊接流水线。焊接SMT 电路板也可以使用波峰焊。

（1）再流焊机

再流焊是伴随微型化电子产品的出现而发展起来的锡焊技术，主要应用于各类表面安装元器件的焊接。再流焊接的主要设备是再流焊机。若按对 SMA（表面安装组件）整体加热方式可分为：气相再流焊、热板再流焊、红外再流焊、红外加热风再流焊和全热风再流焊；若按对 SMA 局部加热方式可分为：激光再流焊、聚焦红外再流焊、光束再流焊和热气流再流焊。典型的再流焊机实物图如图 4-20 所示。

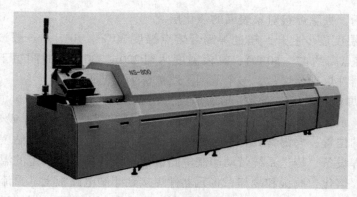

图 4-20　再流焊机实物图

（2）再流焊机的结构

再流焊机由 3 部分组成。第 1 部分为加热器部分，第 2 部分为传送部分，第 3 部分为温控部分。全热风再流焊机的结构如图 4-21 所示。红外再流焊机的结构如图 4-22 所示。

（3）再流焊接的过程

再流焊接的加热过程通常分为 4 个温区，即预热区、保温区、回流区和冷却区阶段，如图 4-23所示。

① 预热区：焊接对象从室温逐步加热至 150℃左右的区域，缩小与再流焊过程的温差，焊锡膏中的溶剂被挥发。

② 保温区：温度维持在 150～160℃，焊锡膏中

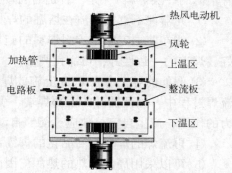

图 4-21　全热风再流焊机的结构

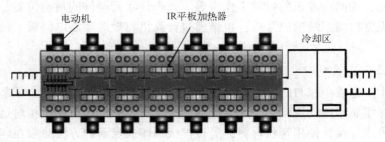

图 4-22 红外再流焊机的结构

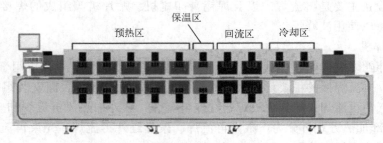

图 4-23 再流焊接的加热过程

的活性剂开始作用，去除焊接对象表面的氧化层。

③ 回流区：温度逐步上升，超过焊锡膏熔点温度 30% ~ 40%（一般 Sn—Pb 焊锡的熔点为 183℃，比熔点高约 47 ~ 50℃），峰值温度达到 220 ~ 230℃的时间短于 10s，焊锡膏完全熔化并润湿元器件焊端与焊盘，这个范围一般被称为工艺窗口。

④ 冷却区：焊接对象迅速降温，形成焊点，完成焊接。

再流焊接时，预先在印制电路板的焊盘上涂敷适量和适当形式的焊锡膏，再把 SMT 元器件贴放到相应的位置；焊锡膏具有一定黏性，使元器件固定；然后让贴装好元器件的印制电路板进入再流焊设备。传送系统带动印制电路板通过设备里各个设定的温度区域，焊锡膏经过干燥、预热、熔化、润湿和冷却，将元器件焊接到印制电路板上。再流焊的核心环节是利用外部热源加热，使焊料熔化而再次流动润湿，完成印制电路板的焊接过程。

（4）再流焊工艺的特点

再流焊操作方法简单，效率高、质量好和一致性好，节省焊料（仅在元器件的引脚下有很薄的一层焊料），是一种适合自动化生产的电子产品装配技术。工艺特点如下：

① 元器件不直接浸渍在熔融的焊料中，所以元器件受到的热冲击小。

② 能在前导工序里控制焊料的施加量，减少了虚焊、桥接等焊接缺陷，所以焊接质量好，焊点的一致性好，可靠性高。

③ 假如前导工序在 PCB 上施放焊料的位置正确而贴放元器件的位置有一定偏离，在再流焊过程中，当元器件的全部焊端、引脚及其相应的焊盘同时润湿时，由于熔融焊料表面张力的作用，产生自定位效应，能够自动校正偏差，把元器件拉回到近似准确的位置。

④ 再流焊的焊料是商品化的焊锡膏，能够保证正确的组分，一般不会混入杂质。

⑤ 可以采用局部加热的热源，因此能在同一基板上采用不同的焊接方法进行焊接。

⑥ 工艺简单，返修的工作量很小。

4.4 表面安装工艺

4.4.1 SMT 的安装方式

SMT 的组装方式主要取决于表面安装件（SMA）的类型、使用的元器件种类和组装设备条件。由于电子产品的多样性和复杂性，目前和未来的一段时期内，表面安装方式还不能完全取代通孔安装，大体上可将 SMA 分成单面混装、双面混装和全表面安装 3 种类型。

1. 单面混装

图 4-24 所示为单面混装示意图，印制电路板上表面安装元器件和有引线元器件混合使用，使用的印制电路板是单面板。一般采用先贴后插，工艺简单。

2. 双面混装

图 4-25 所示为双面混装示意图，在印制电路板的 A 面（也称为元器件面）上既有通孔插装元器件，又有各种表面贴装元器件；在印制电路板的 B 面（也称为焊接面）上，只装配体积较小的表面贴装元器件。印制电路板是双面板。适用于高密度组装的电路。

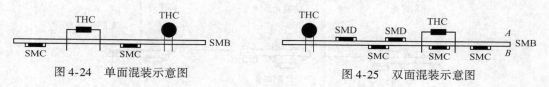

图 4-24　单面混装示意图　　　　　　图 4-25　双面混装示意图

3. 全表面安装

图 4-26 所示为全表面安装示意图，印制电路板上没有通孔插装元器件，各种 SMC 和 SMD 均被贴装在印制电路板的一面称为单表面安装，如 SMC 和 SMD 被贴装在印制电路板的两面则称为双面表面安装。单表面安装工艺简单，适用于小型、薄型简单的电路。双面表面安装适用于高密度组装的电路。

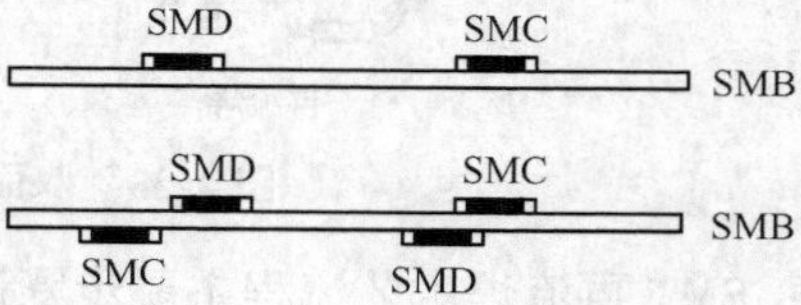

图 4-26　全表面安装示意图

4.4.2 表面安装的自动焊接工艺

合理的工艺是组装质量和效率的保障，表面安装方式确定之后，就可以根据需要和具体设备条件确定工艺流程。不同的组装方式有不同的工艺流程，同一组装方式也可以有不同的工艺流程，这主要取决于所用元器件的类型、SMA 的组装质量要求、组装设备和组装生产线的条件，以及组装生产的实际条件等。

SMC/SMD 的贴装类型有两类最基本的工艺流程，一类是锡膏—再流焊工艺，另一类是贴片—波峰焊工艺。但在实际生产中，将两种基本工艺流程进行混合与重复，则可以演变成多种工艺流程供电子产品组装使用。

1. 锡膏—再流焊工艺

（1）锡膏—再流焊单面工艺

锡膏—再流焊单面工艺流程的特点是简单、快捷，有利于产品体积的减小。锡膏—再流焊单面工艺流程如图 4-27 所示。

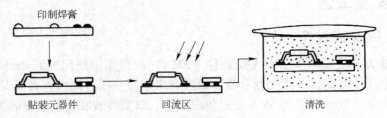

印制焊膏

贴装元器件　　　　　　回流区　　　　　　清洗

图 4-27　锡膏—再流焊单面工艺流程

　　（2）双面均采用锡膏—再流焊工艺

　　锡膏—再流焊工艺流程的特点是采用双面锡膏与再流焊工艺，能充分利用 PCB 空间，并实现安装面积最小化，工艺控制复杂，要求严格，常用于密集型或超小型电子产品，移动电话是典型产品之一。双面均采用锡膏—再流焊工艺流程如图 4-28 所示。

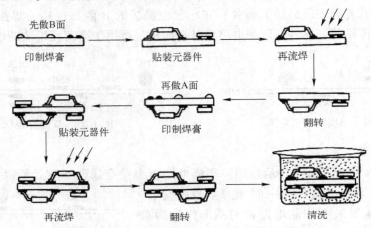

先做B面
印制焊膏　　　　　　贴装元器件　　　　　　再流焊

再做A面
贴装元器件　　　印制焊膏　　　　　　翻转

再流焊　　　　　　翻转　　　　　　清洗

图 4-28　双面均采用"锡膏—再流焊"工艺流程图

　　SMT 再流焊工艺流程主要步骤说明如下：

　　1）制作焊膏丝网。按照表面贴装元器件在印制电路板上的位置及焊盘的形状，制作用于漏印焊膏的丝网。

　　2）丝网漏印焊膏。把焊膏丝网（或不锈钢模板）覆盖在印制电路板上，漏印焊膏。

　　3）贴装表面贴装元器件。采用手动、半自动或全自动贴片机，把 SMC、SMD 贴装到 SMB 规定的位置上，使它们的电极准确定位于各自的焊盘。

　　4）再流焊。用再流焊接设备进行焊接，在焊接过程中，焊膏熔化再次流动，充分浸润元器件和印制电路板的焊盘，焊锡溶液的表面引力使相邻焊盘之间的焊锡分离而不至于短路。

　　5）清洗。用超声波清洗机去除 SMB 表面残留的助焊剂，防止助焊剂腐蚀印制电路板。

　　6）检测。用专用检测设备对焊接质量进行检验。

　　2. 点胶—波峰焊工艺

　　点胶—波峰焊工艺的流程的特点是充分利用了双面板的空间，使得电子产品的体积进一步减小，且仍使用价格低廉的通孔元器件。但设备要求增多，波峰焊过程中缺陷较多，难以实现高密度组装。"点胶—波峰焊"工艺流程图如图 4-29 所示。

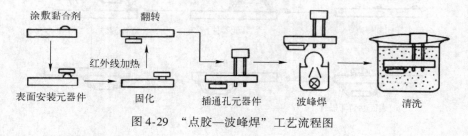

图 4-29 "点胶—波峰焊"工艺流程图

波峰焊工艺关键步骤说明如下：

1）安装印制电路板。将制作好的印制电路板固定在带有真空吸盘、板面有 XY 坐标的台面上。

2）点胶。采用手动、半自动或全自动点胶机，将黏合剂点在 SMB 上元器件的中心位置，要避免黏合剂污染元器件的焊盘。

3）贴装元器件。采用手动、半自动或全自动贴片机，把 SMC、SMD 贴装到 SMB 规定的位置上，使它们的电极准确定位于各自的焊盘。

4）烘干固化。用加热或红外线照射的方法，使黏合剂固化，把表面贴装元器件比较牢固地固定在印制电路板上。

5）波峰焊接。用波峰焊机对印制电路板上的元器件进行焊接。

6）清洗。用超声波清洗机去除 SMB 表面残留的助焊剂，防止助焊剂腐蚀印制电路板。

7）检测。用专用检测设备对焊接质量进行检验。

3. 混合安装工艺

目前，大部分的 SMT 印制电路板上还有含有引脚的元器件，因而不少是混合的安装工艺。图 4-30 所示为"混合安装"工艺流程。图中 QFP 为方形扁平封装芯片载体。

"混合安装"工艺流程特点是充分利用 PCB 双面空间，是实现安装面积最小化的方法之一，并仍保留通孔元器件，多用于消费类电子产品的组装。

4.4.3 表面安装的手工焊接工艺

在生产企业里，焊接表面安装元器件主要依靠自动焊接设备，但在产品维修或者研究者制作样机的时候，检测、焊接表面安装元器件都可能需要手工操作。

1. 手工焊接表面贴装元器件的常用工具及设备

1）焊接材料。手工焊接表面贴装元器件与焊接通孔插装元器件相比，焊接所用焊锡丝更细，一般直径为 0.5～0.8mm 的活性焊锡丝，也可以使用膏状焊料（焊锡膏），但要使用腐蚀性小、无残渣的免清洗助焊剂。

2）检测探针。一般测量仪器的表笔或探头不够细，可以配检测探针，探针前端是针尖，末端是套筒，使用时将表笔或探头插入探针，用探针测量电路会比较方便、安全。

3）电热镊子。电热镊子是一种专用于拆焊 SMC 的高档工具，如图 4-31 所示。它相当于两把组装在一起的电烙铁，只是两个电热心独立安装在两侧，接通电源后，捏合电热镊子夹住 SMC 元器件的两个焊端，加热头的热量熔化焊点，很容易把元器件取下来。

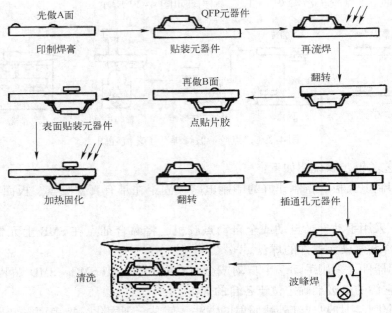

图 4-30 "混合安装"工艺流程图

图中文字：先做A面 印制焊膏 贴装元器件 QFP元器件 再流焊 翻转 再做B面 表面贴装元器件 点贴片胶 加热固化 翻转 插通孔元器件 清洗 波峰焊

4）真空吸锡枪。真空吸锡枪主要由吸锡枪和真空泵两大部分构成，如图4-32所示。吸锡枪的前端是中间空心的烙铁头，带有加热功能。按动吸锡枪手柄上的开关，真空泵即通过烙铁头中间的孔把熔化了的焊锡吸到后面的锡渣储存罐中，取下锡渣储存罐，可以清除锡渣。

图 4-31　电热镊子　　　　　　　　　　　图 4-32　真空吸锡枪

5）恒温电烙铁。SMC/SMD元器件对温度比较敏感，焊接时温度不能超过390℃，所以最好使用恒温电烙铁。由于片状元器件的体积小，烙铁头的尖端应该略小于焊接面，为防止感应电压损坏集成电路，电烙铁的金属外壳要可靠接地。

6）热风工作台。热风工作台是一种用热风作为加热源的半自动设备，用热风工作台很容易拆焊SMC/SMD元器件，比使用电烙铁方便得多，而且能够拆焊更多种类的元器件，热风工作台也能够用于焊接。

2. SMC/SMD元器件的手工焊接

SMC/SMD元器件的焊接与插装元器件的焊接不同，后者是通过引脚插入通孔，焊接时不会移位，且元器件与焊盘分别在印制电路板的两侧，焊接比较容易，贴片元器件在焊接过程中容易移位，焊盘和元器件在同一侧，焊接端子形状不一，焊盘细小，焊接技术要求高，焊接时必须细心、谨慎，提高精度。

（1）一般SMC/SMD元器件的手工焊接

电阻、电容和二极管等SMC/SMD元器件的手工焊接示意图如图4-33所示，主要包括如下步骤。

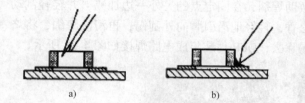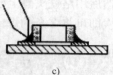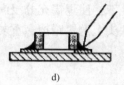

图4-33 手工焊接SMC/SMD元器件示意图

a）放置元器件 b）焊接一只引脚 c）焊接其余引脚 d）补焊

1）用镊子夹住待焊元器件，放置到印制电路板规定的位置，元器件的电极应对准焊盘，此时镊子不要离开，如图4-33a所示。

2）另一只手拿电烙铁，并在烙铁头上蘸一些焊锡，对元器件的一端进行焊接，其目的在于将元器件固定。元器件固定后，镊子可以离开，如图4-33b所示。

3）按照分立元器件点锡焊的焊接方法，焊接元器件的另一端。焊好后，再回到先前焊接的一端进行补焊，焊接完成后，要用2～5倍的放大镜，仔细检查焊点是否牢固，有无虚焊现象。假如焊件需要镀锡，先将烙铁尖接触待镀锡处约1s，然后再放焊料，焊锡熔化后立即撤回烙铁，如图4-33c、d所示。

用电烙铁焊接SMC/SMD元器件，最好用恒温电烙铁，若用普通电烙铁，烙铁的金属外壳要接地，防止感应电压损坏元器件，电烙铁的功率为25W左右，最高不超过40W，烙铁头要尖，带有抗氧化的长寿烙铁头为佳，焊接时间控制在3s内，所用焊锡丝直径为0.6～0.8mm，最大不超过1.0mm。

（2）SOP封装集成电路的手工焊接

SOP封装集成电路可采用电烙铁拉焊的方法进行焊接。拉焊时选用宽度为2.0～2.5mm的扁平式电烙铁头和直径为1.0mm焊锡丝，其步骤如下所述。

1）检查焊盘，焊盘表面要清洁，如有污物可用无水乙醇擦除。

2）检查IC引脚，若有变形，用镊子仔细调整。

3）将IC放在焊接位置上，此时应注意IC的方向，且各引脚应与其焊盘对齐，然后用点锡焊的方法先焊接其中的一两个引脚将其固定。当所有引脚与焊盘的位置无偏差时，方可进行拉焊。

4）一手持电烙铁由左至右对引脚焊接，另一只手持焊锡丝不断加锡，如图4-34所示。最后将引脚全部焊好。

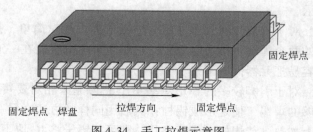

图4-34 手工拉焊示意图

拉焊时，烙铁头不可触及器件引脚根部，否则易造成短路，并且烙铁头对器件的压力不可过大，因处于"漂浮"在引脚的状态，利用焊锡张力，引导熔融的焊珠由左向右徐徐移动，拉焊过程中，电烙铁只能向一个方向移动，切勿往返，焊锡丝要紧跟电烙铁。

（3）QFP 封装集成电路焊接

在焊接 QFP 封装集成芯片时最好选用刀形烙铁头，焊接前，用少量焊锡涂在焊盘上，把芯片放在预定的位置上，然后使芯片准确地固定在焊盘上，然后给其他引脚涂上助焊剂，使用含松香芯等助焊剂的焊锡丝，焊前可不必涂敷助焊剂，在固定点的另外一边加锡，并轻轻刮动几下，使焊锡充分浸润，然后用烙铁头蘸上松香，轻轻地沿引脚向外刮锡，再清洗海绵，将烙铁头上的锡蹭掉，重复几次即可将多余的焊锡除去，QFP 封装集成电路焊接如图 4-35 所示。

图 4-35　QFP 封装集成电路焊接

a）使芯片准确地固定在焊盘上　b）给固定引脚加锡

c）用烙铁头蘸上松香，轻轻地沿引脚向外刮锡　d）用同样的方法将另外三边刮干净，焊接完成

3. 贴片元器件的手工拆除

（1）用电烙铁加热法拆焊

对于片状电阻、电容、二极管和晶体管等元器件，由于引脚较少，可采用电烙铁、吸锡器与镊子配合拆除，方法如下所述。

首先将吸锡线放在元器件一端的焊锡上，用电烙铁加热吸锡线，如图 4-36a 所示。吸锡线自动将焊锡吸走，然后再用电烙铁加热元器件的另一端，同时用镊子夹住贴片元器件并向上提，即可将贴片元器件拆卸下来，如图 4-36b 所示。最后，用吸锡线清理焊盘，如图 4-36c 所示。

对于二端片状元器件用电热镊子拆焊相对简单，拆焊时，捏住电热镊子夹住 SMC 元器件的两个焊端，接通电源后，它相当于两把组装在一起的电烙铁，加热头的热量熔化焊点，很容易把元器件取下来。

对于引脚较多的 SOP 封装 IC，拆除起来相对要费时间多些，首先在 IC 的一边引脚上加足够的焊锡，使之形成锡柱；然后用同样的方法在另一边引脚也形成锡柱；再用电烙铁在锡柱上加热，待锡柱变成液态状，即可用镊子将 IC 取下；最后用吸锡线清理焊盘。

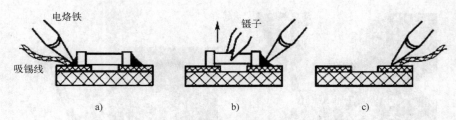

图 4-36　贴片元器件手工拆除

a）加热吸锡线将焊锡吸走　b）加热元器件的另一端并上提　c）吸锡线清理焊盘

使用专用加热头拆引脚较多的集成电路，如采用长条加热头可以拆焊翼型引脚的 SO、SOL 封装的集成电路，S、L 型加热头配合相应的固定基座，可以拆除 SOT 晶体管和 SO、SOL 封装的集成电路。拆除 QFD 集成电路要根据芯片的大小和引脚数目选择不同规格的加热头。

（2）用热风工作台拆焊

用热风工作台拆焊 SMC/SMD 元器件相比较而言更容易操作，热风工作台的热风筒上可以装配各种专业热风嘴，用于拆除不同尺寸、不同封装方式的芯片。用热风工作台进行拆焊的具体步骤是：选择合适的喷嘴，按下热风工作台电源开关，调整热风台面板上的旋钮，选择合适的温度和风量，这时热风嘴吹出的热风就能够拆焊 SMC/SMD 元器件，用镊子或芯片拔启器夹住并取下被加热的元器件。

用热风工作台拆焊集成电路芯片的示意图如图 4-37 所示。其中图 4-37a 是用于拆焊 PLCC 封装芯片的热风嘴；图 4-37b 是用于拆焊 QFP 封装芯片的热风嘴；图 4-37c 是用于拆焊 SOT 封装芯片的热风嘴；图 4-37d 是一种针管状的热风嘴，针管状的热风嘴应用面较宽，不仅可用于拆焊两端元器件，有经验的操作者可灵活地用其拆焊各种集成电路芯片。

热风工作台的温度与送风量旋钮调整方法如下：

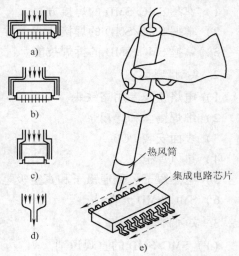

图 4-37　热风工作台拆焊集成电路芯片的示意图

按下热风工作台的电源开关，调整热风工作台面板上的旋钮，使热风的温度和送风量适中，一般初学者在使用时，应把"温度""送风量"旋钮置于中间位置，即"温度"旋钮在刻度"4"左右，"送风量"旋钮在刻度"3"左右。用热风嘴吹出的热风拆焊微型元器件的过程如图 4-38 所示。

注意：使用热风工作台拆焊元器件时，要注意温度高低和送风量大小的调整：若热风的温度过低，则势必增加熔化焊点的时间，这样反而会让过多的热量传到芯片内部，容易损坏元器件；若热风的温度过高，则可能会烤焦印制电路板或损坏元器件。若送风量过小，则会使加热时间明显延长；若送风量过大，则可能会使周围元器件受到影响，甚至把周围元器件吹跑。

a)   b)

图 4-38　使用热风工作台拆焊元器件

a）在拆焊元器件上方转动　b）待芯片引脚焊锡熔化时，用镊子将芯片取下

4.5　实训　SMC /SMD 的手工焊接

1. 实训目的

1）熟悉 SMC/SMD 的焊接方法。

2）掌握 SMC/SMD 的焊接技能。

3）掌握 SMC/SMD 的拆焊技能。

2. 实训器材

1）电烙铁及专用烙铁头　　　　　　　　　　　1 套。

2）细焊锡丝和焊锡浆　　　　　　　　　　　　若干。

3）表面安装 PCB　　　　　　　　　　　　　　1 块。

4）热风焊枪　　　　　　　　　　　　　　　　1 台。

5）电热镊子、普通镊子和真空吸笔等工具　　　1 套。

6）SMC/SMD 元器件　　　　　　　　　　　　若干。

3. 实训内容、步骤

（1）SMC/SMD 的直观识别

1）准备一块有大量 SMC/SMD 的电路整机板，比如：彩色电视机调谐（高频头）电路板。

2）对各类 SMC/SMD 的类型以及引脚顺序等进行识别。

3）做好记录。某彩色电视机调谐（高频头）印制电路板图如图 4-39 所示。

（2）片状集成电路的引脚识别

1）首先要在芯片上找到标志孔。

2）然后将芯片有字模一面按书写方向面对自己。

3）从标志孔处开始按从左到右和逆时针方向进行计数。集成电路的引脚识别如图 4-40 所示。

（3）片式元件的拆除

图 4-39 印制电路板图

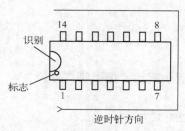 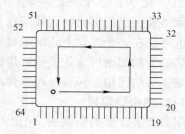

图 4-40 集成电路的引脚识别

1）在电热镊子上安装形状、尺寸合适的热夹烙铁头。

2）把烙铁头的温度设定在 300℃ 左右，可以根据需要作适当改变。

3）清除烙铁头上的氧化物和残留物。

4）把烙铁头放置在片式元器件的上方，并夹住元器件的两端与焊点相接触。

5）当两焊点完全熔化时，提起元器件。

6）把拆下的元器件放置在耐热的容器中。

（4）片式元器件的焊接

1）选用合适的电烙铁。

2）烙铁头的温度控制在 280℃ 左右，可以根据需要作适当改变。

3）在印制电路板的两个焊盘上涂助焊剂。

4）清除烙铁头上的氧化物和残留物。

5）用电烙铁在一个焊盘上施加适量的焊锡。

6）用镊子夹住片式元器件，并用电烙铁将元器件的一端与已经上锡的焊盘连接，把元器件固定。

7）用电烙铁和焊锡把元器件另一端与焊盘焊好。

8）分别把元器件两端与焊盘焊好。

（5）SOP、QFP 和 PLCC 芯片的拆除

1）去除绝缘层（如有），清洁工作面的污物、氧化物。

2）切除并移离 PLCC 管座上的塑料底壳。

3）将合适的热风头安装在热风枪上。

4）设置加热器温度约 300℃，设置热风头的风压，以能将大约 0.5cm 外的薄纸烧枯为宜。

5）将热风枪置于器件上方 0.5cm 处，热风枪绕焊盘做圆周运动，直到观察到焊锡熔化。

6）焊锡熔化后，用吸盘或真空笔取下器件。

7）把拆下的元器件放置在耐热的容器中。

（6）SOP 和 QFP 芯片的手工焊接

1）选用带凹槽的烙铁头，并把温度设定在 280℃ 左右。

2）用真空吸笔或镊子把 SOP 或 QFP 芯片安放在印制电路板上，使元器件的引脚和印制电路板上的焊盘对齐。

3）在 SOP 或 QFP 芯片涂助焊剂。

4）清除烙铁头上的氧化物和残留物。

5）用电烙铁在一个焊盘上施加适量的焊锡。

6）在烙铁头的凹槽内施加适量的焊锡。

7）将烙铁头的凹槽面轻轻接触器件的上方并缓缓拖动，把引脚焊好。

（7）PLCC 的组装焊接

1）选用刀型或铲型的烙铁头，把温度设定在 280℃ 左右。

2）用真空吸笔或镊子把 PLCC 芯片安放在印制电路板上，使元器件的引脚和印制电路板上的焊盘对齐。

3）在 PLCC 芯片涂助焊剂。

4）清除烙铁头上的氧化物和残留物。

5）用焊锡把 PLCC 的对角引脚与焊盘焊接以固定元器件。

6）用电烙铁和焊锡把 PLCC 的四边的引脚与焊盘焊接好。

4.6　习题

1. 什么是表面安装技术？它有哪些优越性？

2. SMC 和 SMD 各包括哪些器件？

3. SMD 集成电路封装方式主要有哪些？

4. 表面安装工艺对黏合剂有哪些要求？

5. 表面安装工艺中如何选择焊锡膏？

6. 简述贴片机的基本结构及作用。

7. 简述在流焊工艺的焊接过程。

8. 简述"锡膏—再流焊"的工艺流程。

9. 简述"点胶—波峰焊"的工艺流程。

10. 如何进行表面贴装元器件的手工焊接？

11. 如何进行表面贴装元器件的手工拆焊？

第5章　电子产品的整机装配

电子产品的整机装配是将各种电子元器件、机电器件以及结构件，按照设计要求，安装在规定的位置上，组成具有一定功能的电子产品的过程。

一个电子产品的质量是否合格，其功能和各项技术指标能否达到设计规定要求，与电子产品装配的工艺是否达到要求有直接关系，因此，电子产品的装配要遵循装配原则，按照整机装配要求和工艺流程进行。

5.1　工艺文件

5.1.1　工艺文件概述

工艺文件是企业组织生产、指导操作和进行工艺管理的各种技术文件的统称。具体来讲，按照一定的条件选择产品最合理的工艺过程（即生产过程），将实现这个工艺过程的程序、内容、方法、工具、设备、材料以及各个环节应该遵守的技术规程，用文字、图表形式表示出来，称为工艺文件。

1. 工艺文件分类

根据电子产品的特点，工艺文件通常可以分为基本工艺文件、指导技术的工艺文件、统计汇编资料和管理工艺文件4类。

（1）基本工艺文件

基本工艺文件是供企业组织生产、进行生产技术准备工作的最基本的技术文件，它规定了产品的生产条件、工艺路线、工艺流程、工具设备、调试及检验仪器、工艺装置和工艺定额。一切在生产过程中进行组织管理所需要的资料，都要从中取得有关的数据。

基本工艺文件应该包括如下内容。

① 零件工艺过程。

② 装配工艺过程。

③ 元器件工艺表、导线及加工表等。

（2）指导技术的工艺文件

指导技术的工艺文件是不同专业工艺的经验总结，或者是通过生产实践编写出来的用于指导技术和保证质量的技术条件，主要包括如下内容。

① 专业工艺规程。

② 工艺说明及简图。

③ 检验说明（方式、步骤和程序等）。

（3）统计汇编资料

统计汇编资料是为企业管理部门提供的各种明细表，作为管理部门规划生产组织、编制生产计划、安排物资供应、进行经济核算的技术依据，主要包括如下内容。

① 专用工装。

② 标准工具。

③ 材料消耗定额。

④ 工时消耗定额。

（4）管理工艺文件

管理工艺文件用的格式包括如下内容。

① 工艺文件封面。

② 工艺文件目录。

③ 工艺文件更改通知单。

④ 工艺文件明细表。

2. 工艺文件的成套性

电子产品工艺文件的编制不是随意的，应该根据产品的生产性质、生产类型、产品的复杂程度、重要程度及生产的组织形式等具体情况，按照一定的规范和格式编制配套齐全，即应该保证工艺文件的成套性。

电子产品大批量生产时，工艺文件就是指导企业加工、装配、生产路线、计划、调度、原材料准备、劳动组织、质量管理、工模具管理和经济核算等工作的主要技术依据，所以工艺文件的成套性在产品生产定型时尤其应该加以重点审核。

一项产品的工艺文件有多种，为方便查阅应装订成册。成册时，可按设计文件所划分的整件为单元进行成册，也可按工艺文件中所划分的工艺类型为单元进行成册，同时也可以根据其实际情况按上述两种方法进行混合交叉成册。成册的册数根据产品的复杂程度可成为一册或若干册。总册应有总封面及总目录，而每一分册也应具有单独的封面和目录。

5.1.2　工艺文件的格式

1. 工艺文件的标准化

标准化是企业制造产品的法规，是确保产品质量的前提，是实现科学管理、提高经济效益的基础。我国电子制造企业依照的标准分为 3 级，即国家标准（GB）、专业标准（ZB）和企业标准。

1）国家标准是由国家标准化机构制定，全国统一的标准，主要包括：重要的安全和环境保证标准；有关互换、配合和通用技术语言等方面的重要基础标准；通用的试验和检验方法标准；基本原材料标准；重要的工农业产品标准；通用零件、部件、元件、器件、构件、配件和工具、量具的标准；被采用的国际标准。

2）专业标准也称行业标准，是由专业化标准主管机构或标准化组织（国务院主管部门）批准、发布，在行业范围内执行的统一标准。专业标准不得与国家标准相抵触。

3）企业标准是由企业或其上级有关机构批准、发布的标准。企业正式批量生产的一切产品，假如没有国家标准、专业标准的，必须制定企业标准，为提高产品的性能和质量，企业标准的指标一般都高于国家标准和专业标准。

电子产品技术标准的主要内容有电气性能、技术参数、外形尺寸、使用环境及适用范围等。技术标准要按国家标准、专业标准和企业标准制定，并通过主管部门审批后颁布，是指导产品生产的技术法规,体现对产品质量的技术要求。任何电子产品都必须严格符合有关标准确保质量。

2. 工艺文件的格式要求

工艺文件包括专业工艺规程、各具体工艺说明及简图、产品检验说明(方式、步骤和程序等),这类文件一般有专用格式,工艺文件的格式要求如下:

1)工艺文件要有一定的格式和幅面,图幅大小应符合有关标准,并保证工艺文件的成套性。

2)文件中的字体要正规,图形要正确,书写应清楚。

3)所用产品的名称、编号、图号、符号、材料和元器件代号等应与设计文件保持一致。

4)安装图在工艺文件中可以按照工序全部绘制,也可以只按照各工序安装件的顺序,参照设计文件安装。

5)线把图尽量采用1:1的图样,以便于准确捆扎和排线。大型线把可用几幅图样拼接,或用剖视图标注尺寸。

6)在装配接线图中连接线的接点要明确,接线部位要清楚,必要时产品内部的接线可假设移出展开。各种导线的标记由工艺文件决定。

7)工序安装图基本轮廓相似、安装层次表示清楚即可,不必完全按实样绘制。

8)焊接工序应画出接线图,各元器件的焊接点方向和位置应画出示意图。

9)编制成的工艺文件要执行审核、批准等手续。

10)当设备更新和进行技术革新时,应及时修订工艺文件。

3. 工艺文件的编号及简号

工艺文件的编号是指工艺文件的代号,简称为"文件代号",它由3部分组成:企业的区分代号、该工艺文件的编制对象的十进制分类编号和检验规范的工艺文件简号,必要时工艺文件简号可以加区分号予以说明,如图5-1所示。

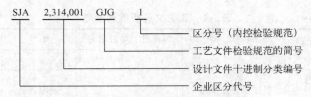

图 5-1　工艺文件的编号及简号

第一部分是企业区分代号,由大写的汉语拼音字母组成,用以区分编制文件的单位,例如图中的"SJA"即上海电子计算机厂的代号。

第二部分是设计文件十进制数分类编号。

第三部分是工艺文件的简号,由大写的汉语拼音字母组成,用以区分编制同一产品的不同种类的工艺文件,图中的"GJG"即是工艺文件检验规范的简号。

区分号:当同一简号的工艺文件有两种或两种以上时,可用标注区分号(数字)的方法加以区分。

4. 工艺文件的签署规定

工艺文件的签署栏供有关责任者签署使用,归档产品文件签署栏的签署责任人应对所签署的工艺文件负相应的责任。签署栏主要内容包括：拟制、审核、标准化审查和批准。

（1）签署者的责任

1）拟制签署者的责任：拟制签署者应对所编制的工艺文件的正确性、合理性、完整性、经济性和安全性等负责。

2）审核签署者的责任：审核编制依据的正确性、工艺方案的合理性和专用工艺装备选用的必要性是否符合工艺方案的原则，操作的安全性、工艺文件的完整性，是否贯彻了标准和有关规定。

3）批准签署者的责任：批准签署者应对工艺文件的内容负责，如工艺方案的选择是否能产出质量稳定可靠的产品；工艺文件的完整性、正确性、合理性及协调性；质量控制的可靠性、安全、环境保护是否符合现行的规定；工艺文件是否贯彻了现行标准和有关规章制度等。

4）标准化签署者的责任：标准化签署者对工艺文件是否贯彻了现行标准、标准化资料和有关规章制度；工艺文件的完整性和签署是否符合规定；工艺文件是否最大限度的采用了典型的工艺；工艺文件采用的材料、工具是否符合现行的标准等方面负责。

（2）签署的要求

签署人应在规定的签署栏中签署，各级签署人员应严肃认真，按签署的技术责任履行职责，不允许代签或冒名签署。

5. 工艺文件的更改

1）工艺文件的更改应遵循的原则如下所述。

①保证生产的顺利进行；②保证更改后能更加合理；③保证底图、复印图相一致；④更改要有记录，便于在必要时查明更改原因。

2）拟制工艺文件更改通知单：更改通知单由工艺部门拟发，并按规定的签署手续进行更改。其内容应能反映出更改前后的情况，更改的相关部位要表示清楚。若更改涉及其他技术文件，则应同时拟发相应的更改通知单，进行配套更改。工艺文件更改通知单格式如表 5-1 所示。

表 5-1　工艺文件更改通知单

更改单号	工艺文件更改通知单	产品名称、型号	零部件、整件名称	图号	第　页
					共　页
生效日期	更改原因	通知单分发单位		处理意见	
更改标记	更改前		更改标记	更改后	
拟制		日期		审核		日期		批准		日期	

5.1.3　工艺文件的编制

1. 编制工艺文件的原则

编制工艺文件应以保证产品质量，稳定生产为原则，应以采用最经济最合理的工艺手段进行加工为原则。具体如下所述。

① 要根据产品批量大小和复杂程度区别对待。如对单件小批量生产，编制内容要简单扼要，对大批量生产编制要完整、科学细致。

② 要考虑生产车间的组织形式、设备条件和工人的技术水平等情况，使文件编制的深度适当。

③ 对于未定型的产品，可不编制工艺文件。

④ 工艺文件应以图为主，使操作者一目了然，便于操作，必要时可加注简要说明。

⑤ 凡属于应知应会的工艺规程内容，工艺文件中不再编写。

2. 编制工艺文件的方法及要求

在编制整机工艺文件时，要仔细分析设计文件的技术条件、技术说明、原理图、安装图、接线图、线扎图及有关的零、部件图等。

编制时先考虑准备工序，如各种导线的加工处理、元器件引线成形、浸锡、各种组合件的装接和印标记等，编制出准备工序的工艺文件。凡不适合直接在流水线上装配的元器件，可安排在准备工序里去做。

接下来考虑总装的流水线工序。先确定每个工序的所需工时，然后确定需要用几个工序（工时与工序的多少主要考虑日产量和生产周期）。要仔细考虑流水线各工序的平衡性，安排要顺手，最好是按局部分片分工，尽可能不要上下翻动机器，正反面都装焊。

编制工艺文件还要注意以下要求：

① 编制的工艺文件要做到准确、简明、统一、协调并注意吸收先进技术，选择科学、可行和经济效果最佳的工艺方案。

② 工艺文件中所采用的名词、术语、代号和计量单位要符合现行国标或部标规定。

③ 工艺附图要按比例绘制并注明完成工艺过程所需要的数据（如尺寸等）和技术要求。

④ 尽量引用部颁通用技术条件和工艺细则及企业的标准工艺规程。最大限度地采用工装或专用工具、测试仪器和仪表。

⑤ 易损或用于调整的零件、元器件要有一定的备件。视需要注明产品存放、传递过程中必须遵循的安全措施与使用的工具、设备。

⑥ 编制关键件、关键工序及重要零、部件的工艺规程时，要指出准备内容、装联方法、装联过程中的注意事项以及使用的工具、量具和辅助材料等。视需要进行工艺会签，以保证工序间的衔接和明确分工。

3. 电子工艺文件的内容

在电子产品的生产过程中一般包含准备工序、流水线工序和调试检验工序，工艺文件应按照工序编制具体内容。

（1）准备工序工艺文件的编制内容

准备工序工艺文件的编制内容主要是针对电子产品的装配和焊接工序，其编制内容主要如下所述。

① 元器件的筛选。

② 元器件引脚的成形和上锡。

③ 导线的加工。

④ 线把的捆扎。

⑤ 地线成形。

⑥ 电缆制作。

⑦ 剪切套管。

⑧ 打印标记等。

（2）流水线工序工艺文件的编制内容

流水线工序工艺文件的编制内容如下所述。

① 确定流水线上需要的工序数目。

② 确定每个工序的工时。一般小型机每个工序的工时不超过 5min，大型机不超过 30min。

③ 工序顺序应合理，省时、省力和方便。

④ 安装和焊接工序应分开。

（3）调试检验工序工艺文件的编制内容

调试检验工序工艺文件的编制内容如下所述。

① 标明测试仪器、仪表的种类、等级标准及连接方法。

② 标明各项技术指标的规定值及其测试条件和方法，明确规定该工序的检验项目和检验方法。

4. 常见工艺文件

（1）工艺文件封面

工艺文件的封面要在工艺文件装订成册时使用。简单的电子设备可按整机装订成一册，复杂的电子设备可按分机单元分别装订成册。

工艺文件的封面上，可以看出产品型号、名称、工艺文件的主要内容以及册数、页数等内容，如图 5-2 所示。

图 5-2　工艺文件封面

（2）工艺文件目录

工艺文件的目录是工艺文件装订顺序的依据。目录既可作为移交工艺文件的清单，也便于查阅每一种组件、部件和零件所具有的各种工艺文件的名称、页数和装订次序。

工艺文件目录举例如表 5-2 所示。

表 5-2　工艺文件目录

××公司工艺文件		产品名称					产品图号	
工艺文件目录		产品型号					第　册	第　页
序号	文件代号	零件、部件、整件图号				页数	备注	
1	G1	工艺文件封面				1		
2	G2	工艺文件目录				2		
3	G3	工艺路线表				3		
4	G4	工艺流程图				4		
5	G5	导线加工工艺				5		
6	G6	装配工艺卡				7		
7	G7	元器件工艺表				9		

底图总号		更改标记	数量	文件号	签名	日期	签名	日期
							拟制	标准化
日期	签名						审核	
							检验	批准
							批准	

（3）材料配套明细表

材料配套明细表用来说明元整件或部件装配时所需用的各种元器件以及元器件的种类、型号、规格和数量等。配套明细表中可以看出一个元整件或部件是由哪些元器件和构件构成。配套明细表举例如表 5-3 所示。

表 5-3　材料配套明细表

××公司工艺文件		产品名称				产品图号		
材料配套明细表		产品型号				第　册		第　页
元器件清单				结构件清单				
序号	编号	名称、规格	数量	序号	编号	名称、规格		数量
1	R1	RT－1/8W－100kΩ	1	1		磁棒支架		1
2	R2	RT－1/8W－1kΩ	1	2		调谐盘		1
3	R3	RT－1/8W－15kΩ	2	3		扬声器导线		2
4	R4	RT－1/8W－10kΩ	2	4		PCB		1
5	R5	RT－1/8W－30kΩ	1	5		电位器盘		1
6	C6	CD－16V－4.7μF	2	6		后盖		1

××公司工艺文件	产品名称					产品图号	
材料配套明细表	产品型号					第　册	第　页
元器件清单				结构件清单			
底图总号	更改标记	数量	文件号	签名	日期	签名	日期
						拟制	标准化
日期	签名					审核	
						检验	批准
						批准	

（4）工艺路线表

工艺路线表是能简明列出产品零、部和组件生产过程中由毛坯准备到成品包装，在工厂内外顺序经过的部门及各部门所承担的工序，并且列出零、部和组件的装入关系的一览表。它的主要作用：①生产计划部门作为车间分工和安排生产计划的依据，并据此建立台账，进行生产调度。②作为工艺部门专业工艺员编制工艺文件分工的依据。工艺路线表举例如表5-4所示。

表5-4　工艺路线表

××公司工艺文件	产品名称					产品图号	
工艺路线表	产品型号					第　册	第　页
序号	图号	名称	装入关系	部件用量	工件用量	工艺路线及内容	备注
1		元器件加工	基板插件焊接				
2		导线加工	正极片导线				
3			负极片导线				
4		基板组件	基板装配				
5		电位器组件					
6							
底图总号		更改标记	数量	文件号	签名	日期	签名	日期
							拟制	标准化
日期	签名						审核	
							检验	批准
							批准	

（5）元器件工艺表

元器件工艺表是用来对新购进的元器件进行预加工的汇总表，其目的是为了提高插装的装配效率和适应流水线生产的需要。在元器件工艺表中可以看出元器件引线进行折弯的预加工尺寸及形状。元器件工艺表举例如表5-5所示。

表5-5　元器件工艺表

××公司工艺文件	产　品　名　称		产　品　图　号	
元器件工艺表	产品型号		第　册	第　页

简图

序号	位	名称、号、规格	A端	B端	正端	负端	数量	备注
1	R1	$RT-1/8W-100k\Omega$	10	10			1	
2	R2	$RT-1/8W-10k\Omega$	10	10			1	
3	R3	$RT-1/8W-1k\Omega$	12	12			1	
4	C4	$CD-16V-4.7\mu F$	8	8			1	

底图总号	更改标记	数量	文件号	签名	日期	签名		日期
						拟制		标准化
日期	签名					审核		
						检验		批准
						批准		

（6）导线加工工艺表

导线加工工艺表是整机产品、分机、整件、部件进行系统的、内部的电路连接所应准备的各种各样的导线、扎线和电缆等加工汇总表，是企业组织生产、进行车间分工和生产技术准备工作的最基本的依据。在导线加工工艺表中可以看出导线剥头尺寸和焊接去向等内容。导线加工工艺表举例如表5-6所示。

表 5-6　导线加工工艺表

××公司工艺文件		产 品 名 称						产 品 图 号	
导线加工工艺表		产 品 型 号						第　册	第　页
序号	编号	名称、规格	颜色	数量	长度	A 端剥头	B 端剥头	A 端焊接去向	B 端焊接去向
1	1-1	塑料线 AVR1×12	红	1	50mm	5mm	5mm	电位器	印制电路板 A
2	1-2	塑料线 AVR1×12	黑	1	50mm	5mm	5mm	扬声器（+）	负极弹簧
3									
4									
5									
6									
底图总号		更改标记	数量	文件号	签名	日期	签名		日期
							拟制		标准化
日期	签名						审核		
							检验		批准
							批准		

（7）装配工艺卡

装配工艺卡用来说明整件的机械装配和电气连接的装配工艺全过程。在装配工艺卡中可以看到具体器件的装配步骤和工装设备等内容。装配工艺卡举例如表 5-7 所示。

表 5-7　装配工艺卡

××公司工艺文件		产 品 名 称					产 品 图 号	
材料配套明细表		产 品 型 号					第　册	第　页
负极弹簧组件				工序内容、步骤				
序号	名称、规格	数量	车间	内容要求		工装		工时
1	负极弹簧	1		导线焊在弹簧尾端5mm处		电烙铁		1
2	导线（黑）	1		打结后长度为41.5mm				
3	焊锡丝			焊点牢固、光亮				

图示

黑 41.5mm

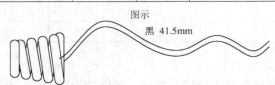

底图总号		更改标记	数量	文件号	签名	日期	签名		日期
							拟制		标准化
日期	签名						审核		
							检验		批准
							批准		

（8）工艺说明及简图

用来编制在其他格式上难以表达清楚、重要的和复杂的工艺。对某一具体零、部和整件提出技术要求，也可以作为其他表格的补充说明。因此，本格式要有明确的产品对象。工艺说明及简图举例如表5-8所示。

表5-8　工艺说明及简图

××公司工艺文件	产品名称		产品图号	
工艺说明及简图	产品型号		第　册	第　页
PCB板装配位置				

图示

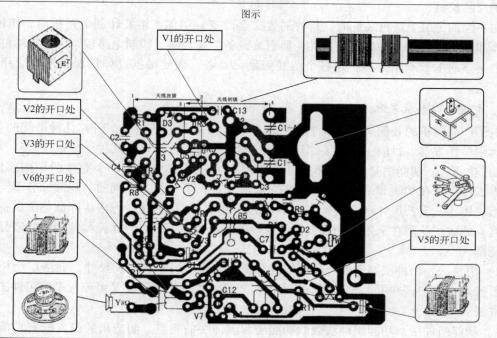

底图总号	更改标记	数量	文件号	签名	日期	签名	日期
						拟制	标准化
日期	签名					审核	
						检验	批准
						批准	

5.2　电子产品整机装配基础

5.2.1　整机装配的内容与方法

1. 电子产品整机装配内容

电子产品整机装配的主要内容包括产品单元的划分，元器件的布局，元器件、线扎和零部件的加工处理，各种元器件的安装、焊接、零部件、组合件的装配及整机总装。在装配过

133

程中根据装配单元的尺寸大小、复杂程度和特点的不同，可将电子产品的装配分成不同的组装级别。

1）第1级（元器件级）：指电路元器件和集成电路的装配，装配级别最低，其特点是结构不可分割。

2）第2级（插件级）：用于组装和互连第1级元器件，如装有元器件的印制电路板或插件等。

3）第3级（插箱板级）：用于安装互连第2级组装的插件或印制电路板部件。

4）第4级（箱柜级）：通过电线电缆、连接器互连第2、3级组装，构成具有一定功能的电子产品整机。

在不同的等级上进行装配时，构件的含义会改变。例如，组装印制电路板时，电阻器、电容器和晶体管等元器件是组装构件，而组装设备的底板时，印制电路板则为组装构件。对于某个具体的电子产品，不一定各个组装级别都具备，而要根据具体情况来考虑应用到哪一级。

2. 电子产品整机装配方法

电子产品整机的装配应根据其工作原理、结构特征和生产条件，研究几种可能的方案，选取其中最佳方案。目前，从组装原理上分，整机装配方法有以下几种。

1）功能法。功能法是将电子产品中具有某种功能的部分放在一个完整的结构部件内。这种方法使部件在功能和结构上都是完整的，便于生产和维修。不同的功能部件有不同的结构外形、体积、安装尺寸和连接尺寸，难有统一的规定，因为这种方法将降低整个设备的组装密度。此法广泛用在采用电子真空器件的设备上，也适用于以分立元器件为主的产品和终端功能部件上。

2）组件法。组件法制造的产品部件具有统一的外形尺寸和安装尺寸，此法广泛用于统一电气安装工作中，并可大大提高安装密度。组件法根据实际需要又可分为平面组件法和分层组件法。

3）功能组件法。功能组件法兼顾功能法和组件法的特点，制造出的组件既有功能完整性又有规范化的结构尺寸。

5.2.2 整机装配的工艺流程

电子产品的整机装配在整个电子产品生产过程中起着非常重要的作用。整机装配的工艺流程是否合理直接影响产品的质量和制造成本，整机组装的过程因设备的种类、规模不同，其构成也不同，但基本过程大同小异，可以分为"装配准备""连接线的加工与制作""印制电路板装配""单元组件装配""箱体装联""整机调试"和"最终验收"等几个重要阶段。

（1）装配准备

"装配准备"主要就是根据电子产品的生产特点、生产设备以及生产规模，确定装配工艺文件，对装配过程中需要的装配件、紧固件以及连接线缆等从数量和质量两方面进行准备。

"数量上"的准备就是要保证装配过程中零部件的配套。"质量上"的准备就是对装配的零部件要进行质量检验，严把质量关，任何未经检验合格的零部件都不得安装或使用，对已检验合格的装配零部件做好清洁工作。

（2）连接线的加工与制作

"连接线的加工与制作"主要就是按照设计文件，对整个装配过程中用到的各类数据线、导线和连接线等进行加工处理，使其符合当前电子产品的工艺要求。由于在电子元器件的安装、印制电路板的装接以及箱体装联等阶段都需要数据线的连接、布设等，因此，连接线质量直接关系生产过程的顺利进行。除了要严格确保连接的质量外，连接线的规格、尺寸和数量等都有着严格的要求。

（3）印制电路板装配

"印制电路板装配"在整个电子产品总装过程中是非常重要的一个环节。它是将电容器、电阻器、晶体管、集成电路以及其他各类元器件，按照设计文件的要求安装在印制电路板上。这一过程是电子产品装配中最基础的装配。

（4）单元组件装配

单元组件装配就是在"印制电路板装配"的基础上，将组装好的基础功能印制电路板通过接口或数据连线等方法组合成具有综合功能特性的单元组件。例如，电视机中的电源电路、功能单元组件等都是在这一环节装配完成的。

（5）箱体装联

"箱体装联"就是在"单元组件装配"的基础上，将组成电子产品的各种单元组件组装在统一的箱体、柜体或其他承载体中，最终完成一件完整的电子产品。

在这一过程中，除了要完成单元组件间的装配外，还需要对整个箱体进行布线、连线，以方便各组件之间的线路连接。箱体的布线要严格按照设计要求，否则会给安装以及以后的检测、保养和维护工作带来不便。

（6）整机调试

电子产品组装完成后，就需要对整机进行调试。"整机调试"主要包括"调整"和"测试"两部分工作。

"调整"包括"功能调整"和"电气性能调整"两部分内容。"功能调整"就是对电子产品中的可调整部分（如可调元器件、机械传动器件等）进行调整，使其能够完成正常的工作状态。"电气性能调整"是指对整机的电性能进行调整，使整台电子产品能够达到规定的工作状态。

"测试"是对组装好的整机进行功能和性能的综合检测，如整体测试产品是否能够达到规定技术指标，是否能够完成预定工作等。

通常，电子产品的"调整"和"测试"是综合进行的，即在调整的过程中不断测试，看是否能够达到预期目标，如果不能则继续调整，直到最终符合设计要求。

（7）检验

"检验"是对调整好的整机进行各方面的综合检测，确定该产品是否为合格产品。也就是说，只有检验合格的产品才能进行出厂包装，否则将作为不合格产品处理。

实际上，在整机总装的过程中，每一个环节都需要检测验收。在"装配准备"工作中，就需要对装配时所使用的各种零部件进行质量检测，检测合格的产品才能作为原材料送到下一个工序。

5.2.3 整机装配生产流水线

1. 生产流水线

整机装配生产流水线是把一部整机的装联、调试工作划分成若干个简单操作，每一个装配人员完成指定操作。在流水操作工序划分时，应注意每人所用操作的时间应相等，这个时间称为流水的节拍。

装配的产品在流水线上移动的方式有多种，传送带运送方式是常用的，装配操作人员把装配产品从传送带上取下，按规定的时间装联后再放到传送带上，进行下一个操作。

传送带的运动方式有两种：一种是间歇运动（即定时运动），另一种是连续均匀运动，每个装配操作人员必须按照规定的时间节拍进行操作。

2. 流水线的工作方式

目前，电子产品的生产大都采用印制电路板插件流水线的方式。插件形式有自由节拍形式和强制节拍形式两种。

自由节拍形式：是由操作者控制流水线的节拍来完成操作工艺。这种方式的时间安排比较灵活，但生产效率低。

强制节拍形式：是指插件板在流水线上连续运行，每个操作人员必须在规定的时间内把要求插装的元器件、零件准确无误地插到印制电路板上。这种流水线方式，工作内容简单，动作单纯，记忆方便，可减少差错，提高工效。

有一种回转式环形强制节拍插件焊接线，是将印制电路板放在环形连续运转的传送线上，由变速器控制链条拖动，工装板与操作人员呈 15°～27°，其角度可调。工位间距也可按需要自由调节。生产时，操作人员环坐在流水线周围进行操作，每人装插产品组件的数量可调。

目前已有不用插装工艺，而使用一种导电胶，将组件直接胶合在印制电路板上的新方法。其装配效率较流水线插装方式有很大提高。

5.3 印制电路板的装配

电子产品整机装配是以印制电路板为中心展开的，印制电路板的装配是电子产品整机装配的基础和关键，它直接影响电子整机的质量。印制电路板的装配工艺是根据工艺文件和工艺规程的要求将电子元件按一定方向和次序插装（或贴装）到印制电路板规定的位置上，并用紧固件或锡焊的方法将其固定的过程。

5.3.1 印制电路板装配的工艺流程

根据电子产品的生产性质、生产批量和设备条件不同等，需采取不同的印制电路板组装工艺。常用的组装工艺有手工装配和自动装配。

1. 手工装配

在产品的样机试制阶段或小批量试生产时，印制电路板装配主要靠手工操作，即操作者把散装的元器件逐个装到印制电路板上。手工装配根据生产阶段和生产批量的不同，分为手工独立插装和流水线手工插装两种方式。

（1）手工独立插装

手工独立插装是操作者一人完成一块印制电路板上全部元器件的插装及焊接等工序的装配方式。其操作顺序是：待装元件→引线整形→插件→调整、固定位置→焊接→剪切引线→检验。

手工独立插装方式可以不受各种限制而广泛应用于各种工序或场合，但速度慢，效率低，易出差错，不适合现代化大批量生产。

（2）流水线手工插装

流水线手工插装是把印制电路板的整体分配分解成若干道简单的工序，每个操作者在规定的时间内，完成指定的工作量的插装过程。

一般工艺流程是：

每拍元件插入→全部元器件插入→1次性切割引线→1次性锡焊→检查。

其中的引线切割一般用专用设备（割头机）一次切割完成，锡焊通常用波峰焊机完成。目前，大多数电子产品的生产都采用印制电路板插件流水线的方式。插件形式有自由节拍形式和强制节拍形式。

2. 自动装配工艺流程

设计稳定且大批量生产的产品宜采用自动装配方式。自动装配一般使用自动或半自动插件机和自动定位机等设备。自动装配和手工装配的过程基本上是一样的，通常都是从印制基板上逐一插装元器件，构成一个完整的印制电路板，不同的是，自动装配要求限定元器件的供料形式，整个插装过程由自动装配机完成。

（1）自动插装工艺过程框图如图5-3所示

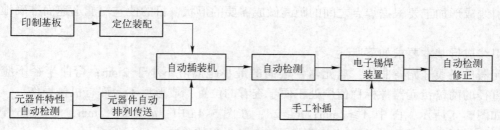

图5-3 自动插装工艺过程框图

经过处理的元器件装在专用的传输带上，间断地向前移动，保证每一次有一个元器件进到自动装配机的装插头的夹具里，插装机自动完成切断引线、引线成形、移至基板、插入和弯角等动作，并发出插装完了的信号，使所有装配回到原来位置，准备装配第2个元件。印制电路板靠传送带自动送到另一个装配工位，装配其他元器件，当元器件全部插装完毕，即自动进入波峰焊接的传送带。

印制电路板的自动传送、插装、焊接和检测等工序，都是用电子计算机进行程序控制。它首先根据印制电路板的尺寸的大小、孔距、元器件尺寸和它在板上的相对位置等，确定可插装元器件和选定装配的最好途径，编写程序，然后再把这些程序送入编程机的存储器中，由计算机自动控制完成上述工艺流程。

（2）自动装配对元器件的工艺要求

自动插装是在自动装配机上完成的，元器件装配的工艺措施要适合于自动装配的要求。

1）采用标准元器件和尺寸。

2）被插装的元器件的形状和尺寸尽量简单，一致，方向易于识别，有互换性。

3）插装元器件的最佳取向应能确定。元器件在印制电路板什么方向取向，对于手工装配没有限制，在自动装配中，为了使机器达到最大的有效插装速度，就要有一个最好的元器件排列。即要求沿着 X 轴和 Y 轴取向，最佳取向即要指定所有元器件只有一个轴上取向。

4）元器件的引线孔距和相邻元器件引线孔之间的距离要标准化，并尽量相同。

5.3.2 元器件的引线成形加工

为了使元器件在印制电路板上装配排列整齐，便于安装和焊接，提高装配的质量和效率，在安装前，对元器件进行引线成形加工。

元器件引线成形加工，就是根据元器件安装位置的特点及技术方面的要求，预先把元器件弯曲成一定的形状。它是针对小型元器件的，因为小型元器件可以跨接、立、卧等方法进行插装和焊接。大型元器件不能悬浮跨接、单独立放，而要用支架和卡子等固定在安装位置上。

1. 引线的预加工处理

元器件引线在成形前必须进行加工处理。主要原因是：长时间放置的元器件，在引线表面会产生氧化膜，若不加以处理，会使引线的可焊性严重下降。

引线的预加工处理主要包括引线的校直、表面清洁及上锡 3 个步骤，引线处理后，要求镀锡层均匀、表面光滑、无毛刺和残留物等。

2. 引线成形的基本要求

引线成形加工要根据焊点之间的距离做成需要的形状，目的使它们能迅速而准确地插入孔内。

引线成形基本要求如下所述。

元器件引线开始弯曲处，离元器件端面的最小距离应不小于 2mm；弯曲半径不应小于引线直径的两倍；元器件标称值应处于便于查看的位置；成形后不允许有机械损伤。

如图 5-4 所示，图中 $A \geqslant 2mm$；$R \geqslant 2d$；在图 5-4a 中，h 为 $0 \sim 2mm$，图 5-4b 中 $h \geqslant 2mm$；$C = np$（p 为印制电路板坐标网格尺寸，n 为正整数）。

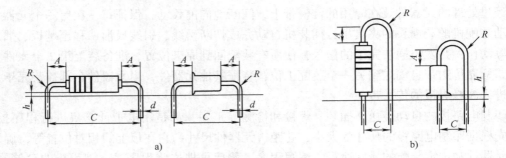

图 5-4　引线成形基本要求
a）水平安装　b）垂直安装

对于手工插装和手工焊接的元器件，一般把引线加工成图 5-5 所示的形状。

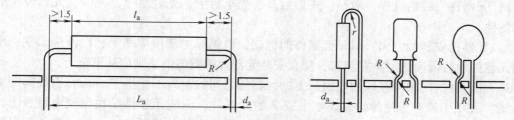

图 5-5　手工插装和手工焊接的元器件引线成形

自动焊接元器件引线的成形，如图 5-6 所示。

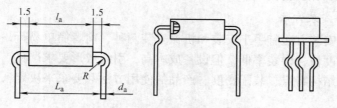

图 5-6　自动焊接元器件引线的成形

怕热元器件要求引线增长，成形时应绕环，怕热元器件引线的成形如图 5-7 所示。

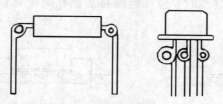

图 5-7　易受热损坏元器件引线的成形

3. 成形方法

目前，元器件引线的成形主要有专用模具成形、专用设备成形以及手工用尖嘴钳进行简单加工成形等方法。其中模具手工成形较为常用。图 5-8 所示是引线成形的模具。模具的垂直方向开有供插入元器件引线的长条形孔，孔距等于格距。将元器件的引线从上方插入长条形孔后，再插入插杆，元器件引线即可成形，用这种方法加工的引线成形的一致性比较好。

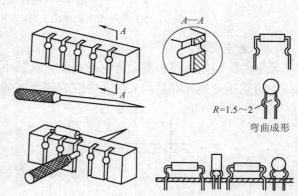

图 5-8　引线成形的模具示意图

5.3.3　电子元器件的安装工艺

1. 电子元器件安装的基本原则

电子元器件的安装是指将加工成型后的元器件插入印制电路板的焊孔中。电子元器件安装时要遵循一些基本原则。

1）元器件安装的顺序一般是：先低后高，先小后大，先轻后重；先分立元器件，后集成元器件。

2）元器件安装的方向：电子元器件的标记、色码标志部位应朝上，以便于识别；水平安装元器件的数值读法应从左至右，竖直安装元器件的数值读法则应从下至上。

3）元器件的间距：在印制电路板上的元器件之间的距离不能小于1mm；引线间距大于2mm时，要给引线套上绝缘套管。水平安装的元器件，应使元器件贴在印制电路板上，元器件离印制电路板的距离要保持在0.5mm左右；竖直安装的元器件，元器件离印制电路板的距离应在3~5mm左右。

4）元器件安装高度要符合规定要求，同一规格的元器件应尽量安装在同一高度上。

2. 电子元器件安装方法

电子元器件的安装方法有手工安装和机械安装两种，前者简单易行，但效率低，误装率高。而后者安装速度快，误装率低，但设备成本高，引线成形要求严格。电子元器件的安装方法应根据产品的结构特点、装配密度、产品的使用方法和要求来决定，一般有以下几种安装形式。

（1）贴板安装

元器件安装贴紧印制电路板基面上，安装间隙小于1mm，如图5-9a所示，当元器件为金属外壳，安装面又有印制导线时，应加绝缘衬垫或套绝缘套管，如图5-9b所示，它适用于防震要求高的产品。

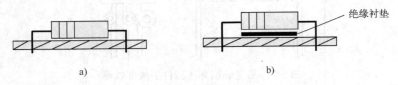

图5-9　贴板安装形式

a) 安装间隙小于1mm　b) 加绝缘衬垫

（2）悬空安装

元器件距印制电路板基面有一定高度，安装距离一般在3~8mm范围内，以利于对流散热。它适用于发热元器件的安装。悬空安装形式如图5-10所示。

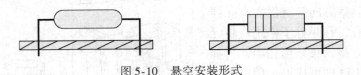

图5-10　悬空安装形式

（3）垂直安装

元器件垂直于印制电路板面，安装形式如图5-11所示，它适用于安装密度较高的场合。但对质量大引线细的元器件不宜采用这种形式。

（4）埋头安装（倒装）

元器件的壳体埋于印制基板的嵌入孔内，因此又称为嵌入式安装。安装形式如图5-12所示。这种方式可提高元器件防震能力，降低安装高度。

140

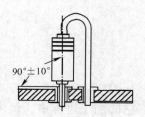

图 5-11　垂直安装形式

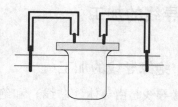

图 5-12　埋头安装形式

（5）有高度限制时的安装

对高度有限制的元器件一般在图样上是标明的。安装时，通常处理的方法是垂直插入后，再朝水平方向弯曲。对大型元器件要特殊处理，以保证有足够的机械强度，经得起振动和冲击。有高度限制的安装形式如图 5-13 所示。

（6）支架固定安装

用金属支架在印制电路板上将元器件固定的安装方法。这种方法适用于重量较大的元器件，如小型继电器、变压器和扼流圈等。支架固定安装形式如图 5-14 所示。

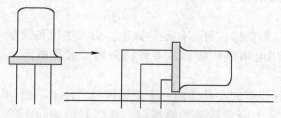

图 5-13　有高度限制的安装形式

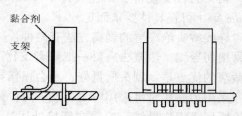

图 5-14　支架固定安装形式

（7）功率元器件的安装

由于功率元器件的发热量高，在安装时需加散热器，如果器件自身能支持散热器的重量，可采用立式安装，如果不能，则采用卧式安装。功率元器件的安装形式之一如图 5-15 所示。

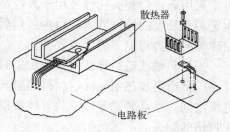

图 5-15　功率元器件的安装形式之一

3. 元器件安装注意事项

1）插装好元器件，其引脚的弯折方向都应与铜箔走线方向相同。

2）安装二极管时，除注意极性外，还要注意外壳封装，特别是玻璃壳体易碎，引线弯曲时易爆裂，在安装时可将引线先绕 1～2 圈再装，对于大电流二极管，有的则将引线体当作散热器，故必须根据二极管规格中的要求决定引线的长度，也不宜把引线套上绝缘套管。

3）为了区别晶体管的电极和电解电容的正负端，一般在安装时，加上带有颜色的套管以示区别。

4）大功率晶体管由于发热量大，一般不宜装在印制电路板上。因为它发热量大，易使印制板受热变形。

5.4　导线的加工

5.4.1　绝缘导线的加工

绝缘导线是由导体（芯线）和绝缘体（外皮）组成，它的加工过程中，绝缘层不能损坏或烫伤，否则会降低绝缘性能。绝缘导线的加工流程一般为：剪切、剥头、捻头、上锡、标记打印和分类捆扎等。

（1）剪切

导线剪切前，用手或工具将导线轻拉平直，然后，用尺和剪刀，将导线裁剪成所需尺寸。先剪切长导线，后剪切短导线，避免线材浪费。剪切导线按工艺文件中导线加工要求进行，一般剪切导线长度允许有 5% ~ 10% 的正误差，不允许有负误差。

（2）剥头

将绝缘导线的两端各除掉一段绝缘层而露出芯线的操作称为剥头。剥头时不能损坏芯线。剥头的长度应符合工艺文件中导线加工的要求，其常规尺寸有 2mm、5mm、10mm 和 15mm 等，可视具体要求而定。

导线端头绝缘层的剥离方法有两种：一种是刀截法，另一种是热截法，刀截法设备简单但易损伤导线。热截法需要一把热剥皮器（或用电烙铁代替，并将烙铁头加工成宽凿形）。热截法的优点是：剥头质量好，不会损伤导线。

采用刀截法时可采用电工刀或剪刀，先在导线需剥头处切割一个圆形线口，注意不要割断绝缘层而损伤导线，接着在切口处用适当的夹力撕破残余的绝缘层，最后轻轻地拉下绝缘层。

采用剥线钳剥头比较适用于直径在 0.5 ~ 2mm 的导线、绞合线和屏蔽线。剥线头时，将规定剥头长度的导线伸入刃口内，然后压紧剥线钳，使刀刃切入导线的绝缘层内，利用剥线钳弹簧的弹力将剥下的绝缘层弹出。

采用热截法进行导线端头的加工时，需要将热控剥皮器端头加工成适当的外形。先将热控剥皮器通电加热 10min 后，待热阻丝呈暗红色时，将需要剥头的导线按所需长度放在两个电极之间。然后转动导线，将导线四周的绝缘层都切断后，用手边转动边向外拉，即可剥出无损伤的端头。

（3）捻头

多股芯线在剥头之后有松散现象，需要捻紧以便上锡。捻头时要捻紧，不可散股也不可捻断，捻过之后的芯线，其螺旋角一般应在 40°左右。

（4）上锡

绝缘导线经剥头和捻头之后，应在较短的时间内上锡，时间太长则容易产生氧化层，导致上锡不良。芯线上锡时不应触到绝缘层端头，上锡的作用是提高导线的可焊性。上锡方法有锡锅上锡和电烙铁上锡两种方法。

1）锡锅浸锡。锡锅通电，使锅中焊料熔化，将捻好头的导线蘸上助焊剂，然后将导线垂直插入锡中，并使浸渍层与绝缘层之间有 1 ~ 2mm 间隙，待润湿后取出，浸锡时间为 1 ~ 3s。如一次不成功，可停留一会再次浸渍，不可连续浸渍。

2）电烙铁上锡。待电烙铁加热至熔化焊锡时，在烙铁上蘸满焊料，将导线端头放在一块松香上，烙铁头压在导线端头，左手边慢慢转动边往后拉，当导线端头脱离烙铁后，导线端头已上好锡。上锡时注意，烙铁头不要烫伤导线绝缘层。

上锡完成后的导线芯线应表面光滑可焊，无毛刺；多根导线无并焊、上锡不匀和弯曲等现象。

（5）标记打印

导线打印标记是为了在安装、焊接、调试、检验和维修时分辨方便而采用的措施。标记一般应打印在导线的两端，可用文字、符号、数字、颜色加以区分、标记。具体办法可参照有关国家标准和部颁标准。

（6）分类捆扎

完成以上各道工序后，应进行整理捆扎，捆扎要整齐，导线不能弯曲，每捆按产品配套数量的根数捆扎。

5.4.2 屏蔽导线或同轴电缆的加工

屏蔽导线是一种在绝缘导线外面套上一层铜编织套的特殊导线。屏蔽导线和同轴电缆外形相同，加工方式也一致，一般包括：不接地线端的加工、直接接地线端的加工和导线端头绑扎处理等。

1. 屏蔽导线或同轴电缆的不接地线端的加工

1）去外护层。用热切法或刃切法去掉一段屏蔽导线或同轴电缆的外护套，切去长度 L 要根据工艺文件的要求去除，或根据工作电压确定内绝缘层端到外屏蔽层的距离为 L_1，工作电压越高，剥头长度就越长，根据焊接方式确定外护套的切除长度 L，即外护套长度为 $L = L_1 + L_2 + L_0 (L_0 = 1 \sim 2\text{mm})$，如图 5-16 所示。

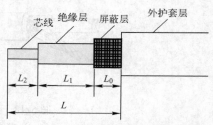

图 5-16　屏蔽导线的加工

2）去屏蔽层。去屏蔽层的步骤如图 5-17b 所示，其方法是：左手拿住屏蔽导线的外护套，用右手手指向左推屏蔽层，使屏蔽层成为图 5-17 所示的形状，然后剪断松散的屏蔽层，剪断长度根据导线的外护套厚度及导线粗细来定，留下的长度（从外护层开始计算）约为外护套厚度的两倍。

3）屏蔽层修整。修剪松散的屏蔽层后，将剩下的屏蔽层向外翻套在外护套外面，并使端面平整，如图 5-17c 所示。

4）加套管。屏蔽层修剪后，应套上热收缩套管并加热，使套管将外翻的屏蔽层与外护套套牢，如图 5-17d 所示。

5）芯线剥头。芯线剥头的方法同普通塑胶导线，如图 5-17e 所示。

6）芯线浸锡和清洗。方法同普通塑胶导线，如图 5-17f 所示。

2. 屏蔽导线直接接地端的加工

1）去外护层。用热切法或刃切法去掉一段屏蔽导线的外护套，其切去的长度要求与上述"屏蔽导线或同轴电缆进行不接地端的加工"中要求相同。

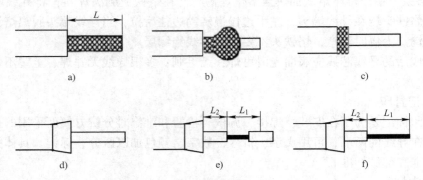

图 5-17　去屏蔽层的步骤

a）去外护层　b）去屏蔽层　c）屏蔽层修整　d）加套管　e）芯线剥头　f）芯线浸锡

2）拆散屏蔽层。用钟表镊子的尖头将外露的编织状或网状的屏蔽层由最外端开始，逐渐向里挑拆散开，使芯线与屏蔽层分离开，如图 5-18a 所示。

3）屏蔽层的剪切修整。将分开后的屏蔽层引出线按焊接要求的长度剪断，其长度一般比芯线的长度短，使安装后的受力由受力强度大的屏蔽层来承受，而受力强度小的芯线不受力，因而芯线不易折断。

4）屏蔽层捻头与搪锡。将拆散的屏蔽层的金属丝理好后，合在一边并捻在一起，然后进行搪锡处理，有时也可将屏蔽层切除后，另焊一根导线作为屏蔽层的接地线，如图 5-18b 所示。

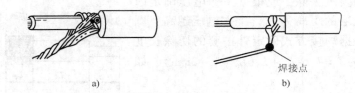

图 5-18　屏蔽导线直接接地端的加工步骤

a）芯线与屏蔽层分离　b）焊一根导线

3. 加接导线引出接地线端的处理

有时对屏蔽导线或同轴电缆还要进行加接导线来引出接地线端的处理，通常的做法是，将导线的线端处剥脱一段屏蔽层，进行整形搪锡，并加接导线做接地焊接的准备，处理步骤如下：

1）剥脱屏蔽层并整形搪锡。剥脱屏蔽层的方法可采用图 5-19 所示的方法，即在屏蔽导线端部附近把屏蔽层开个小孔，挑出绝缘导线，并按图 5-19 所示，把剥脱的屏蔽层编织线整形、捻紧并搪好锡。

2）在屏蔽层上加接地导线，有时剥脱的屏蔽长度不够，须加焊接地导线，可按图 5-20a 所示，把一段直径为 0.5 ~ 0.8mm 的镀银铜线的一端，绕在已剥脱的并经过整形搪锡处理的屏蔽层上约 2 ~ 6 圈并焊牢，如图 5-20b 所示。

3）加套管的接地线焊接。有时也可以在剪除一段金属屏蔽层之后，选取一段适当长度的导线焊牢在金属屏蔽层上做接地导线，再用绝缘套管或热缩性套管套住焊接处（起保护焊接点的作用），如图5-20c所示。

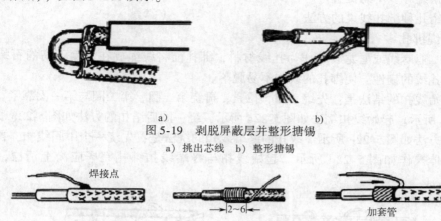

图 5-19　剥脱屏蔽层并整形搪锡
a）挑出芯线　b）整形搪锡

图 5-20　加套管的接地线焊接
a）加焊接地导线　b）镀银铜线绕2~6圈并焊牢　c）加套管

4. 绑扎护套端头

对有多根芯线的电缆线（或屏蔽电缆线）的端部必须进行绑扎。棉织线套外套端部极易散开，绑扎时，从护套端口沿电缆放长约为 15~20cm 的蜡克棉线，左手拿住电缆线，拇指压住棉线头，右手拿起棉线从电缆线端口往里紧绕 2~3 圈。压住棉线头，然后将起头的一段棉线折过来，继续紧绕棉线。当绕线宽度达 4~8mm 时，将棉线端穿进线环中绕紧。此时左手压住线层，右手抽紧绑线后，剪去多余的棉线，涂上清漆，如图5-21所示，也可在棉线套与绝缘芯线之间垫 2~3 层黄蜡绸，再用 0.5~0.8mm 镀银线密绕 6~10 圈，并用烙铁焊接（环绕焊接）。

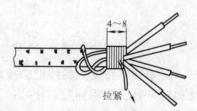

图 5-21　棉织线套外套端部绑扎

5.4.3　线扎的成形加工

在电子产品整机的装配工作中，应该用线绳或线扎搭扣等把导线扎束成形，制成各种不同形状的线扎（又叫"线把"或"线束"）。目前，中小型电子产品中已被多股扁平导线代替，但在大型电子产品中却广泛应用。

通常线扎是按图制作好后再安装到机器上的，为方便制作，先根据实物按1:1的比例绘制线扎图，在制作线扎时，可把线扎图平铺在木板上，在线扎拐弯处订上去掉头的铁钉。线扎拐弯处的半径应比线束直径大两倍以上。导线的长短要合适，排列要整齐。线扎的分支线到焊点应有 10~30mm 的余量，不要拉得过紧，以防受振动时将焊片或导线拉断。导线走的路径要尽量短一些，并避开电场的影响。

在排列线扎导线时，如导线较多不易平稳，可先用废铜线或漆包线，临时绑扎在线扎主要位置上，然后用线绳把主要干线束绑扎起，继而绑扎分支线束，并随时拆除临时绑扎线。导线较少的小线扎，可按图样从一端随排随绑。线束上的绑线要松紧适度，过紧容易破坏导线绝缘，过松则导线不易挺直。

下面介绍几种绑扎线束的方法。

（1）线绳绑扎

用棉线、亚麻线或尼龙线等作为扎线材料，绑扎前将线绳放在温度不高的石蜡中浸一下，增加绑扎线的韧性，使绑扎的线扣不易脱落。

线扎起始线扣的结法是：先绕一圈，拉紧，再绕第二圈，第二圈与第一圈靠紧。具体操作如图5-22所示。起始线扣绕法如图5-22a所示，绕一圈后结扣的方法如图5-22b所示，绕两圈后结扣方法如图5-22c所示。线扎的终端线扣的绕法是：先绕一个中间线扣，再绕一圈固定扣。具体操作如图5-22d所示。起始线扣与终端线扣绑扎完毕应涂上清漆，以防止松脱。

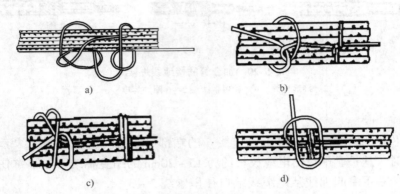

图5-22　线扎起始线扣的结法

a）起始线扣绕法　b）绕一圈后结扣的方法　c）绕两圈后结扣方法　d）终端线扣的绕法

对于带有分支点的线把，应将线绳在分支拐弯处多绕几圈，起加固作用，在线扎的分支处和转弯处，常用到的3种结：①向接线板去的分支线的捆扎如图5-23a所示。②分支线合并后拐弯处的捆扎如图5-23b所示。③一分支线拐弯处的捆扎如图5-23c所示。

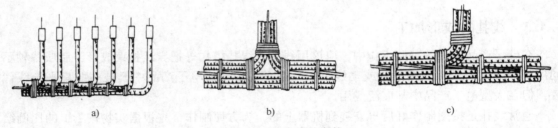

图5-23　分支线的绑扎

a）向接线板去的分支线的捆扎　b）分支线合并后拐弯处的捆扎　c）一分支线拐弯处的捆扎

（2）黏合剂结扎

当导线很少时，如只有几根至十几根，而且这些导线都是塑料绝缘导线时，可以采用四氢呋喃黏合剂黏合成线束。

黏合时，可将一块平板玻璃放置在桌子上，再把待黏导线拉伸并列（紧靠）在玻璃上，然后用毛笔蘸四氢呋喃涂敷在这些塑料导线上，经过2~3min待黏合剂凝固以后，便可以获得一束平行塑料导线。

（3）用线扎搭扣捆扎

用线扎搭扣绑扎十分方便，线把也很美观，常为大中型电子装置采用。常用线搭扣的形状如图5-24所示。

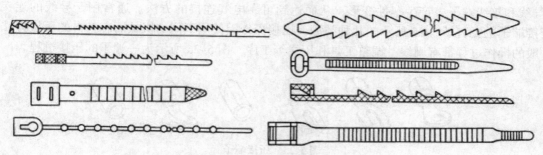

图5-24　常用线搭扣的形状

用线扎搭扣绑扎导线时，可用专用工具拉紧，但不可拉得太紧，以防破坏搭扣。搭扣绑扎方法是：先把塑料导线按图布线，在全部导线布完后，可用一些线头短线临时绑扎几处，如线把端头，转弯处等，然后将线把整理成束，成束的导线应相互平行，不允许有交叉现象，整理一段，用搭线绑扎一段，从头自尾，直至绑扎完毕。绑扎时，搭扣布置力求距离相等。搭扣拉紧后，将多余的长度剪掉。

（4）塑料线槽布线法

对机柜、机箱和控制台等大型电子装置，一般可采用塑料线槽布线。线槽固定在机壳内部，线槽的两侧有很多出线孔，将准备好的导线排在槽内，可不绑扎，导线排完后盖上线槽板盖。

（5）塑料胶带绑扎

目前，有些电子产品采用聚氯乙烯胶带绑扎，它简便易行制作效率高，效果比线扎搭扣好，成本比塑料线槽低，在洗衣机等家用电器产品中普遍采用。

上述几种处理方法各有优缺点。用线绳绑扎比较经济，但大批量生产时工作量也大。用线槽成本较高，但排线省事，更换导线也十分容易，黏合剂黏结只能用于少量线束，比较经济，但换线不方便，而且施工要注意防护，因为四氢呋喃黏合剂在挥发过程中有害，用线扎搭扣绑扎比较省事，更换线也方便，但搭扣只能用一次。实际中采用何种线把，应根据实际情况选择。

5.5　整机的连接与总装

5.5.1　整机的连接

除了焊接之外，电子整机产品的组装过程中，还有压接、绕接、胶接和螺纹连接等连接方式。连接方式按能否拆卸分为可拆卸连接和不可拆卸连接两类。可拆卸连接，即拆卸时不会损坏任何零部件或材料，如螺纹连接、销连接、夹紧和卡扣连接。不可拆卸连接，即拆卸时会损坏零部件或材料，如铆接、胶接等。

连接的基本要求是：牢固可靠，不损伤元器件、零部件或材料，避免碰坏元器件或零部件涂覆层，不破坏元器件的绝缘性能，连接的位置正确。

1. 压接

压接是使用专用工具，在常温下对导线和接线端子施加足够的压力，使两个金属导体（导线和接线端子）产生塑性变形，从而达到可靠电气连接的方法。通常用于导线的连接。压接端子主要有图 5-25 所示的几种类型，压接操作因使用不同的机械而有各自的压接方法。一般的操作过程都有剥线、调整工具和压线等工序。图 5-26 所示为一端子的压接过程。

图 5-25　压接端子

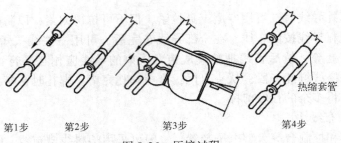

第1步　　　第2步　　　　第3步　　　　　第4步

图 5-26　压接过程

压接的特点：工艺简单，操作方便，不受场合、人员的限制。连接点的接触面积大，使用寿命长。耐高温和低温，适合各种场合，且维修方便。成本低，无污染。缺点：压接点的接触电阻大，因而压接处的电气损耗大。再就是因施力不同而造成质量不稳定。

2. 绕接

绕接是用绕接器，将一定长度的单股芯线高速地绕到带棱角的接线柱上，形成牢固的电气连接。绕接通常用于接线柱子和导线的连接。绕接方式示意图如图 5-27 所示。

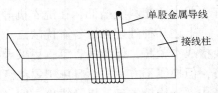

图 5-27　绕接方式示意图

绕接的特点：接触电阻小，抗震能力比锡焊强，工作寿命长；可靠性高，不存在虚焊及焊剂腐蚀的问题；不会产生热损伤；操作简单，对操作者的技能要求低。对接线柱有特殊要求，且走线方向受到限制；多股线不能绕接，单股线又容易折断。

由于绕接有独特的优点，在通信设备等要求高可靠性的电子产品中得到广泛使用，成为电子装配中的一种基本工艺。

3. 胶接

用胶黏剂将零部件黏在一起的安装方法，属于不可拆卸连接。胶接的优点是工艺简单，不需专用的工艺设备，生产效率高，成本低。在电子产品的装配中，广泛用于小型元器件的固定、不便于铆接、螺纹连接的零件的装配、防止螺纹松动和有气密性要求的场合。

胶接质量的好坏主要取决于胶黏剂的性能。常用胶黏剂的性能特点和用途如下所述。

1）聚丙烯酸酯胶（501、502 胶）：特点是渗透性好，黏结快，可黏接除了某些合成橡胶以外的几乎所有的材料；但有接头韧性差、不耐热等缺点。

2）聚氯乙烯胶：用四氢呋喃作溶剂，并和聚氯乙烯材料配置而成的有毒、易燃的胶黏剂。用于塑料金属、塑料与木材、塑料与塑料的胶接。特点是固化快，不需加压、加热。

3）222 厌氧性密封胶：是以甲基丙烯脂为主的胶黏剂，低强度胶，用于需拆卸零部件的锁紧和密封。特点是密封性好，定位固化速度快，有一定的胶接力和密封性，拆除后不影响胶接件原有的性能。

4）环氧树脂胶（911、913）：以环氧树脂为主，加入填充剂配置而成的胶黏剂。特点是黏结范围广，具有耐热、耐碱、耐潮和耐冲击等优良性能。

4. 螺纹连接

螺纹连接是指用螺栓、螺钉和螺母等紧固件，把电子设备中的各种零、部件或元器件连接起来的工艺技术。

（1）常用紧固件的类型及用途

螺纹连接的工具包括：不同型号、不同大小的螺钉旋具、扳手及钳子等。用于锁紧和固定部件的零件称为紧固件。在电子设备中，常用的紧固件有螺钉、螺母、螺栓和垫圈。部分常用紧固件示意图如图 5-28 所示。

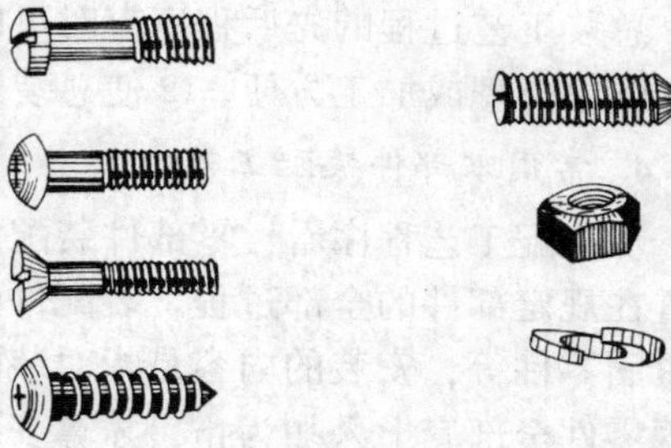

（2）螺钉的紧固顺序

当零部件的紧固需要两个以上的螺钉连接时，其

图 5-28　部分常用紧固件示意图

紧固顺序（或拆卸顺序）应遵循"交叉对称，分步拧紧（拆卸）"的原则，如图 5-29 所示。

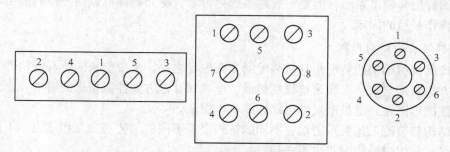

图 5-29　螺钉的紧固或拆卸顺序

螺纹连接的特点：连接可靠，装拆、调节方便，但在振动或冲击严重的情况下，螺纹容易松动，在安装薄板或易损件时容易产生形变或压裂。

5.5.2　整机总装

整机总装是在各部件和组件安装检验合格的基础上进行整机的装联。它包括机械的和电气的两大部分工作，具体地说，总装的内容包括将各零、部、整件（如各机电元器件、印制电路板、底座、面板以及装在它们上面的元器件）按照设计要求，安装在不同的位置上，组合成一个整体。

1. 总装的装配方式

从整机结构来分，有整机装配和组合件装配两种。对整机装配来说，整机是一个独立的整体，它把零、部、整件通过各种连接方法安装在一起，组成一个整体，具有独立工作的功能。如：收音机、电视机和信号发生器等。而组合件装配，整机则是若干个组合件的组合体，每个组合件都具有一定的功能，而且随时可以拆卸，如大型控制台、插件式仪器等。

2. 整机组装的基本原则

整机组装的目标是利用合理的安装工艺，实现预定的各项技术指标。整机安装的基本原则是：先轻后重，先小后大、先装后焊、先里后外、先下后上、先平后高和易碎易损件后装，上道工序不得影响下道工序的安装。

3. 整机组装的工艺过程及要求

整机组装的工艺过程为：准备→机架→面板→组件→机心→导线连接→传动机构→总装检验→包装。

总装工艺过程的先后程序有时可以作适当变动，但必须符合以下两条：①使上下道工序装配顺序合理或加工方便。②使总装过程中的元器件损耗应最小。

4. 常用零部件装配工艺

从装配工艺程序看，零部件装配内容主要包括安装和紧固两部分。安装是指将安装配件放置在规定部件的全部过程。装配件的结构组成不外乎有电子元器件、机械结构、辅助构件和紧固零件等，安装的内容是指对装配件的安放，应满足其位置、方向和次序的要求，直到紧固零件全部套上入扣为止，才算安装过程结束。紧固是在安装之后用工具紧固零件拧紧的工艺过程。

在操作中，安装与紧固是紧密相连的，有时难以截然分开。当主要元器件放上后，辅助构件，紧固件边套装边紧固，但是一般都不拧得很紧，待元器件位置初步得到固定后，稍加调整拨正再作最后的固定。

5. 整机组装的结构形式

电子产品机械结构的装配是整机装配的主要内容之一。组成整机的所有结构件，都必须用机械的方法固定起来，以满足整机在机械、电气和其他方面性能指标的要求。合理的结构及结构装配的牢固性，也是电气性可靠性的基本保证。

整机结构与装配工艺关系密切，不同的结构要有不同的工艺与之互相适应。不同的电子产品组装级，其组装结构形式也不一样。

（1）插件结构形式

插件结构形式是应用最广的一种结构形式，主要是由印制电路板组成。在印制电路板的一端备有插头，构成插件，通过插座与布线连接，有的直接将引出线与布线连接，有的则根据组装结构的需要，将元器件直接装在固定组件支架（或板）上，便于元器件的组合以及与其他部分配合连接。

（2）单元盒结构形式

这种形式是适应产品内部需要屏蔽或隔离而采用的结构形式。通常将这一部分元器件装在一块印制板上或支架上，放在一个封闭的金属盒内，通过插头座或屏蔽线与外部接通。单元盒一般插入机架相应的导轨上或固定在容易拆卸的位置，便于维修。

（3）插箱结构形式

一般将插件和一些机电元器件放在一个独立的箱体中，该箱体有接插头，通过导轨插入机架上。插箱一般分无面板和有面板两种形式。

（4）底板结构形式

该形式是目前电子产品中采用较多的一种结构形式，它是一切大型元器件、印制电路板及机电元器件的安装基础，与面板配合，很方便地将电路与控制、调谐等部分连接。

（5）机体结构形式

机体结构是决定产品外形并使其成为一个整体结构。它可以给内部安装件提供组装在一起并得到保护的基本条件，还能给产品装配，使用和维修带来方便。

5.6　实训　收音机的整机装配

1. 实训目的

1）能应用 PCB 焊接技能与技巧。

2）会熟练加工和安装元器件。

3）会熟练组装收音机 PCB。

2. 实训设备与器材准备

1）电烙铁	1 把。
2）剪刀	1 把。
3）焊锡	若干。
4）镊子	1 只。
5）超外差式晶体管收音机套件	1 套。

3. 实训内容、步骤

（1）元器件的识别与检测

1）元器件、结构件的分类与识别。

收音机有 6 类元器件，分别为电阻类、电容类、电感类、二极管、晶体管和电声器件（扬声器）。按照收音机套件列出的元器件、结构件的清单，对元器件和结构进行分类与识别。

元器件分类与识别：电阻器类→13 只；电容器类→15 只；电感器类→7 只；二极管类→4只；晶体管类→7 只；扬声器→1 只。

结构件分类与识别：PCB→1 块；调谐盘、电位器→各 1 只；前框、后盖→各 1 个；正极片、负极弹簧→各 1 只；频率标牌→1 片；磁棒支架→1 个；螺钉→5 颗；绝缘导线→4 根。

2）元器件检测。

为提高整机产品的质量和可靠性，在整机装配前，所有的元器件都必须经过检验，检验内容包括静态检验和动态检验。

① 静态检验：检验元器件表面有无损伤、变形，几何尺寸是否符合要求，型号规格是否与工艺文件要求相符。

② 动态检测：就是通过仪器仪表检测元器件本身的电气性能是否符合规定的技术条件。用万用表进行元器件的检测的具体方法可参阅第 1 章内容。

（2）装配准备

1）元器件的清洁。清除元件表面的氧化层，方法是：左手捏住电阻或其他元器件的本体，右手用锯条轻刮元器件脚的表面，左手慢慢地转动，直到表面氧化层全部去除。

2）电阻器、二极管的整形、安装与焊接要求。

① 所有电阻器和二极管均采用立式安装，高度距离印制电路板为 2mm。

② 在安装方面，首先应弄清各电阻器的参数值。然后再插装且识读方向应是从上往下。二极管要注意正、负极性。

③ 在焊接方面，由于二极管属于玻璃封装，则要求焊接要迅速，以免损坏。

3）瓷介电容器的整形、安装与焊接。

① 所有瓷介电容器均采用立式安装，高度距离印制电路板为 2mm。

② 由于无极性，故标称值应处于便于识读的位置。

③ 在插装时，由于外形都一样，则参数值应选取正确。

④ 在焊接方面按平常焊接要求为准。

4）晶体管的整形、安装与焊接。

① 所有晶体管采用立式安装，高度距离印制电路板为 2mm。

② 在型号选取方面要注意的是 VT_5 为 9014、VT_6 和 VT_7 为 9013、其余为 9018。

③ 晶体管是有极性的，故在插装时，要与印制电路板上所标极性进行一一对应。由于引脚彼此较近，在焊接方面要防止桥连现象。

5）电解电容器的整形、安装与焊接。

① 电解电容器采用立式贴紧安装，在安装时要注意其极性。

② 在焊接方面按平常焊接要求为准。

6）振荡线圈与中周的安装与焊接。

① 由于振荡线圈与中周在外形上几乎一样，则安装时一定要认真选取。不同线圈是以磁帽不同的颜色来加以区分的。$B_2 \rightarrow$ 振荡线圈（红磁心）、$B_3 \rightarrow$ 中周 1（黄磁心）、$B_4 \rightarrow$ 中周 2（白磁心）、$B_5 \rightarrow$ 中周 3（黑磁心）。

所有中周里均有槽路电容，但振荡线圈中却没有。所谓"槽路电容"就是与线圈构成的并联谐振时的电容器，由于放置在中周的槽路中，故称为"槽路电容"。

② 所有线圈均采用贴紧焊装，且焊接时间要尽量短，否则，所焊的线圈可能损坏。

7）输入/输出变压器的安装与焊接。

① 安装时一定要认真选取：$B_6 \rightarrow$ 输入变压器（蓝或绿色）、$B_7 \rightarrow$ 输出变压器（黄或红色）。

② 均采用贴紧焊装，且焊接时间要尽量短，否则，变压器可能损坏。

8）音量调节开关与双联的安装与焊接。

① 两者均采用贴紧电路板安装，且双联电容的引脚弯折与焊盘紧贴。

② 焊装双联电容时焊接时间要尽量短，否则，该器件可能损坏。

收音机各类元器件安装示意图如图 5-30 所示。

（3）印制电路板的装配

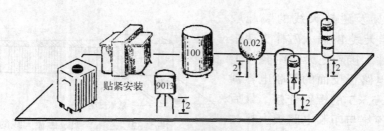

图 5-30　收音机各类元器件安装示意图

1）印制电路板元器件位置的熟悉。

根据电路原理图和 PCB 元器件分布图，对各元器件在印制电路板上的位置进行熟悉。收音机主要元器件在 PCB 上的位置分布如图 5-31 所示。

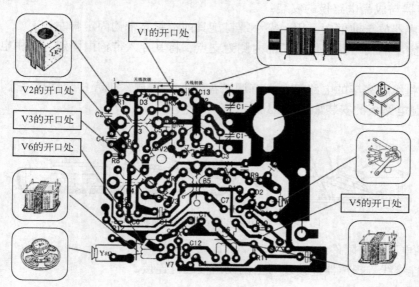

图 5-31　印制电路板的装配图

2）元器件安装过程：元器件整形→元器件插装→元器件引线焊接。

3）元器件安装顺序：按从小到大，从低到高的顺序进行装配。例如，电阻器→二极管→瓷介电容器→晶体管→电解电容器→中频变压器→输入/输出变压器→双联电容器和音量开关电位器。

（4）导线加工

选用红、黑两种颜色导线，剪切合适的长度，制作电源连接线两根，扬声器连接线两根。

（5）收音机整机装配

1）调谐盘的装配→音量调节盘的装配→磁棒支架及磁棒天线的装配→频率标牌的装配→扬声器的装配→整机导线连接机壳组装。

整机装配注意：

① 调谐盘与音量调节盘分别放入双联可变电容器和音量电位器的转动轴上，然后用螺钉固定。

② 磁棒支架及磁棒天线的装配顺序：首先将磁棒天线 B_1 插入磁棒支架中构成天线组合件。接着把天线组合件上的支架固定在电路板反面的双联电容器上，用两颗 M2.5×5 的螺钉连接。最后将天线线圈的各端与印制电路板上标注的顺序进行焊接。天线组件的装配如图5-32所示。

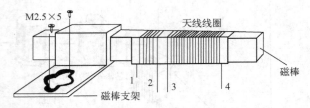

图 5-32　磁棒支架及磁棒天线的装配

2）将扬声器防尘罩装入前盖扬声器位置处，且在机壳内进行弯折以示固定。然后将周率板反面的双面胶保护纸去掉，贴于前框，到位后撕去周率板正面的保护膜。

3）扬声器与成品电路板的安装。

① 将扬声器放于前框中，用一字小螺钉旋具前端紧靠带钩固定脚左侧。

② 利用突出的扬声器定位圆弧的内侧为支点，将其导入带钩内固定，再用电烙铁热铆 3 只固定脚。

③ 接着将组装完毕的电路机心板有调谐盘的一端先放入机壳中，然后整个压下。扬声器与成品印制电路板的安装如图 5-33 所示。

图 5-33　扬声器与成品印制电路板的安装

4）成品电路板与附件的连接。

将电源连接线、扬声器连接线与主机成品板进行连接。

（6）整机检查

1）盖上收音机的后盖，检查扬声器防尘罩是否固定，周率板是否贴紧。

2）检查调谐盘、音量调节盘转动是否灵活，拎带是否装牢，前后盖是否有烫伤或破损等。六晶体管超外差式收音机的整机外形如图 5-34 所示。

3）超外差式晶体管收音机电路成品板整体检查。

① 首先检查电路成品板上焊接点是否有漏焊、假焊、虚焊和桥连等现象。

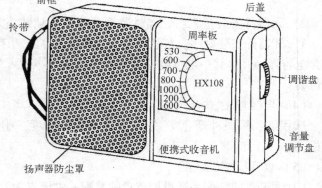

图 5-34　收音机的整机外形

② 接着检查电路成品板上元器件是否有漏装，有极性的元器件是否装错引脚，尤其是二极管、晶体管、电解电容器等元器件要仔细检查。

③ 最后检查 PCB 上印制条、焊盘是否有断线、脱落等现象。

5.7 习题

1. 什么是工艺文件？工艺文件是如何进行分类的？
2. 工艺文件的格式有哪些要求？
3. 工艺文件是如何进行编号的？
4. 简述工艺文件的原则与要求。
5. 简述编制工艺文件的方法与内容。
6. 简述电子产品整机装配的内容。
7. 电子产品整机装配的方法有哪些？
8. 简述电子产品整机装配的工艺流程。
9. 什么是自由节拍形式？什么是强制节拍形式？
10. 电子元器件安装的基本原则是什么？
11. 电子元器件安装形式有哪几种？
12. 简述绝缘导线的加工流程。
13. 屏蔽导线的加工方式有哪几种？
14. 线扎的制作方法有哪几种？
15. 电子产品整机组装过程中的连接方式有哪几种？
16. 简述整机组装的基本原则。
17. 整机组装的结构形式有哪些？

第6章 电子产品的调试

电子产品装配完成后，通过调试才能达到其规定的技术指标要求，调试是实现产品功能、保证其质量的重要工序，也是发现其设计、工艺的缺陷和不足的重要环节。调试工作包括调整和测试两个部分。调整主要是指对电路参数的调整，即对整机内可调元器件及与电气指标有关的调谐系统、机械传动部分进行调整，使之达到预定的性能要求。测试则是在调整的基础上，对整机的各项技术指标进行系统地测试，使电子产品各项技术指标符合规定的要求。在实际工作中，两者是一项工作的两个方面，测试、调整、再测试和再调整，直到实现电路设计指标为止。

6.1 调试要求与调试方案

6.1.1 调试要求

为保证电子产品调试的质量，对调试工作一般有以下要求。

（1）调试人员技能要求

调试人员熟悉调试产品的工作原理。熟悉使用仪表的性能及其使用环境，并能熟练地操作使用。明确调试内容、方法步骤，并能进行数据处理。能解决调试过程中的常见问题。严格遵守安全操作规程。

（2）环境的要求

测试场所的环境整洁，室内保持适当的温度和湿度，场地内外，振动、噪声和电磁干扰小，测试台及部分工作场地铺设绝缘胶垫，工作场地备有消防设备。

在使用及调试 MOS 器件时，采取防静电措施。操作台面可用金属接地台面，使用防静电板，操作人员手腕佩戴静电接地环等。

（3）供电设备的安全

测试场所内所有的电源开关、熔丝、插头、插座和电源线等，无带电导体裸露部分，所用电器材料的工作电压和工作电流不能超过额定值。

（4）测试仪器的安全措施

测试仪器及附件的金属外壳接地良好，测试仪器设备的外壳容易接触到的部分不带电，仪器外部超过安全电压的接线柱及其他端口无裸露现象。

（5）操作安全措施

在接通电源前，检查电路及连线有无短路等情况。接通后，若发现冒烟、打火和异常发热等现象，应立即关掉电源，由维修人员来检查并排除故障。

调试时，操作人员应避免带电操作，若必须接触带电部分时，使用带有绝缘保护的工具操作。调试时，尽量用单手操作，避免双手同时触及裸露导体，以防触电。在更换元器件或改变连接线之前，关掉电源，滤波电容放电后再进行相应的操作。

6.1.2　调试方案

调试方案是指一套适合用于调试某产品的项目与具体内容，如工作特性、测试点、电路参数、步骤与方法、测试条件与测试仪表、有关注意事项与安全操作规程等。调试方案的优劣，对于电子产品调试工作的顺利进行关系很大，它不仅影响调试质量的好坏，而且影响调试的工作效率。

1. 调试方案的内容

调试方案一般有 5 个方面的内容。

（1）确定调试项目与调试步骤、要求

首先确定电子产品需要调试的项目，根据它们的相互影响考虑其先后顺序，然后再确定每个项目的步骤和要求。

（2）安排调试工艺流程

调试工艺流程的安排原则是先外后内，先调试结构部分，后调试电气部分；先调试独立项目，后调试有相互影响的项目；先调试基本指标，后调试对质量影响较大的指标。整个调试过程是循序渐进的。

（3）安排调试工序之间的衔接

在工厂流水作业生产中，调试工序之间要衔接好，各个工序的进度要协调好。否则整条生产线会出现混乱甚至瘫痪。为了避免重复或调乱可调元器件，调试人员调试完后做好标记，在本工序调试的项目中，若遇到有故障的底板且在短时间内较难排除时，应作好故障记录，再转到维修线上修理，防止影响调试生产线的正常运行。

（4）选择调试手段

根据调试工序的内容和特性要求配置合适精度的仪器，熟悉仪器仪表的使用，选择出一个合适、快捷的调试操作方法。

（5）编制调试工艺文件

调试工艺文件的编制主要包括调试工艺卡、操作规程和质量分析表的编制。

2. 调试工作的一般程序

在调试工作开始前，按安全操作规程做好调试准备，如工艺文件、原理图和调试仪器等。调试工作的一般程序如下所述。

1）通电检查。先置电源开关于"关"位置，检查电源变换开关是否符合要求、熔丝是否装入，输入电压是否正确，然后插上电源插头，打开电源开关通电。

2）电源调试。电子产品中大都具有电源电路，调试工作首先进行电源部分的调试，然后再进行其他项目的调试。

3）分单元调试。电源电路调试好后，通常按单元电路的顺序，根据调试的需要，由前到后或从后到前地依次插入各部件或印制电路板，分别进行调试。

4）整机性能测试与调整。由于较多调试内容已在单元调试中完成，整机调试只需测试电子产品整机的性能技术指标是否达到设计的要求，如没有达到技术指标要求，再根据电路原理，确定需要调整元器件，并对其作适当调整。

5）对产品进行环境和老化试验。环境试验有温度、湿度、气压、振动、冲击和其他环境试验，应严格按技术文件规定执行。大多数的电子产品在测试完成之后，进行整机通电老化实验，经老化后的产品整机各项技术性能指标会有一定程度的变化，通常还需进行参数复调，使产品具有最佳的技术状态。

6.2 电子产品的调试

电子产品装配完成后，进行各级电路的调整。首先是各级直流工作状态（静态）的调整，测量电路各级直流工作点是否符合设计要求。检查静态工作点也是分析判断电路故障的一种常用方法。

6.2.1 静态调试

静态测试一般是指没有外加信号的条件下，测试电路的电压或电流，测出的数据与设计数据相比较，如超出设计规定范围，应分析原因并作适当调整。

1. 静态测试的内容

（1）供电电源电压测试

电源电压是各级电路静态工作点是否正常的前提，电源电压偏高或偏低都不能测量出准确的静态工作点。对于电源电压可能有较大起伏的（如彩色电视机的开关电源），最好先不要接入电路，测量其空载和接入假定负载时的电压，待电源电压输出正常后再接入电路。供电电源电压的测试示意图如图6-1所示。

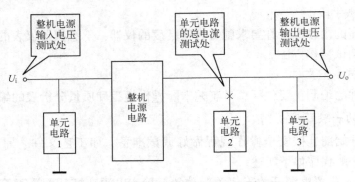

图6-1　供电电源电压的测试示意图

（2）单元电路静态工作电流测试

测量各单元电路的静态工作电流，就可知道单元电路工作状态。若电流偏大，则说明电路有短路或漏电；若电流偏小，则电路可能没有工作。及时测量该电流，才能减少元件损坏。

（3）晶体管电压、电流测试

首先，测量晶体管的基极、集电极、发射极的对地电压（U_b、U_c 和 U_e），或者测量发射结、集电结（U_{be}、U_{ce}）电压，判断晶体管工作的状态（放大、饱和和截止），该状态是否与设计相同，如果满足不了要求，仔细分析这些数据，并进行适当的调整。

其次，测量晶体管集电极静态电流可判别其工作状态，测量集电极静态电流有两种方法。

① 直接测量法——断开集电极，然后串入万用表，用电流档测量其电流。

② 间接测量法——通过测量晶体管集电极或发射极电阻器上的电压，然后根据欧姆定律 $I = U/R$，可计算出集电极静态电流。晶体管电压、电流测试示意图如图 6-2 所示。

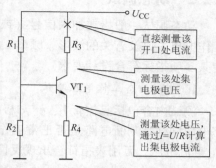

图 6-2　晶体管电压、电流测试示意图

（4）集成电路（IC）静态工作点的测试

1）集成电路各引脚静态电压的测量。

集成电路内的晶体管、电阻和电容都封装在一起，无法进行调整。一般情况下，集成电路的各引脚对地电压基本上反映了内部工作状态是否正常。在排除外围元器件损坏（或插错元器件、短路）的情况下，只要将所测得电压与正常电压进行比较，即可做出正确判断。

2）集成电路静态工作电流的测量。

有时集成电路虽然正常工作，但发热严重，说明其功耗偏大，是静态工作电流不正常的表现，所以要测量其静态工作电流。测量时可断开集成电路供电引脚，串入万用表，使用电流档来测量。若是双电源供电（即正负电源），则要分别测量。

（5）数字电路逻辑电平的测量

数字电路一般只有两种电平。以 TTL 与非门电路为例，0.8V 以下为低电平，1.8V 以上为高电平。电压为 0.8～1.8V 电路状态是不稳定的，不允许出现。不同数字电路高低电平界限有所不同，但相差不远。

在测量数字电路的静态逻辑电平时，先在输入端加高电平或低电平，然后再测量各输出端的电压是高电平还是低电平，做好记录，测试完毕后，分析其状态，判断是否符合该数字电路的逻辑关系。若不符合，则要对电路进行详细检查，或者更换该集成电路。

2. 电路调整方法

测试电路时，可能要对某些元器件的参数进行调整，调整方法常用选择法和调节可调元器件法，两种方法在静态调整和动态调整中都适用。

（1）选择法

通过替换元器件来选择合适的电路参数（性能或技术指标）。电路原理图中，在这种元器件的参数旁边通常标注有"＊"号，表示需要在调整中才能准确地选定。因为反复替换元器件很不方便，一般总是先接入可调元器件、待调整确定了合适的元器件参数后，再换上与选定参数值相同的固定元器件。

（2）调节可调元器件法

在电路中已经装有调整元器件，如电位器、微调电容和微调电感等。其优点是调节方便，而且电路工作一段时间以后，如果状态发生变化，也可以随时调整，但可调元器件的可靠性差，体积也比固定元器件大。

静态测试与调整时内容较多，适用于产品研制阶段或初学者试制电路使用，在生产阶段调试，为了提高生产效率，往往是只作简单针对性的调试，主要以调节可调性元器件为主。对于不合格电路也只作简单检查，如观察有没有短路或断线等。若不能发现故障，立即在底板上标明故障现象，再转向维修生产线上进行维修，这样才不会影响调试和生产线的运行。

6.2.2 动态调试

动态调试一般指在加入信号（或自身产生信号）后，测量晶体管、集成电路等的动态工作电压，以及有关的波形、频率、相位和电路放大倍数等，通过调整相应的可调元器件，使其多项指标符合设计要求。

1. 电路动态工作电压测试

测试内容包括晶体管 b、e、c 极和集成电路各引脚对地的动态工作电压，动态电压与静态电压同样是判断电路是否正常工作的重要依据，例如有些振荡电路，当电路起振时测量 U_{be} 直流电压，万用表指针会出现反偏现象，利用这一点可以判断振荡电路是否起振。

2. 电路重要波形测试

无论是在调试还是在排除故障的过程中，波形的测试与调整都是一个相当重要的技术。各种整机电路中都可能有波形产生或波形处理变换的电路。为了判断电路各种过程是否正常，是否符合技术要求，常需要观测各被测电路的输入、输出波形，并加以分析。对不符合技术要求的，则要通过调整电路元器件的参数，使之达到预定的技术要求。在脉冲电路的波形变换中，这种测试更为重要。

大多数情况下观察的波形是电压波形，有时为了观察电流波形，可通过测量其限流电阻的电压，再转成电流的方法来测量。利用示波器对电路中的波形进行测试是调试或排除故障过程中广泛使用的方法。用示波器观测波形时，上限频率应高于测试波形的频率。对于脉冲波形，示波器的上升时间还必须满足要求。对电路测试点进行波形测试时可能会出现以下几种不正常的情况：

1）没有波形。这种情况应重点检查电源，静态工作点，测试电路的连线等。

2）波形失真。测量点波形失真或波形不符合设计要求，通过对其分析和采取相应的处理方法便可解决。解决的办法一般是：首先保证电路静态工作点正常，然后再检查交流通路方面。现以功率放大器为例，对其输出波形进行测试如图 6-3 所示，可能出现的失真波形图如图 6-4 所示。

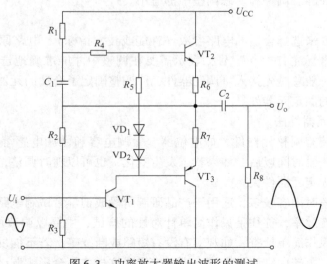

图 6-3 功率放大器输出波形的测试

① 图 6-4a 的波形属于正常波形。

② 图 6-4b 的波形属于对称性削波失真。适当减少输入信号，即可测出其最大不失真输出电压，这就是该放大器的动态范围。

③ 图 6-4c 和图 6-4d 的波形是由于互补输出级中点电偏偏离所引起，所以检查并调整该放大器的中点电位使输出波形对称。

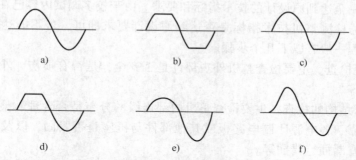

图 6-4　输出失真波形图

④ 图 6-4e 的波形——主要是输出级互补管（VT$_2$ 和 VT$_3$）特性差异过大所致。

⑤ 图 6-4f 的波形——是由于输出级互补管静态工作电流太小所致，称为交越失真。

3）波形幅度过大或过小。主要与电路增益控制元器件有关，细心测量有关增益控制元器件即可排除故障。

4）电压波形频率不准确。与振荡电路的选频元器件有关，一般都设有可调电感或可调电容来改变其频率，只要作适当调整就能得到准确频率。

5）波形时有时无不稳定。可能是元器件或引线接触不良而引起的。如果是振荡电路，则可能电路处于临界状态，对此，通过其静态工作点或增加一些反馈元器件来排除故障。

6）有杂波混入。首先要排除外来的干扰，做好各项屏蔽措施。若仍未能排除，则可能是电路自激引起的，可通过加大消振电容的方法来排除故障，如加大电路的输入、输出端对地电容、晶体管集电结间电容，集成电路消振电容（相位补偿电容）等。

3. 频率特性的测试与调整

频率特性是电子电路中的一项重要技术指标。所谓频率特性是指一个电路对于不同频率、相同幅度的输入信号（通常是电压）在输出端产生的响应。测试电路频率特性的方法一般有两种，即信号源与电压表测量法和扫频仪测量法。

（1）用信号源与电压来测量法

在电路输入端加入按一定频率间隔的等幅正弦波，每加入一个正弦波就测量一次输出电压。然后，根据频率—电压关系曲线得到幅频特性曲线。功率放大器常用这种方法测量其频率特性。

（2）用扫频仪测量频率特性

把扫频仪输入端和输出端分别与被测电路的输出端和输入端连接，在扫频仪的显示屏上就可以看出电路对各点频率的响应幅度曲线。采用扫频仪测试频率特性，具有测试简便、迅速、直观和易于调整等特点，常用于各种中频特性调试、带通调试等。如收音机的 AM 465kHz 和 FM 10.7MHz 中频特性常使用扫频仪（或中频特性测试仪）来调试。

动态调试内容还有很多，如电路放大倍数、瞬态响应和相位特性等，而且不同电路要求动态调试项目也不相同。

6.2.3　整机性能测试与调整

整机调试是把所有经过动静态调试的各个部件组装在一起进行的有关测试，它的主要目的是使电子产品完全达到原设计的技术指标和要求。由于较多调试内容已在分块调试中完成了，整机调试只需检测整机技术指标是否达到原设计要求即可，若不能达到则再作适当调整。整机调试流程一般有以下几个步骤。

1）整机外观检查。主要检查整机外观部件是否齐全，是否有损伤，外观调节部件和活动部件是否灵活等。

2）整机内部结构的检查。主要检查整机内部连线的分布是否合理、整齐，内部传动部件是否灵活、可靠、各电源印制电路板或其他部件与机座是否紧固，以及它们之间的连接线、接插件有没有漏插、错插等。

3）对单元电路性能指标进行复检调试。该步骤主要是针对各电源电路连接后产生的相互影响而设置的，其主要目的是复检各单元电路性能指标是否改变。若有改变，则须调整有关元器件。

4）整机技术指标的测试。对调整好的整机必须进行严格的技术测定，以判断它是否达到原设计的技术要求。如收音机的整机功耗、灵敏度和频率覆盖等技术指标的测定。不同类型的整机有各自的技术指标、并规定了相应的测试方法（按照国家对该类型电子产品规定的方法）。对于大批量生产的产品，整机调试也采用流水作业，要根据产品的情况，确定整机调试工位数，并制订每一工位的整机调试工艺文件。

5）整机老化和环境试验。通常，电子产品在装配、调试完后还要对小部分整机进行老化测试和环境试验，这样可以提早发现电子产品中一些潜伏的故障，特别是可以发现带有共性的故障，从而对同类型产品能够及早通过修改电路进行补救，有利于提高电子产品的耐用性和可靠性。

一般的老化测试是对小部分电子产品进行长时间通电运行，并测量其无故障工作时间。分析总结这些电器的故障特点，找出它们的共性问题加以解决。

环境试验一般根据电子产品的工作环境而确定具体的试验内容，并按照国家规定的方法进行试验。环境实验一般只对小部分产品进行，常见环境试验内容和方法如下所述。

① 对供电电源适应能力试验。如使用交流 220V 供电的电子产品，一般要求输入交流电压在（220 ± 22）V 和频率在（50 ± 4）Hz 之内，电子产品仍能正常工作。

② 温度试验。把电子产品放入温度试验箱内，进行额定使用的上、下限工作温度的试验。

③ 震动和冲击试验。把电子产品紧固在专门的振动台和冲击台上进行单一频率振动试验、可变频率振动试验和冲击试验。用木槌敲击电子产品也是冲击试验的一种。

④ 运输试验。把电子产品安放在载重汽车上行走一段距离，进行运输试验。

6.3　电子产品的质量检验

电子产品的质量检验是一项重要的工作，它贯穿于产品生产的全过程。产品质量检验工作要执行自检、互检和专职检验相结合的三级检验制度，一般程序是：先自检，再互检，最后由专职检验人员检验。

质量检验的作用表现在两个方面：一是检验产品的性能质量，判断产品是否达到产品合格标准，把好质量关；二是检验产品的性能指标是否符合设计要求，为产品的设计、开发及改进反馈基础数据。

6.3.1 质量检验的方法和程序

1. 质量检验的方法

电子产品质量检验的方法有全数检验和抽样检验。

1）全数检验：产品制造全过程中，对全部单一成品、半成品的质量特性进行逐个检验为全数检验。全数检验后的产品可靠性高。

2）抽样检验：是根据数理统计的原则所预先制订的抽样方案，从交验的产品中抽出部分样品进行检验，根据部分样品的检验结果，判定整批产品的质量水平，得出整批产品是否合格的结论，并决定是接收还是拒收该批产品，或采取其他处理方式。抽样检验是目前生产中广泛采用的一种检验方法，抽样检验应在产品成熟、工艺规范、设备稳定和工装可靠的前提下进行。

2. 质量检验的程序

企业在组织生产过程中，检验工作一般按以下的程序进行：首先进行元器件、材料和零部件等入库前检验，然后进行生产过程中的检验，最后进行整机检验。一般检验工艺流程及常用检验方法如图 6-5 所示。

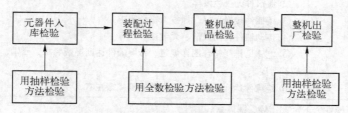

图 6-5　一般检验工艺流程及常用检验方法

（1）入库前的检验

元器件、零部件和材料等在入库前要按产品技术条件或技术协议进行外观检验并测试有关性能指标，合格后方可入库。对管件和集成电路进行外观检验时，应注意下列各方面：玻璃管壳有无破裂，管壳与引脚有无生锈，引脚有无松动，有无裂缝等现象。对电阻器和电容器，应检查其结构、外形和尺寸是否符合产品标准规定。对电阻器还要进行实际阻值和绝缘电阻的测量，对电容器还应进行容量、耐压和漏电流的检测。对电线、电缆，应检查其绝缘表面是否平滑，有无机械损伤、杂质，有无显著的凹凸和竹节形，还要检测导线的绝缘电阻是否符合要求。

（2）装配过程中的检验

装配过程中各阶段的检验内容及工艺要求在前几章中已有介绍，这里将其归纳于表 6-1 中供参考。

表 6-1 装配过程中的检验

工 序		检 验 内 容
准备工序	元器件准备	① 元器件引线浸锡符合要求 ② 元器件标记字样清楚 ③ 准备件的制作符合图样要求 ④ 地线、裸线成形符合要求
	导线准备	① 导线尺寸、规格和型号符合图样规定 ② 导线端头处理符合要求
	线扎制作	① 排线合理整齐、尺寸符合规定 ② 帮扎牢固、扣距均匀,扎线松紧适当
	电缆加工	① 材料尺寸、制作方法符合图样规定 ② 插头座要进行绝缘试验
安装	紧固件的安装	① 紧固件选用符合图样要求 ② 螺钉凸出螺母的长度以 2~3 扣为宜 ③ 弹簧的垫圈应压平,无开裂,紧固力矩符合要求 ④ 紧固漆的用量和涂法符合要求
	铆装	① 铆钉的形状无变形、开裂 ② 铆钉头的压形符合要求
	胶接	① 胶的选用符合规定、用量适当、均匀 ② 胶接面无缝隙,交接后无变形
	其他	① 瓷件、胶木件无开裂、起泡、变形和掉块 ② 镀银件无变色发黑 ③ 接插件接触良好。插拔力符合要求 ④ 传动器件转动灵活、无卡住 ⑤ 电感见排列符合图样规定、带屏蔽件达到屏蔽要求,磁帽、磁心无开裂、可调磁心符合要求 ⑥ 绝缘件达到绝缘要,减振器起到减振左右
焊接	焊接正确性	无错焊,漏焊点
	焊接点质量	① 焊锡适量,焊点光滑 ② 无虚焊,无毛刺、砂眼和气孔等现象

(3) 整机检验

整机质量检验包括外观检验、电性能检验和周期性检验等几个方面。

1) 外观检验。装配好的整机,应该有可靠的总体结构和牢固的机箱外壳。整机表面无损伤,涂层无划痕、脱落,金属结构无开裂、脱焊现象,导线无损伤,元器件固定是否牢固,有无装错;有无虚焊、漏焊;金属结构有无开焊、开裂现象等。

2) 电性能检验。电性能检验是整机检验的主要内容之一。检查产品的各装配件如印制电路板、电气连接线等是否安装正确,技术指标是否达到设计要求,通过检验确定产品是否达到国家、行业或企业技术标准。

3) 周期试验。无论是独立批量的生产,还是连续大批量的生产,均需定期在检验合格的产品中随机抽样试验,考核产品的质量是否稳定。试验的项目一般有:环境试验、可靠性试验和安全性试验等。

环境试验：在低温、高温、湿热、冲击、碰撞、振动和低气压等不同模拟环境条件下，依据相应的环境试验标准，检验产品适应环境的能力。

可靠性试验：确定产品在一般情况下，在规定的条件和规定的时间内完成规定功能的能力。

安全性试验：安全性试验就是检验电子整机在使用安全等方面是否符合安全标准，主要检查绝缘电阻、绝缘强度和泄漏电流大小等。

6.3.2 电子产品故障检测方法

电子产品的调试和质量检验过程中，经常会发现各种故障现象，如元器件调整达不到设计要求，电路工作不正常等。因此，对电子产品进行故障检查、分析和处理是不可缺少的环节。查找故障的方法以很多，下面介绍常用的几种。

（1）直观法

直观法就是通过眼看、鼻闻、耳听和手摸等直接感觉的方法查找故障。例如在打开机器外壳时，观察有无断线、脱焊、电阻烧坏、电解电容漏液、印制板铜箔断裂、印制导线短路和机械损坏等。在安全的前提下可以用手触摸晶体管、变压器等，检查温升是否过高；可以嗅出有无电阻、变压器等烧焦的气味；可以听出是否有不正常的摩擦声、高压打火声和碰撞声等。也可通过轻轻敲击或扭动来判断虚焊、裂纹等故障。

（2）万用表测量法

万用表是查找判断故障时最常用的仪表，用万用表测量电路或器件的电压、电流，将测得值与正常值进行比较，以判断故障发生的原因及部位。也常用万用表电阻档测量元器件或电路两点间电阻，判断故障。这种方法还能有效地检查电路的"通""断"两种状态，如检查开关，铜箔电路的断裂、短路等都比较方便、准确。

（3）替代法

替代法是利用性能良好的备件、部件（或利用同类型正常机器的相同器件、部件）来替代可能产生故障的部分，以确定产生故障的部位的一种方法。如果替代后工作正常了，说明故障就出在这部分。

（4）波形观测法

通过示波器观测被检查电路交流工作状态下各测量点的波形，以判断电路中各元器件是否损坏的方法，称为波形法。用这种方法需要将信号源的标准信号送入电路输入端（振荡电路除外），以观察各级波形的变化。

（5）短路法

使电路在某一点短路，观察在该点前后故障现象的有无，或对故障电路影响的大小，从而判断故障的部位，这种方法通常称为短路法。这里必须注意：如果将要短接的两点之间存在直流电位差，就不能直接路，必须用一只电容器跨接这两点，起交流短路作用。

（6）比较法

使用同型优质的产品，与被检修的机器作比较，找出故障的部位，这种方法称为比较法。检修时可将两者对应点进行比较，在比较中发现问题，找出故障所在。也可将有怀疑的器件、部件插到正常机器中去，如果工作依然正常，说明这部分没问题。

（7）分割法

当故障电路与其他电路所牵连线路较多，相互影响较大的情况下，可以逐步分割有关的线路（断掉线路之间互相连接的元器件或导线的接点，或拔掉印制电路板的插件等）观察其故障现象的影响，以发现故障的所在，这种方法称为分割测试法。分割法对于检查短路、高压等有可能进一步烧坏元器件的故障，是比较好的一种方法。

（8）信号寻迹法

注入某一频率的信号或利用电台节目以及人体感应信号做信号源，加在被测机器的输入端，用示波器或其他信号寻迹器，依次逐级观察各级电路的输入和输出端电压的波形或幅度，以判断故障的所在，这种方法称为信号寻迹法（也称为跟踪法）。

6.3.3 收音机电路原理与检修方法

1. 收音机电路原理

调幅收音机按电路形式可分为直接放大式和超外差式收音机两种。超外差式收音机具有灵敏度高、选择性好和工作稳定等许多特点。其电路原理图框图如图 6-6 所示。从图中可以看出它由输入电路、变频器（混频器 + 本机振荡器）、中频放大器、检波器、前置低频放大器、功率放大器及扬声器组成。图 6-7 为超外差式收音机的电路原理图，下面简单介绍各单元电路工作原理。

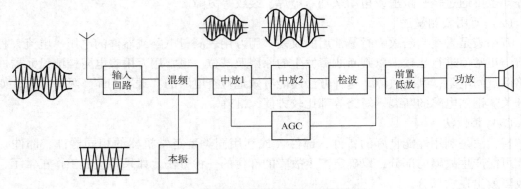

图 6-6　超外差式收音机电路原理图框图

（1）输入电路

输入电路是指收音机从天线到变频管基极之间的电路。它的作用是从天线接收到的众多的无线电台信号中，经调谐回路调谐选出所需要的信号，同时把不需要的信号抑制掉，并且要能够覆盖住规定频率范围内的所有电台信号。

如图 6-7 所示，由 $C_1 - A$、B_1 的一次线圈等元件组成输入回路，中波段调谐变压器 B_1 的一次侧、二次侧线圈同绕在中波磁棒上。当 $C_1 - A$ 的容量从最大调到最小时，可使谐振频率从最低的 525kHz 到最高的 1605kHz 范围内连续变化。当空中的高频电台信号的某一频率与回路的调谐频率一致时，在 B_1 的一次线圈两端这一电台频率的信号感应最强，这个电台信号再经 B_1 的二次线圈耦合到本振电路，就达到选台目的。

（2）变频器

1）变频原理。变频器的作用是将输入回路送来的高频调幅载波转变为一个固定的中频

166

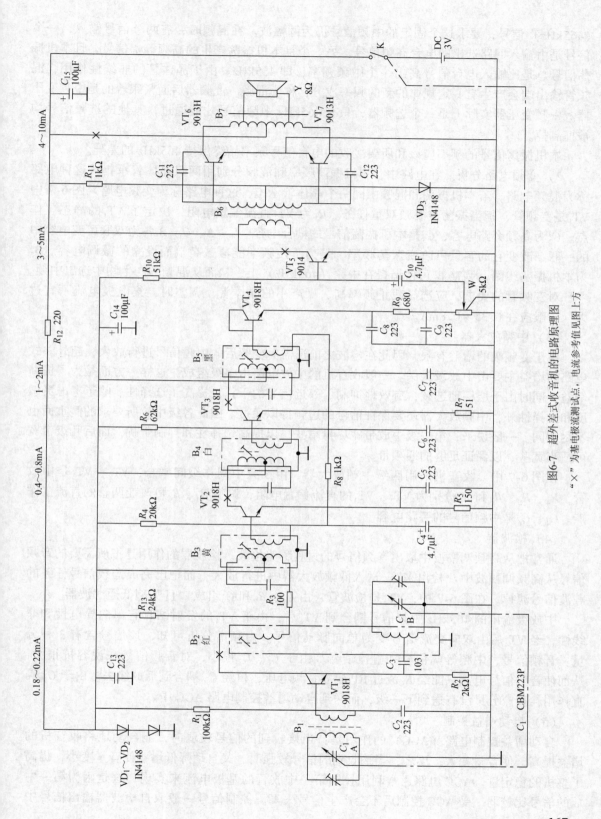

图6-7 超外差式收音机的电路原理图

"×"为基电极流测试点，电流参考值见图上方

167

（465kHz）信号，要求这个固定的中频信号仍为调幅波。在混频时，有两个信号输入，一个信号是由输入回路选出的电台高频信号，另一个是本机振荡产生的高频等幅信号，且本机振荡信号总是比输入电台信号高出一个中频频率，即465kHz。由于晶体管的非线性作用，混频管输出端会产生一定规律的新的频率成分，称为混频。混频器后面紧跟着的是中频变压器。中频变压器实际上是一个选频器，只有465kHz中频信号才能通过，其他的选频信号均被抑制掉。

本机振荡信号的频率应该和所要接收的电台信号频率始终保持465kHz的差异。

2）变频电路分析。在电路中，本机振荡频率和混频分别用两只晶体管承担，这种电路称为混频电路。若本机振荡和混频由同一个晶体管承担，这种电路称为变频电路。图6-7中VT_1是变频管，担当振荡与混频双重任务。R_1为VT_1直流偏置电阻，决定了VT_1的静态工作点。C_2为高频旁路电容，C_3是本机振荡信号的耦合电容。C_1-A、C_1-B各为双联可变电容中的一联，改变它的容量可改变振荡频率。是为了使频率能覆盖高端而设立的微调电容。B_2为本机振荡线圈，调整B_2可使谐振在中频（465kHz）上，从而从混频的产生物中选出中频。

对变频管的要求，应选择截止频率高、噪声小的晶体管，调整时，集电极电流不宜过大，一般应在$0.35\sim0.8mA$。

（3）中频放大器

由于变频级的增益有限，因此在检波之前还需对变频后的中频信号进行放大，超外差式电路的增益主要由中放级提供。一般收音机的中放电路由多级组成，这样一方面是为了提高增益，同时由于层层地选频，有效地抑制了邻近信号的干扰，提高了选择性。除了考虑灵敏度和选择性外，中频放大器还要保证信号的边频得以通过。因此各级中放所要求的侧重面也不尽相同。一般说来，第一级中放带宽尽量窄些，以提高选择性和抑制干扰，而后几级带宽可适当宽些，以保证足够的通频带。

在图6-7中，收音机采用两级中频放大器，由3只中周作级间耦合，VT_2、VT_3是中放管，R_4、R_5、R_6和R_7分别为VT_2、VT_3的直流偏置电阻，调整R_4、R_6可改变两管的直流工作点。C_4、C_6是中频信号的旁路电容。

（4）检波器

通常把从高频调幅波中取出音频信号的过程称为检波。检波器的作用是把所需要的音频信号从高频调幅波中"检出来"，送入低频放大器中进行放大，而把已完成运载信号任务的载波信号滤掉。在图6-7中，VT_4是检波管，由C_8、R_9和C_9组成"Π"型低通滤波器。

中放级输出的465kHz中频信号耦合到VT_4后，由于VT_4的发射结具有单向导电性和非线性，经VT_4后由双向交流信号变为单向脉动信号。由频谱分析可知，该信号含有3种分量：音频信号、中频等幅信号和直流信号。由于C_8、C_9很小，对音频信号来说容抗很大，从而使音频信号电流只能经R_9流过RP建立音频电压，再经C_{10}耦合到低放级去。由于C_{10}隔直作用，直流分量没有送到下一级，而送到自动增益控制电路AGC中。

（5）自动增益控制

自动增益控制电路（AGC）的作用是：当接收到的信号较弱时，能自动地将收音机的增益提高，使音量变大；反之，当接收到的信号较强时，又自动降低增益使音量变小，提高了整机的稳定性。AGC电路通常利用控制第一中放管的基极电流来实现，这是因为第一中放的信号比较弱，受AGC控制后不会产生信号失真。控制信号一般取自检波器输出信号中的直流成分，这是因为检波输出直流电压正比于接收信号的载波振幅。

在图 6-7 电路中，R_8、C_4 构成 AGC 电路，当接收天线感应的信号较小时，经变频、中放的信号较小，检波后在 C_4 的压降较小，所需 AGC 电压较小，不致使第一中放管（NPN）饱和而使音量较小。反之接收强信号时，则第一中放管饱和，使音量变低。由此可见电路实际上是一个负反馈的工作过程。

（6）音频放大器

音频放大器包括前置放大器和功率放大器。

前置放大器一般在收音机的检波器与功率放大器之间，它的作用是把从检波器送来的低频信号进行放大，以便推动功率放大器，使收音机获得足够的功率输出。一般六管以上的收音机其前置放大器分有两级：末前级（与功率放大器相连）和前置级（与检波器相连）。六管及六管以下的收音机只有末前级而无前置级。

功率放大器是收音机最后一级，它的作用是将前置放大器送来的低频信号作进一步放大，以提供足够的功率推动扬声器发声。目前最常用的是推挽功率放大器和 OTL 功率放大器。本机电路中由 VT_5 构成的低放电路，由 VT_6、VT_7 构成的功放电路。

2. 检修基本方法

（1）电压、电流测量方法

收音机通常使用干电池供电的，电池电压不足时，会出现无声、音量轻、失真、灵敏度低、哨叫以及台少等故障，因此，遇到这类故障时，首先检查电池电压，如果电池电压正常，再检查整机电流。

整机电流测量的方法：将万用表拨至 250mA 直流电流档，两表笔跨接于电源开关的两端，此时开关应置于断开位置，可测量整机的总电流。本机的正常总电流约为（10±2）mA。

用万用表测量各级放大管的工作电压以及测量各级放大管的集电极电流，是判断具体故障位置的基本方法。但测量放大管的集电极电流时需将电流表串联到集电极电路中，如电路板上没有集电极电路测量端口，就要在印制电路板铜箔或导线上断开，形成测量端口。可以用短路晶体管的基极到地看整机电流减小的数量来估算各集电极电流的方法。

（2）信号注入法

收音机是一个信号捕捉、处理和放大系统，通过注入信号可以判定故障位置。

用低频信号发生器来寻找低频部分故障，根据收音机测试条件中规定的频率，选择选低频信号发生器的振荡频率，一般为 400 ~ 1000Hz。将低频信号注入低频某一级回路时，扬声器输出异常，则可判定故障发生在该级电路中。用高频信号发生器注入 465Hz 信号检测中放、检波级电路故障，注入 465 ~ 1640Hz 信号可检测输入、变频级电路故障。

如没有信号发生器的情况下，也可用以下方法，选万用表 $R \times 10\Omega$ 电阻档，红表笔接电池负极（地）黑表笔触碰放大器输入端（一般为晶体管基极），此时扬声器可听到"咯咯"声。然后用手握螺钉旋具金属部分去碰放大器输入端，从扬声器听反应，此法简单易行，但相应信号微弱，不经晶体管放大则听不到声音。

（3）故障部位判断法

利用一定的检测方法或经验迅速判断故障部位，能有效提高检修效率。例如判断故障在低放之前还是低放之中（包括功放）的方法：接通电源开关，将音量电位器开至最大，扬声器中没有任何响声，可以判定低放部分肯定有故障。

判断低放之前的电路工作是否正常，方法如下：将音量减小，万用表拨至直流电压档。档位选择 0.5V，两表笔并接在音量电位器非中心端的两端上，一边从低端到高端拨动调谐盘，一边观看电表指针，若发现指针摆动，且在正常播出时指针摆动次数约在数十次左右。即可断定低放之前电路工作是正常的。若无摆动，则说明低放之前的电路中也有故障，这时仍应先解决低放中的问题，然后再解决低放之前电路中的问题。

例如，完全无声故障的检修：将音量电位器开至最大，用万用表直流电压 10V 档，黑表笔接地，红表笔分别触电位的中心端和非接地端（相当于输入干扰信号），可能出现 3 种情况：

① 碰非接地端扬声器中无"咯咯"声，碰中心端时扬声器有声。这是由于电位器内部接触不良，可更换或修理排除故障。

② 碰非接地端和中心端均无声，这时用万用表 $R \times 10$ 档，两表笔并接碰触扬声器引线端，触碰时扬声器若有"咯咯"声，说明扬声器完好。然后将万用表拨至电阻档，点触 B_7 次级两端，扬声器中如无"咯咯"声，说明扬声器的导线已断；若有"咯咯"声，则把表笔接到 B_7 初级两组线圈两端，这时若无"咯咯"声，就是 B_7 初级有断线。

③ 将 B_6 初级中心抽头处断开，测量集电极电流，若电流正常。说明 VT_6 和 VT_7 工作正常，B_6 次级无断线。

若电流为 0，则可能是 R_{11} 断路或阻值变大；VT_7 短路；VT_5 和 VT_6 损坏。（同时损坏情况较少）。

若电流比正常情况大，则可能是 R_{11} 阻值变小，VT_7 损坏；VT_5 和 VT_6；C_{11} 或 C_{12} 有漏电或短路。

④ 用干扰法触碰电位器的中心端和非接地端，扬声器中均有声，则说明低放工作正常。

6.3.4 收音机的故障检修示例

本节按照图 6-7 所示收音机原理图来分析收音机的故障及检修。

1. 收音机无声

收音机的每一个功能电路部分有问题都有可能造成无声故障，下面按照可能出现故障的部分说明检修方法。

（1）查电源

电源应该是要检查的首要任务，首先用万用表直流电流 50mA 档，串接在电位器上电源开关的两个端点上，此时，电源开关的位置处于"关"。若发现整机静态电流过大，应重点检查"短路"情况，主要是看退耦电容（通常是跨接在电源正、负极间的电解电容器）或晶体管是否击穿；若发现整机静态电流过小或为零，则说明电池电能耗尽或没接上，重点检查电池电压、电池夹片、弹簧是否锈蚀、电源引线是否断开和外接电源插座簧片是否接触良好。

（2）查音频放大电路

当一台收音机无声且检查电源结果也正常时，就应重点怀疑音频放大电路。首先将音量电位旋至最大，仔细听扬声器中有无"沙沙"声，如无"沙沙"声，应先检查扬声器是否损坏或断线，耳机插口是否接触不良，输出变压器是否断线，输出电容（对 OTL 电路而言）是否开路等。排除上述可能故障后，可用信号注入法或信号寻迹法逐段检查，直至找到故障点即可排除。

170

（3）查检波级

音频放大电路部分完好，则检查检波级，在图6-7中，若在检波晶体管 VT_4 之前看到几十到几百毫伏的中频调幅信号，在 VT_4 之后就看不到音频信号的波形，扬声器中也听不到声音，那么故障可定在检波管及周围的几个电阻、电容。拆检波晶体管 VT_4 检测其好坏，通常情况下若晶体管开路或短路均无检波作用，若正常，则检测周围 C_8、C_9 是否正常。

（4）查中频放大电路

中频放大通常有两级以上，如图6-7所示，若确定问题出在某中放级，可用万用表测中放级晶体管 VT_2、VT_3 的工作点，也可将音量开大后，用万用表的表笔触碰中放级晶体管的集电极或基极。若能听到扬声器"嘎啦"声，则说明工作点正常；若无"嘎啦"声，则通过工作状态检查，判断晶体管有无问题或者拆下来检查，如果晶体管正常，则可能是其前后所接的中频变压器或电容等有问题。这可以通过测量集电极电压或中频变压器线圈通断来判定。若线圈都没问题，则需检查中频谐振电路电容是否开路。

（5）查变频电路

调幅广播接收的变频电路一般直接和天线输入电路和振荡回路相连，即兼作混频和振荡。这两部分部是电感 L 和电容 C 组成的谐振回路，以便选择所要接收的电台。以图6-7为例，首先检查变频管 VT_1 的直流工作状态，这时应注意仅测晶体管各极电压还不一定能判定管子好坏，因为变频管的基极和集电极要先通过电感线圈后才接直流电源，因此还要注意检查这些元器件的质量。

（6）查输入回路、本振级

如果测得变频管的各极电压正常，也只能说明直流工作状态正常。但若输入电路有问题或本振停振也会造成无声。

可先检查本机振荡是否停振，方法是用万用表直流低电压档检测变频管发射极电压，然后用螺钉旋具或导线将振荡线圈次级短接或将双联可变电容器的振荡联动定片短接，这时若发射极电压显著降低，说明原来电路有振荡；若发射极电压无变化，说明电路原已停振，需要进一步查明停振原因。通常是检查振荡线圈，看是否短路；振荡联是否短路（振荡联短路使振荡频率过高也收不到电台）或开路；振荡耦合电容是否开路等，这些都可用代换法确定。

如果采取上述人为停振措施时，发射极电压虽有变化，但下降很少，仅几十毫伏，说明振荡太弱。这可能是晶体管老化变质或振荡线圈、印制电路板受潮，使 Q 值降低，绝缘不良引起。这需要逐一核实确认，对于老化变质的元器件只有更换。

当本振电路工作正常时就要检查输入电路。在音频放大、中放电路均正常的情况下，因双联碰片收不到电台的故障不难发现，一调谐就听到响亮的"嘎啦"声就是明显症状。天线线圈短路或断路均会出现收不到台的情况。

2. 声音小

音量小的故障可分为两类；一类是音量减小的同时灵敏度也降低，这种故障多发生在检波级以前的高频部分；另一类是音量减小时，灵敏度并无明显变化，接收电台数目不少，这种故障多发生在低放级。由于前一类故障与收音机的灵敏度有关，可作为灵敏度低的故障处理。这里只介绍第二类故障的检修步骤和方法。

1）电池电能不足、电压低。

2）音量电位器动、定片间接触电阻变大。

3）音频前置晶体管老化变质或集成电路内部相应部分老化变质。

4）偏置电路失常，引起某级晶体管的静态工作点降低，放大电路增益减小。

5）前置电路晶体管发射极旁路电容开路、失效，产生本级音频负反馈，放大增益降低；功放级射极电阻变质或集成电路负反馈电阻变质，使负反馈加深，功放级增益下等。

6）音量电位器与前置功放之间的耦合电容变质，损耗过大，造成信号减弱。

7）扬声器质量变劣。

3. 声音失真

失真是指扬声器发出的声音与原来播出的声音不一样，常表现为声音发尖、刺耳、沙哑、混浊和含混不清等，失真的原因多是电源电压不足、扬声器损坏或电路部分出现故障所致。实践证明，用信号寻迹法检修失真故障效果最好。检修次序一般由前向后逐级检查，也可根据实际情况分段检查。信号寻迹法检修失真故障的步骤和方法如下。

（1）检查电源电压

用电池供电的收音机电池用旧时就会出现失真现象。这种故障的特点是音量开大时失真大，音量关小时失真小。有时刚开机声音正常，过一会就现失真，音量开大时，声音也不明显增加，当电池电压正常时有时也会出现失真现象。如电池夹或接触弹簧氧化、生锈时，会造成接触电阻增大，使实际加到电路上的电压不足，造成失真，可通过测量电池夹两端的电压进行鉴别。

（2）检查低放级

收音机失真多是低放级不良造成的，检修时应先证实故障是否发生在低放级。方法是使收音机收到某一电台信号并使音量调至适中，然后用信号寻迹器探头接触音量电位器中心焊片，同时从信号寻迹器耳机中监听声音是否有失真现象。若有失真现象表明故障在音量电位器之前的高频部分；若无失真现象表明故障在低放级。可按前面介绍的信号寻迹法依次检查前置放大级和推动级。若检测到某级有故障时，用电压测量法进一步查找引起失真故障的根源。

若检查前置放大器和推动级均无失真现象，则故障必定发生在功放级和扬声器。可用信号寻迹器探头检测扬声器非接地端，此时若寻迹器耳机内无失真现象，表明扬声器有故障。

可参考扬声器失真故障的检修方法修理。有时扬声器性能良好，但扬声器与机壳装配不良，随着扬声器纸盆的振动会产生一种"咔咔"的声合。

（3）检查高频部分

失真故障虽多发生在低放级，但有时检波级及其以前的高频部分也会引起失真。若用信号寻迹器探头探测音量电位器中心焊片时能监听到失真现象，表明故障发生在音量电位器以前的高频部分。检查这部分电路仍可采用"信号寻迹法"逐级检查。

4. 噪声大

收音机在收听广播时，扬声器中可能会产生一些杂音或噪声，这些噪声一般有两种来源；一种是外界干扰，一种是机内产生的噪声。区分这两种干扰源的方法是，将天线一次线圈短路，若干扰噪声消失，说明是外界干扰；若噪声依旧，则是机器内部噪声。

（1）外界干扰

外界干扰一般有雷电干扰和工业干扰，工业干扰常见的有：城市里的汽车发动机火花干扰，家庭用的荧光灯、调光灯、电吹风、电风扇和洗衣机等电器干扰，解决的办法是远离干扰源。

（2）机内噪声

机器内部噪声除某些元器件虚焊、印制电路板接触不良外，对于一般噪声大的故障，可先将音量电位器关小试听。若噪声大小不变，说明噪声源在音频部分；若噪声明显减小，则说明属于调频或调幅中的高频部分。确定方向之后，可用信号短路法逐级鉴别。

常见的噪声大的原因多是晶体管的工作状态引起的，当电路中集电结工作点不合适产生的噪声及当漏电流变大时噪声会很严重。鉴别的方法一般采用代换法，找到故障点，重新焊接。

调幅天线线圈接触不良引起的噪声可用重焊有关焊点的方法解决。有些特殊噪声很容易判断原因，如旋动音量电位器时听到的"嘎啦"噪声，调谐级联时听到的"嘎啦"声，自然是电位器碳膜磨损或脏污和级联碰片或静电摩擦所致。

5. 灵敏度低

收音机灵敏度低的现象就是能收到的电台数量减少，远地电台收不到，但收本地强台时音量不减。这种现象说明电源电路、音频放大电路都是正常的。收台减少的主要原因在中、高频部分，如输入电路效率低、变频增益、中频增益下降和检波效率降低等。为了缩小故障范围，可用信号注入法由前向后逐级检查或从后向前逐级查寻，直到找到故障所在部位。现将各部位可能引起这种故障的原因及检查方法介绍如下。

（1）变频电路

如果输入电路或本振回路微调电容动端变位，使容量发生变化，就会破坏原来的统调，收到的电台就会减少。这时可调谐到高端某台试听，若变动微调电容时声音增大，说明统调已经乱。需要新调整。

天线一次线圈多股丝包线断了一部分（俗称为断股），使输入电路 Q 值下降，也会造成灵敏度低的故障，重新接好后即可解决。若天线在磁棒上的位置移动了，也会使统调被破坏。这需要将调谐旋钮旋至低端接收一个电台，移动天线在磁棒上的位置即可判别。若能使声音增大。说明统调变了，应重新调试。

变频管有问题，一是变频管老化，使增益降低，可用代换法来判别。二是变频管基极的高频旁路电容击穿开路，致使输入信号不能顺利传输到变频管基极，而是消耗在偏置电阻上，使灵敏度降低，可用代换检查。

（2）中频放大电路

中频放大电路在超外差式收音机中具有重要地位，它不仅决定整机的通频带、选择性，而且决定灵敏度。因为收音部分的增益主要由中放承担，中放增益的降低或中频变压器的失谐会影响整机的灵敏度和选样性。

① 中频变压器失谐。对于装有中频变压器的收音机来说，中频变压器失谐是经常遇到的情况。因为收音机上的数只中频变压器，每一只都可能因机械振动引起磁芯或磁帽改变位置，加之磁芯老化，磁导率降低，都可能引起回路失谐。检测中频变压器是否失谐最好用 465kHz 信号源. 加 1000Hz 音频调幅，通过扬声器监听，从后向的依次调整各中频变压器，

调到声音最响为止。

② 中频变压器部分线圈短路，使回路 Q 值降低，增益下降。这种故障，调磁芯无明显效果，万用表也辨别不出来，只可用代换法判别。有时中频变压器受潮发霉也会使回路 Q 值降低，灵敏度下降。

③ 经过中频变压器一次或二次线圈的高频旁路电容开路失效，致使中放级负反馈加深或信号严重衰减，增益降低。可用代换法逐个并上相当容量的电容判断。

（3）检波电路

当用信号注入法判定出是检波部分引起灵敏度降低后，只需查检波管 VT_4 是否变质，滤波电容 C_8、C_9 是否开路或漏电即可。

6.4　实训　收音机的调试

1. 实训目的

1）熟悉收音机电路的基本原理。

2）能描述超外差式收音机电路组装与整机装配过程。

3）会熟练使用高频信号发生器。

4）会熟练调试超外差式收音机整机。

2. 实训设备与器材准备

1）万用表　　　　　　　　　　　　　　1块。

2）晶体管毫伏表　　　　　　　　　　　1台。

3）无感螺钉旋具　　　　　　　　　　　1副。

4）直流稳压电源　　　　　　　　　　　1台。

5）示波器　　　　　　　　　　　　　　1台。

6）超外差式收音机套件　　　　　　　　1套。

7）高频信号发生器　　　　　　　　　　1台。

3. 实训内容、步骤

超外差式收音机中共有 5 个单元电路能够作直流测试，它们分别为：由 VT_1 构成的混频电路，由 VT_2 构成的第 1 中放电路，由 VT_3 构成的第 2 中放电路，由 VT_5 构成的低放电路，由 VT_6、VT_7 构成的功放电路。

（1）直流电流测量与调试

将万用表置于直流电流档（1mA 或 10mA）。对收音机各级电路的直流电流进行测量。具体测试点（以测量第 2 级中放的电流为例）如图 6-8 所示。如果测试的电流在规定的范围内，则应该将印制电路板与原理图 A、B 处相对应的开口连接起来。各单元电路都有一定的电流值，如该电流值不在规定的范围内，可改变相应的偏置电阻。

具体步骤如下所述。

1）首先将被测支路断开。

2）将万用表置于所需的直流电流档，且串联在断开的支路中。

3）测量时要注意万用表表笔的极性，否则，万用表的指针可能反偏。

174

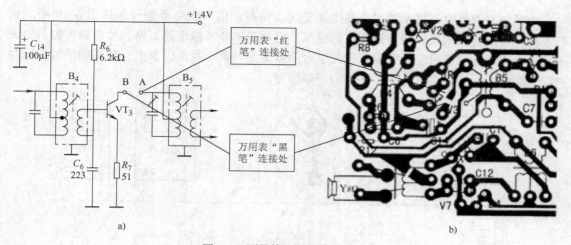

图 6-8　测量第 2 级中放的电流
a）万用表在电路图中的连接 b）万用表在印制电路板中的连接

4）将所测电流值与参考值进行比较，相差较大时，可对相应的偏置作一定的调整。

（2）直流电压测量与调试

将万用表置于直流电压（1V 或 10V）档。对收音机各级电路的直流电压进行测量。具体测量点（以测量第 2 中放级的电压为例）如图 6-9 所示。

具体步骤如下所述。

1）将万用表置于所需的直流电压档。

2）将万用表的表笔并联在被测电路的两端。

3）测量时要注意万用表表笔的极性，否则，万用表的指针可能反偏。

4）将所测电压值与参考值进行比较，相差较大时，可对相应的偏置作一定的调整。

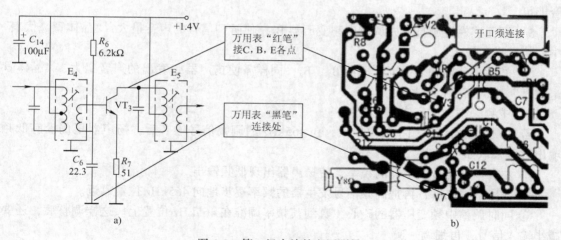

图 6-9　第 2 级中放的电压测量
a）万用表在电路图中的连接　b）万用表在印制电路板中的连接

（3）中频频率调整

方法 1：用高频信号发生器调整中频。

中频频率调整时，将示波器、晶体管毫伏表和高频信号发生器等设备按图6-10所示进行连接。将所连接的设备调节到相应的量程。把收音部分本振电路短路，使电路停振，避去干扰。也可以把双连可变电容器置于无电台广播又无其他干扰的位置上。使高频信号发生器/输出频率为465kHz、调制度为30%的调幅信号。

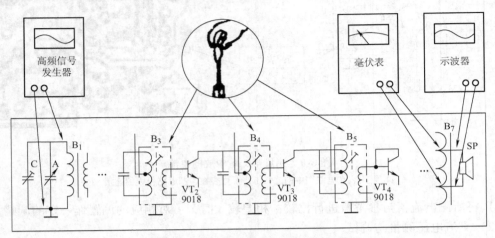

图6-10　中频频率调整与设备连接示意图

具体步骤如下所述。

1）将所连接的设备调节到相应的量程。

2）把收音部分本振电路短路，使电路停振，避去干扰。也可把双连可变电容器置于无电台广播又无其他干扰的位置上。

3）使高频信号发生器输出频率为465kHz、调制度为30%的调幅信号。

4）由小到大缓慢地改变高频信号发生器的输出幅度，使扬声器里能刚好听到信号的声音即可。

5）用无感螺钉旋具首先调节中频变压器B_5，使听到信号的声音最大，"晶体管毫伏表"中的信号指示最大。

6）然后再分别调节中频变压器B_4、B_3，同样需使扬声器中发出的声音最大，"晶体管毫伏表"中的信号指示最大。

7）中频频率调试完毕。

若中频变压器谐振频率偏离较大，在465kHz的调幅信号输入后，扬声器里仍没有低频输出时可采取如下方法：

① 左右调偏信号发生器的频率，使扬声器出现低频输出。

② 找出谐振点后，再把高频信号发生器的频率逐步地向465kHz位置靠近。

③ 同时调整中频变压器的磁心，直到其频率调准在465kHz位置上。这样调整后，还要减小输入信号，再细调一遍。

对于中频变压器已调乱的中频频率的调整方法如下所述。

① 将465kHz的调幅信号由第2中放管的基极输入，调节中频变压器B_5，使扬声器中发出的声音最大，晶体管毫伏表中的信号指示最大。

② 将465kHz的调幅信号由第1中放管的基极输入，调节中频变压器B_4，使声音和信号

指示都最大。

　③ 将 465kHz 的调幅信号由变频管的基极输入，调节中频变压器 B_3，同样使声音和信号指示都最大。

　方法2：利用电台广播调整中频。

　使用高频信号发生器调整中频固然很准确，但在普通条件下，没有上述仪器设备时，可以采用下面介绍的方法调整收音机中频频率。

　1）调谐收音机双联在中波段低端找一个广播信号，例如选 540kHz 的电台并准确地调到最响。然后短路双联的振荡联定片到地，若短路后广播信号消失，即可将它代替高频信号调整中频。否则，如果该信号是由变频级直接输入（本机振荡未起作用）收音机的，则此时进入中放电路的是高频信号而不是中频，在这种情况下进行调整就会把收音机中频调乱。

　2）将音量适当调响，同时注意广播信号接收不宜太强，因为信号太强会使自动增益控制饱和，导致收音机输出音量变化迟钝，影响调整效果。发现信号太强时可以改变收音机方向位置，减小接收信号强度或改收远程电台。

　3）用无感螺钉旋具依次反复调整 B5、B4 和 B3，使接收的电台广播声音最大且不失真。在调整过程中要注意随时减小收音机的音量，避免因听觉造成偏差而影响调整效果。经过反复调整，基本上可以认为收音机的中频调整好了。

　在调整中频过程中应注意几个问题。

　1）输入的信号要尽量小些。这是因为输入信号越弱，各级的输入信号越不至于饱和，AGC 的作用也越小，调谐时的峰点才越明显，所以调整时应注意减弱外来信号强度。可以采用旋转磁性天线方向的方法来调整输入信号的强度，必要时也可以适当调整音量电位器。

　2）在调准电台后，统调中频变压器的过程中应注意不能任意调偏接收到的这个电台，否则，先调的中频变压器的谐振频率会和后调的中频变压器的频率不一致。

　3）如果在调整某一个中频回路时发现有两个峰点，这说明几个中频变压器的回路频率参差较多，此时应先认定一个较大的峰点，随后待其他中频回路和输入回路的该频率位置调到峰点后再来重复调整各中频回路至峰点，以后峰点就只有一个了。

　需要指出的是：利用这种方法调整中频，最好在整机统调后再复核一遍，以便达到较好的收听效果。

　（4）频率覆盖调整

　方法1：用高频信号发生器调频率覆盖范围。

　1）把高频信号发生器输出的调幅信号接入具有开缝屏蔽管的环形天线。

　2）天线与被测收音机部分的天线磁棒距离为 0.6m。仪器与收音机连接如图 6-11 所示。

　3）通电。

　4）将高频信号发生器调到 516kHz。

　5）用无感螺钉旋具调整振荡线圈 T_2 的磁心，使晶体管毫伏表的读数达到最大。

　6）将高频信号发生器调到 1640kHz，把双联电容器全部旋出。

　7）用无感螺钉旋具调整并联在振荡线圈 T_2 上的补偿电容，使"晶体管毫伏表"的读数达到最大。如果收音部分高频频率高于 1640kHz，可增大补偿电容容量；反之则降低。

　8）用上述方法由低端到高端反复调整几次，直到频率调准为止，如图 6-12 所示。

　方法2：利用电台广播调整频率范围。

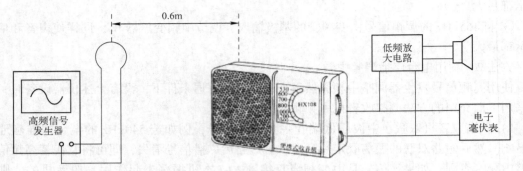

图 6-11　收音机频率覆盖调整示意图

在一般条件下，如果没有高频信号发生器，可以直接在波段的低端和高端各找一个广播节目代替高频信号来调整频率范围。具体方法如下。

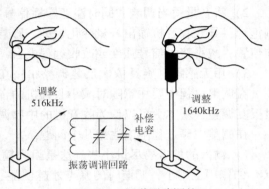

图 6-12　调谐回路调整

1）先在波段的低端找一个广播电台信号，如中波段 1640kHz，为了准确起见，可同时找一台已经调好的标准收音机参照。调整本机振荡线圈的磁芯，使刻度对准时收听的广播节目声音最大（注意随时减小收音机的音量）。

2）在波段的高端找一个广播电台信号，如选 1476kHz，调整并联在双联振荡联上的补偿电容的容量，使收听到的广播节目声音最大。

如此反复调整几次，基本上能保证收音机接收的频率范围。

（5）收音机统调

一般在用高频信号发生器进行统调时，收音机的频率刻度校准点在低端为 600kHz，中间频率为 1000kHz，高端为 1500kHz，称为三点统调。

方法 1：用高频信号发生器统调。

高频信号发生器与待调收音机仍按图 6-11 连接。统调方法如下。

1）调节高频信号发生器的频率调节旋钮，使环形天线选出 600kHz 的标准高频信号。将收音机的刻度定在 600 kHz 的位置上，改变磁棒中天线线圈的位置使毫伏表读数最大。

2）调节高频信号发生器的频率调节旋钮，使环形天线送出 1000kHz 的标准高频信号，将收音机的刻度定在 1000kHz 的位置上，微调磁棒中天线线圈的位置和电路的补偿电容使毫伏表读数最大。天线调谐回路调整方法如图 6-13 所示。

3）再将高频信号发生器输出频率调到 1500kHz，将收音机刻度定在 1500kHz 位置上，调整输入电路补偿电容的容量，使毫伏表指示最大。如此反复多次，直到 3 个统调点 600kHz、1000kHz 和 1500kHz 调准为止。

方法 2：利用外来电台信号统调。

利用外来电台校准频率和用高频信号发生器发射出的高频调幅波进行统调的方法类似，

这里就不再赘述了。

即使在组装前对元器件进行过认真地筛选与检测，但也难保在组装过程中不会出现故障。为此，电子产品的检修也成了调试的一部分，为提高检修速度，加快调试过程，将组装过程中常见的问题列举如下。

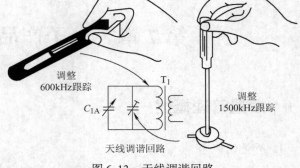

图6-13　天线调谐回路

1）焊接工艺不善，焊点有虚焊现象。

2）有极性的元器件在插装时弄错了方向。

3）由于空气潮湿，导致元器件受潮、发霉，或绝缘性能降低甚至损坏。

4）元器件筛选检查不严格或由于使用不当、超负荷而失效。

5）开关或接插件接触不良。

6）可调元器件的调整端接触不良造成开路或噪声增加。

7）连接导线接错、漏焊或由于机械损伤、化学腐蚀而断路。

8）元器件引脚相碰，焊接连接导线时剥皮过多或因热后缩，与其他元器件或机壳相碰。

9）因为某些原因造成产品原先调谐好的电路严重失调。

6.5　习题

1. 电子产品调试工作的一般程序是什么？
2. 什么是静态调试？静态调试的内容是什么？
3. 什么是动态调试？动态调试的内容是什么？
4. 电子产品质量检验的方法有哪些？
5. 简述电子产品质量检验的一般程序。
6. 简述电子产品故障检测常用的方法。

第7章　电子产品的质量管理

7.1　质量管理概述

1. 质量的概念

根据国际标准和我国国家标准的规定，质量是指产品、过程或服务满足规定要求的特征和特性的总和。它包括产品质量、工序质量和工作质量3方面的内容。

（1）产品质量

产品质量是指产品的使用价值，即产品适合一定用途，满足一定社会所需要具备的特性，其特性可以概括为5个方面。

① 性能：产品满足某种具体使用要求所具备的技术特征，它可以是产品使用性能、机械性能、理化性能和外观要求等。

② 使用寿命：产品在适用范围和正常条件下的有效使用期限。

③ 可靠性：产品在规定的工作条件下和规定时间内，完成规定功能的能力，它包括产品的平均寿命、失效率和平均维修时间间隔等。

④ 安全性：产品在流通和使用过程中保证安全的程度。

⑤ 经济性：产品的成本和维持正常工作的消耗费用等。

质量特性反映产品质量状况，它是以质量标准作为衡量尺度的，产品质量标准的质量特性所规定的一系列应达到的技术参数，包括对产品的名称、用途、规格、使用范围、技术要求、检验工具、检验方法、包装和运输等所作的技术规定，符合质量标准的产品就是合格产品，不合格质量标准的产品就是不合格产品，我国现行的质量标准分为国际标准、国家标准和企业标准等。

（2）工序质量

工序质量是指工序能够稳定地生产合格产品的能力，通常以工序能力表示，工序质量一般是由操作者、机器设备、原材料、工艺方法和测量环境等因素决定，如果这些因素配合适当则能保证产品质量的稳定，反之，则出不合格产品。

① 操作者：主要是操作人员的文化程度、技术水平、劳动态度、质量意识和身体状况等。

② 机器设备：主要是指设备及工艺装备的技术性能、工作精度、使用效率和维修状况等。

③ 材料：主要是指原材料及辅助材料的性能、规格、成分和形状等。

④ 方法：主要是指工艺规程、操作规程和工作方法等。

⑤ 测量：主要是指工作的温度、湿度、照明、噪声和清洁卫生等。

（3）工作质量

工作质量是指企业为保证和提高产品质量和工序质量，在经营管理和生产技术工作方面所达到或保证程度，主要包括经营决策工作质量和现场执行工作质量。可以通过工作效率、工序质量、产品质量和经济效益等指标反映，并可以直接用合格率、返修率和废品率等指标来衡量。

产品质量、工序质量和工作质量是相互联系、相互影响的。其中，工序质量直接影响产品质量。工作质量是工序质量和产品质量的保证和基础，产品质量则是各项工作质量的综合保证。

2. 质量管理

质量管理是企业围绕着使产品质量能够满足不断更新的质量要求，而展开的质量策划、组织、实施、检查、监督和审核等所有管理活动的总和。主要包括两方面的内容，即质量保证和质量控制。

质量管理作为独立职能，其发展经历了 3 个过程。

（1）质量管理阶段

20 世纪 20~40 年代，这一阶段是质量管理的初级阶段，其特征是，将质量管理作为一种专门的工序从直接生产工序中划分出来，成立质量检验机构，对产品进行检验，挑出废品。检验方法以对产品实行全数检验及以筛选为主，它属于一种"事后检验"，不能预防废品的产生。

（2）质量统计控制阶段

20 世纪 40~60 年代，这一阶段统计质量管理方法运用于生产过程中控制产品质量，防止废品的产生，主要特征是：一是采用抽样检查方法，降低了检验费用；二是强调工序质量的动态控制，预防不合格品的产生；三是及时分析影响产品质量的原因，使质量管理由事后检验为预防为主。

（3）全面质量管理阶段

20 世纪 60 年代至今，全面质量管理是企业为了保证和提高产品质量、动员和组织企业全体员工综合运用组织管理、专业技术和数理统计等科学方法，对企业研制、生产和销售到用户使用的整个过程进行全方位的质量控制，最经济地生产用户满意的产品的一整套质量管理工作体系和方法，至今仍在不断完善中。

3. 电子产品生产过程中的全面质量管理

随着电子制造企业的飞速发展，电子产品的不断更新换代，电子产品之间的竞争也日益激烈，一个企业只有不断推出新产品并保持产品的优良品质和可靠性，才能使企业具有较强的生命力，并不断向前发展，为此对整机产品必须推行全面的质量管理。

（1）设计过程的质量管理

设计过程是产品质量产生和形成的起点，设计过程中，要完成具有优良的性价比的产品设计，并根据现有生产水平编制合理的生产工艺，使之在以后批量生产中得到保证，做好这一阶段的质量管理，将为以后生产出优质产品打下良好基础。

本阶段质量管理的内容主要包括：

① 市场调研和资料收集。收集国内外同类产品的技术资料，调查市场用户对产品的质量的要求。

② 制订最佳方案。根据收集的技术资料制订产品质量标准并设计实施方案。在制订质量标准和实施方案时，要充分考虑用户的需求，应提供几套设计方案，从中选出最佳方案。

③ 实验设计方案。用最佳的技术方案进行试验，找出关键技术问题，成立技术攻关小

组，解决技术难点，初步确定设计方案。

④ 设计方案评审。把经过试验的设计方案，按照适用、可靠、用户满意和经济合理的质量标准进行产品样机设计，并对设计方案进行审查，研究生产中可能出现的问题，最终确定合理的样机设计方案。

（2）产品试制质量管理

产品试制过程包括完成样机试制、产品设计定性和小批量试生产3个步骤。产品试制过程中的质量管理有以下内容。

① 制订样机试制计划、试制进度表。

② 对样机反复试验，及时解决样机在试验中的出现的问题，对设计与工艺方案进行修改。

③ 组织权威机构的专家和用户对产品进行技术鉴定，审查其各项技术指标是否符合国际或国家的规定，不断提高产品的标准化、系列化和通用程度。

④ 组织小批量生产。在小批量生产试制中，认真进行工艺验证。通过试生产，分析生产过程的质量、验证工装、设备、工艺操作规程、产品结构、原材料、生产环境和组织生产等方面的工作，考查能否达到预定设计的质量目标，如达不到标准要求，则进一步调整与完善。按照生产定形条件组织产品鉴定。

⑤ 制订产品技术标准、技术文件、取得产品鉴定合格证书，完善产品质量检测手段。在一般情况下，不采取边设计边试制、边生产这种突击方式。

（3）产品制造质量管理

产品制造过程中的质量管理是产品质量能否稳定地达到设计标准的关键性因素，其质量管理的内容如下所述。

① 各道工序、每个工种及产品制造中的每个环节都需要设置质量检验人员，严把产品质量关。严格做到不合格的原材料不投放到生产线上，不合格的零部件不转下道工序，不合格的成品不出厂。

② 统一计量标准并对各类测量工具、仪器和仪表定期进行计量检验，及时维修保养，保证产品的技术参数和精度指标。

③ 严格执行生产工艺文件和操作程序。

④ 加强操作人员的素质培养及其他生产辅助部门的管理。

7.2 电子产品生产中的标准化与 5S 管理

7.2.1 电子产品生产中的标准化

1. 标准与标准化

标准是人们从事标准化活动的理论总结，是对标准化本质特征的概括。我国国家标准《标准化基本术语》（GB 3935.1—1996）对标准和标准化做了如下规定。

标准是衡量事物的准则，是对重复性事物和概念所做的统一规定。它以科学、技术和实践经验的综合成果为基础，经有关方面协商一致，由主管部门批准，以特定形式发布，作为共同遵守的准则和依据。

标准化是为适应科学发展和合理组织生产的需要，在产品质量、品种规格和零部件通用等方面规定的统一技术标准。

标准和标准化之间是紧密联系的。进行标准化的生产首先要制定、发布和实施标准。标准是标准化活动的结果，是进行标准化工作的依据，也是标准化工作的具体内容。标准化的效果如何也只有在标准被贯彻实施之后才能表现出来，它取决于标准本身的质量和被贯彻的状况。标准是标准化活动的核心，而标准化活动则是孕育标准的摇篮。

2. 电子产品生产中的标准化

标准化的具体做法归纳起来有以下几种。

（1）简化的方法

简化是指通过简化品种、规格（包括型号、参数、安装和连接尺寸、易损零部件、试验方法和检测方法等）达到简化设计、简化生产、简化管理、方便使用、提高产品质量、降低成本和实现专业化自动生产的目的。

（2）互换性的方法

互换件是指产品（包括零件、部件和构件）之间在尺寸、功能上彼此互相替换的性能、产品具有互换性是实现标准化的基础。因此，互换性技术广泛应用于现代工业生产的各个领域，制定互换性标准已成为标准化工作的一个重要方向。

（3）通用化的方法

通用化是指在互换性的基础上，最大限度地扩大同一产品（包括零件、部件和构件）使用范围的一种标准化形式。已有产品的零件、部件和构件在尺寸和性能互换的基础上，用到同系列产品中，就可扩大它们的使用范围，使之具有重复使用的特性。

（4）组合的方法

组合是指用组件组成一个产品。而组合化是指对许多产品用组件组合成产品的方法。它是组合已有产品，创造新产品的过程，可以先设计、制造各种组件，然后将组件组装成产品。组合是标准化的具体应用，只有标准化的产品才能进行组合。

（5）优选的方法

产品的优选是指经过对现有同类产品的分析、比较，从多种可行性方案中选取具有最佳功能的产品的过程，也叫优化过程。在标准化的活动中，自始至终都贯穿着优化的思想。

随着科技的进步，标准化的作用被更多的人所认识，其应用范围也越来越广，标准化发展为种类繁多的复杂体系。根据标准的适用方法，在国际上有国际件标准和区域件标准之分。在我国，按照标准发生作用的范围或标准的审批权限，标准可分为国家标准、专业标准（部标准）、地方标准和企业标准，还可以按标准的约束性分为强制标准和推荐标准。

3. 管理标准

管理标准是运用标准化的方法，对企业中具有科学依据而经实践证明行之有效的各种管理内容、管理流程、管理责权、管理办法和管理凭证等所制定的标准。

1）经营管理标准。它主要指对企业经营方针、经营决策及各项经营管理制度等高层决策性管理所制定的标准。

2）技术管理标准。它是指对企业的全部技术活动所制定的各项管理标准的总称。它包括产品开发与管理制度、产品设计管理和产品质量控制管理等。

3）生产管理标准。它主要是对生产过程、生产能力和整个生产中各种物质的消耗等制定的管理标准。它包括生产过程管理标准、生产能力管理标准、物量标准和物资消耗标准。

4）质量管理标准。它是对控制产品质量的各种技术等所制定的标准，是企业标准化管理的重要组成部分，是产品预期性能的保证。

5）设备管理标准。它是指为保证设备正常生产能力和精度所制定的标准。

7.2.2 电子产品生产中的5S管理

目前，全球大多数的企业都在广泛地推行5S管理。5S管理是打造具有竞争力的企业、建设一流素质员工队伍的先进的基础管理手段。5S管理组织体系的使命是焕发组织活力、不断改善企业管理机制，5S管理组织体系的目标是提升人的素养、提高企业的执行力和竞争力。

1. 5S的概念

什么是5S呢？最初的5个S是来自日语的5个术语假名拼写开头的字母。在转换为英语时替换成了相近的词。

5S是指：Separate（Seiri 整理）、Sort/straighten（Seiton 整顿）、Sweep/Shine（Seiso 清扫）、Standardize（Seiketsu 清洁）、Sustain（Shitsuke 素养）。

5S起源于日本，是指在生产现场中对人员、机器、材料和方法等生产要素进行有效的管理，这是日本企业独特的一种管理办法。1955年，日本的5S的宣传口号为"安全始于整理，终于整顿"。当时只推行了前两个S，其目的仅为了确保作业空间的充足和安全。到了1986年，日本的5S的著作逐渐问世，从而对整个现场管理模式起到了冲击的作用，并由此掀起了5S的热潮。

日本式企业将5S运动作为管理工作的基础，推行各种品质的管理手法，第二次世界大战后，产品品质得以迅速地提升，奠定了经济大国的地位，而在丰田公司的倡导推行下，5S对于塑造企业的形象、降低成本、准时交货、安全生产、高度的标准化、创造令人心旷神怡的工作场所和现场改善等方面发挥了巨大作用，逐渐被各国的管理界所认识。随着世界经济的发展，5S已经成为工厂管理的一股新潮流。5S广泛应用于制造业、服务业等改善现场环境的质量和员工的思维方法，使企业能有效地迈向全面质量管理，主要是针对制造业在生产现场，对材料、设备和人员等生产要素开展相应活动。根据企业进一步发展的需要，有的企业在5S的基础上增加了安全（Safety），形成了"6S"；有的企业推行8S甚至推行"12S"，但是万变不离其宗，都是从"5S"里衍生出来的。

2. 5S的内容

（1）整理

1）整理的内容。

整理的主要内容是清楚地区分必需品和非必需品，将非必需品处理掉，现场只保留必需的物品。

2）整理的目的。

改善和增加作业面积；现场无杂物，行道通畅，提高工作效率；消除管理上的混放、混料等差错事故；有利于减少库存，节约资金。

3）整理的要点。

整理是改善生产现场的第一步。其要点是对生产现场摆放和停滞的各种物品进行分类；其次，对于现场不需要的物品，诸如用剩的材料、多余的半成品、切下的料头、切屑、垃圾、废品、多余的工具、报废的设备和工人个人生活用品等，要坚决清理出现场。

通常将物品分类成3类：很少使用、偶尔使用、经常使用。很少使用的物品并不需要总是保留在工作区域。将很少使用的物品从工作区中移走。至于哪些将来会偶尔使用得到的，在工作区设置一个明确的指示位置，在需要时使其可以很容易地找到。

（2）整顿

1）整顿的内容。

整顿是将必需品重新组织、定位在较近的位置以便使用和归还。将必需品放在最佳位置，且该区域被目视化定置管理。

整顿是把需要的人、事、物加以定量和定位，对生产现场需要留下的物品进行科学合理的布置和摆放，以便在最快速的情况下取得所要之物，在最简洁有效的规章、制度、流程下完成事务。简言之，整顿就是人和物放置方法的标准化。

2）整顿的目的。

通过整理后，对生产现场需要留下的物品进行科学合理的布置和摆放，使得工作场所一目了然，以便用最快的速度取得所需之物，在最有效的规章、制度和最简洁的流程下完成作业。不浪费时间寻找物品，提高工作效率和产品质量，保障生产安全。

3）整顿的要点。

整顿的关键是要做到定位、定品和定量。① 物品摆放要有固定的地点和区域，以便于寻找，消除因混放而造成的差错；② 物品摆放地点要科学合理。例如，根据物品使用的频率，经常使用的东西应放得近些（如放在作业区内），偶尔使用或不常使用的东西则应放得远些（如集中放在车间某处）；③ 物品摆放目视化，使定量装载的物品做到过目知数，摆放不同物品的区域采用不同的色彩和标记加以区别。

抓住了上述3个要点，就可以制作看板，做到目视管理，从而提炼出适合本企业的物品的放置方法，进而使该方法标准化。

（3）清扫

1）清扫的内容。

清扫是检查现场所有区域的地面、设备和器具等。清除现场内的脏污、清除作业区域的物料垃圾。

2）清扫的目的。

现场在生产过程中会产生灰尘、油污、铁屑和垃圾等，从而使现场变得脏乱。脏乱会使设备精度丧失，故障多发，从而影响产品质量，使安全事故防不胜防；脏乱的现场更会影响人们的工作情绪。因此，必须通过清扫活动来清除那些杂物，创建一个明快、舒畅的工作环境，以保证安全、优质、高效率地工作。

3）清扫的要点。

清扫是把工作场所打扫干净，对出现异常的设备立刻进行修理，使之恢复正常。清扫过程是根据整理、整顿的结果，将不需要的部分清除掉，或者标示出来放在仓库之中。清扫活动的重点是必须按照企业具体情况决定清扫对象、清扫人员、清扫方法，准备清扫器具，实施清扫的步骤，方能真正起到作用。

清扫活动应遵循下列原则：

① 自己使用的物品（如设备、工具等）要自己清扫，而不要依赖他人，不增加专门的清扫工；② 对设备的清扫，着眼于对设备的维护保养。清扫设备要同设备的点检结合起来，清扫即点检；清扫设备要同时做设备的润滑工作，清扫也是保养；③ 清扫也是为了改善。当清扫地面发现有飞屑和油水泄漏时，要查明原因，并采取措施加以改进。

（4）清洁

1）清洁的内容。

清洁是对前 3 个 S 的持续性改进，并将整理、整顿、清扫实施的做法制度化、规范化，维持其成果。

2）清洁的意义。

持续改进可以进一步清洁并合理规划现场，认真维护并坚持整理、整顿、清扫的效果，使其保持最佳状态。通过对整理、整顿、清扫活动的坚持与深入，从而消除发生安全事故的根源。创造一个良好的工作环境，使员工能愉快地工作。

3）清洁的要点。

清洁是通过检查前 3S 实施的彻底程度来判断其水平和程度，一般要制订对各种生产要素、资源的检查判定表，来进行具体的检查。

① 车间环境不仅要整齐，而且要做到清洁卫生，保证员工身体健康，提高员工劳动热情；② 不仅物品要清洁，而且员工本身也要做到清洁，如工作服要清洁，仪表要整洁，及时理发、刮须、修指甲和洗澡等；③ 工人不仅要做到形体上的清洁，而且要做到精神上的"清洁"，待人要讲礼貌、要尊重别人；④ 要使环境不受污染，进一步消除浑浊的空气、粉尘、噪音和污染源，消灭职业病。

将整理、整顿、清扫后取得的良好成绩维持下去，成为必须人人严格遵守的、固定的制度。对已取得的良好成绩，不断地进行持续改善，使之达到更高、更好的境界。

（5）素养

1）素养的内容。

素养是能遵守已经规定的或正在规定的规章制度，而改变习惯，改变不合理体制，制造一个有纪律的场所，即形成纪律或养成习惯，来维持 5S 的全部正确流程。

2）素养的意义。

素养的目的是提升"人的品质"，养成人人按章操作、依规行事的良好习惯，使每个人都成为有教养的人。提高员工的自身修养，使员工养成良好的工作、生活习惯和作风，让员工能通过实践 5S 获得人身境界的提升，与企业共同进步，是 5S 活动的核心。

3）素养的要点。

素养是必须制订相关的规章和制度，进行持续不断的教育培训，持续地推行 5S 中的前 4S，直到成为全体员工共有的习惯，每一个人都知道整理、整顿、清扫、清洁的重要性。要求每一个员工都严守标准，整理、整顿、清扫、清洁都要按照标准去作业。

① 习惯成自然。素养强调的是持续保持良好的习惯。如果企业的每位员工都有良好的心态，积极上进的精神，对于规定的事情，大家严格地按要求去执行，就能养成一种习惯，习惯会成自然；② 铸造团队精神。每一个人都主动、积极地把自己责任区范围内的事情经过整理、整顿、清扫，予以贯彻制度。素养能让企业的每个员工从上到下、全员地去严格遵守规章制

度，培养良好素质的人才。让每个人都能严格地遵守公司的规章制度，让每个人都知道要在企业里成长，就必须从内而外地主动积极，都能认为"我要成长，我做好了，企业才能做好"。

3. 实施意义

5S 是现场管理的基础，是 TPM（全员参与的生产保全）的前提，是 TQM（全面品质管理）的第一步，也是 ISO 9000 有效推行的保证。

5S 现场管理法能够营造一种"人人积极参与，事事遵守标准"的良好氛围。有了这种氛围，推行 ISO、TQM 及 TPM 就更容易获得员工的支持和配合，有利于调动员工的积极性，形成强大的推动力。

实施 ISO、TQM 及 TPM 等活动的效果是隐蔽的、长期性的，一时难以看到显著的效果。而 5S 活动的效果是立竿见影的。如果在推行 ISO、TQM 及 TPM 等活动的过程中导入 5S，可以通过在短期内获得显著效果来增强企业员工的信心。

5S 是现场管理的基础，5S 水平的高低代表着管理者对现场管理认识的高低，这又决定了现场管理水平的高低，而现场管理水平的高低制约着 ISO、TPM 及 TQM 活动能否顺利、有效地推行。通过 5S 活动，从现场管理着手改进企业"体质"，则能起到事半功倍的效果。

7.3 电子产品认证

7.3.1 产品认证与体系认证

产品质量的要求通常是以技术标准来保证的。国际通用的技术标准已逐渐为各国所采用，但任何技术标准都不可能将人们的全部期望以及产品在使用中的全部要求都做出明确规定。产品质量的形成涉及产品寿命周期等诸多环节，特别是现代产品技术含量高，不合格产品将会带来严重后果，人们要求的不仅是产品本身"资格认证"的问题，对制造产品的过程的合格认证要求也日益高涨。因此，通过权威的认证机构对制造商的质量体系进行评价，当证明符合"质量管理体系"标准的有关规定后，便确定其为合格的供应商，予以注册、发给证书。开展质量管理体系认证活动已经成为制造商赢得用户、占领市场必不可少的活动。作为评定质量管理活动依据的质量管理体系标准已成为许多国家的国家标准的组成部分，并促使各国对企业内部的质量管理进行规范和融通。随着国际技术经济合作的深入发展，要求各国质量管理体系标准能协调一致，以便成为对合格制造商评定的共同依据。目前风行世界的 ISO 9000 系列标准，就是在这一背景下产生并迅速被世界各国所采用的。

1. 认证

国际标准化组织（ISO）对"认证"一词这样定义："由第三方确认产品、过程或服务符合特定的要求并给以书面保证的程序"（1996 年）。

根据以上定义，可以将认证理解为：认证就是出具证明的活动，这种活动能够提供产品、过程或服务符合性的证据，这种活动一般由专门从事认证活动的机构完成。

按照认证活动的对象，认证可以分为体系认证和产品认证。

体系认证是对企业管理体系的一种规范管理活动的认证。目前，在电子产品制造企业比较普遍采用的体系认证有质量管理体系认证（ISO 9000）、环境管理体系认证（ISO 14000）

和职业健康安全管理体系认证（OHSAS 18000）等。

产品认证是为确认不同产品与其标准规定符合性的认证，是对产品进行质量评价、检查、监督和管理的一种有效方法，通常也作为一种产品进入市场的准入手段，被许多国家采用。产品认证分为强制性认证（如我国的 3C 认证、欧盟的 CE 认证）和自愿性认证（如美国的 UL 认证、我国的 CQC 认证）。从事认证活动的机构一般都要经过所在国家（或地区）的认可或政府的授权，我国的 3C 强制性认证，就是由国务院授权，国家认证认可监督管理委员会负责建立、管理和组织实施的认证制度。

2. 中国强制认证

"3C" 或 "CCC 认证" 即 "中国强制认证"。作为国际通行做法，它主要对涉及人类健康和安全、动植物生命和健康以及环境保护与公共安全的产品实施强制性认证，确定统一适用的国家标准、技术规则和实施程序，制定和发布统一的标志，规定统一的收费标准。

3C 标志是在原有的产品安全认证制度 CCEE 和进口安全质量许可制度 CCIB 标志的基础上发展起来的，3C 标志实施以后，此两项标志将逐步取消。

作为一个全新的产品市场准入制度，实施 3C 认证是我国产品认证与国际接轨的一种举措，也是我国加入世界贸易组织时所做出的郑重承诺。

3C 认证所涉及的产品种类很多，于 2001 年 12 月公布的《第一批实施强制性产品认证产品目录》（以下简称为《目录》）中涉及的产品包含电信电缆、小功率电动机、低压电器、家用和类似用途设备、照明设备、机动车辆及安全附件、医疗器械和消防产品等共 19 类、132 种产品，都是与群众生活密切相关的产品。

3C 产品认证制度的管理和组织实施工作由国家认证认可监督管理委员会（以下简称为国家认监委）统一负责，对于国家实行强制认证的产品 16 国家认监委公布统一的目录，确定统一适用的国家标准、技术规则和实施程序，制定统一的标志，规定统一的收费标准。

凡列入强制性产品认证目录内的产品，必须经国家指定的认证机构认证合格，取得相关证书并加施认证标志后，方能出厂销售、进口和在经营性活动中使用。

3C 标志如图 7-1 所示，一般贴在产品表面或通过模压压在产品上，仔细看会发现多个小菱形的 "CCC" 暗记。每个 3C 标志后面都有一个随机码，每个随机码都有对应的厂家及产品。认证标志发放管理中心在发放强制性产品认证标志时，已将该编码对应的产品信息输入计算机数据库中，消费者可通过国家认监委强制性产品认证标志防伪查询系统对编码进行查询。

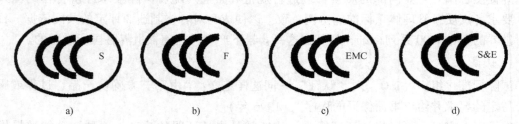

图 7-1　3C 认证的标志
a）安全　b）消防　c）电磁兼容　d）安全与电磁兼容

3. 体系认证

体系认证又称为管理体系认证，这种认证是由西方的品质保证活动发展起来的。产品认证立足于对具体产品的各种性能是否符合规定的要求，而体系认证致力于确认生产产品的企业的管理活动是否符合特定的要求。

自从 1987 年 ISO 9000 系列标准问世以来，为了加强品质管理，适应品质竞争的需要，企业家们纷纷采用 ISO 9000 系列标准在企业内部建立品质管理体系，申请品质体系认证，很快形成了一个世界性的潮流。目前，全世界已有近 100 个国家和地区正在积极推行 ISO 9000 国际标准，二十多万家企业拿到了 ISO 9000 管理体系认证证书，并产生了国际多边承认协议和区域多边承认协议。

一套国际标准在这短短的时间内被这么多国家采用，影响如此广泛，这是在国际标准化史上从未有过的现象，已被公认为"ISO 9000 现象"。

为适应人类社会实施"可持续发展"战略的世界潮流的发展，ISO 于 1998 年又发布了一个环境管理（EM）方面的国际标准，称为 ISO 14000 系列标准。此后，全世界又兴起一个"ISO 14000 热"。

7.3.2 ISO 9000 质量管理体系认证

近些年，我国各地正在大力推行 ISO 9000 族标准，开展以 ISO 9000 族标准为基础的质量体系咨询和认证。国务院《质量振兴纲要》的颁布，更引起广大企业和质量工作者对 ISO 9000 族标准的关心和重视。

2000 年 12 月 15 日，ISO/TC 176 正式发布了新版本的 ISO 9000 族标准。该标准的修订充分考虑了 1987 版和 1994 版标准以及现有其他管理体系标准的使用经验，将使质量管理体系更加适合组织的需要，可以更适应组织开展其商业活动的需要。

2000 版 ISO 9000 族标准的 4 项核心标准。

ISO 9000：2000《质量管理体系基础和术语》。

ISO 9001：2000《质量管理体系要求》。

ISO 9004：2000《质量管理体系业绩改进指南》。

ISO 19011：2002《质量和（或）环境管理体系审核指南》。

1. ISO 9000 族标准的基本要求

产品质量是企业生存的关键。影响产品质量的因素很多，单纯依靠检验只不过是在生产的产品中挑出合格的产品。这就不可能以最佳成本持续稳定地生产合格品。

一个组织所建立和实施的质量体系，应能满足组织规定的质量目标。确保影响产品质量的技术、管理和人的因素处于受控状态，无论是硬件、软件、流程性材料还是服务，所有的控制应针对减少、消除不合格，尤其是预防不合格。这是 ISO 9000 族的基本指导思想，具体地体现在以下几个方面。

（1）控制所有过程的质量

ISO 9000 族标准是建立在"所有工作都是通过过程来完成的"这样一种认识基础上的。一个组织的质量管理就是通过对组织内各种过程进行管理来实现的，这是 ISO 9000 族标准关于质量管理的理论基础。

（2）控制过程的出发点是预防不合格

在产品寿命周期的所有阶段，从最初的识别市场需求到最终满足要求的所有过程的控制都体现了以预防为主的思想。控制过程内容包括：

①　控制市场调研和营销的质量。在准确地确定市场需求的基础上，开发新产品，防止盲目开发而造成不适合市场需要而滞销，浪费人力和物力。

②　控制采购的质量。选择合格的供货单位并控制其供货质量，确保生产产品所需的原材料、外购件、协作件等符合规定的质量要求，防止使用不合格外购产品而影响成品质量。

③　控制生产过程的质量。确定并执行适宜的生产方法，使用适宜的设备，保持设备正常工作能力和所需的工作环境，控制影响质量的参数和人员技能，确保制造符合设计规定的质量要求，防止不合格产品的生产。

④　控制检验和试验。按质量计划和形成文件的程序进行进货检验、过程检验和成品检验，确保产品质量符合要求，防止不合格的外购产品投入生产，防止将不合格的工序产品转入下道工序，防止将不合格的成品交付给顾客。

⑤　控制搬运、储存、包装、防护和交付。在所有这些环节采取有效措施保护产品，防止损坏和变质。

⑥　控制检验、测量和实验设备的质量。确保使用合格的检测手段进行检验和试验，确保检验和试验结果的有效性，防止因检测手段不合格造成对产品质量不正确的判定。控制文件和资料。确保所有的场所使用的文件和资料都是现行有效的，防止使用过时或作废的文件，造成产品或质量体系要素的不合格。

⑦　纠正和预防措施。当发生不合格（包括产品的或质量体系的）或顾客投诉时，即应查明原因，针对原因采取纠正措施以防止问题的再发生。还应通过各种质量信息的分析，主动地发现潜在的问题，防止问题的出现，从而改进产品的质量。

⑧　全员培训。对所有从事对质量有影响的工作人员都进行培训。

（3）质量管理的中心任务是建立并实施文件化的质量体系

质量管理是在整个质量体系中运作的，所以实施质量管理必须建立质量体系。ISO 9000族认为，质量体系是有影响的系统，具有很强的操作性和检查性。要求一个组织所建立的质量体系应形成文件并加以保持。对质量体系文件内容的基本要求是：该做的要写到，写到的要做到，结果要有记录，即"写所需，做所写，记所做"。

（4）持续的质量改进

质量改进是一个重要的质量体系要素，ISO 9004.1标准规定，当实施质量体系时，组织的管理者应确保其质量体系能够推动和促进持续的质量改进。质量改进旨在提高质量。质量改进通过改进过程来实现，以追求更高的过程效益和效率为目标。

（5）一个有效的质量体系应满足顾客和组织内部双方的需要和利益

即对顾客而言，需要组织能具备交付期望的质量，并有能持续保持该质量的能力；对组织而言，在经营上以适宜的成本，达到并保持所期望的质量。即满足顾客的需要和期望，又保护组织的利益。

（6）定期评价质量体系

其目的是确保各项质量活动的实施及其结果符合计划安排，确保质量体系持续的适宜性和有效性。评价时，必须对每一个被评价的过程提出如下3个基本问题。

①　过程是否被确定？过程程序是否恰当地形成文件？

②　过程是否被充分展开并按文件要求贯彻实施？

③　在提供预期结果方面，过程是否有效？

（7）搞好质量管理关键在领导

组织的最高管理者在质量管理方面应做好下面5件事。

① 确定质量方针。由负有执行职责的管理者规定质量方针的承诺。

② 确定各岗位的职责和权限。

③ 配备资源，包括财力和物力（其中包括人力）。

④ 指定一名管理者代表负责质量体系。

⑤ 负责管理评审，以达到确保质量体系持续的适宜性和有效性。

2. ISO 9000 管理体系认证步骤

简单地说，推行 ISO 9000 有如下 5 个必不可少的过程：知识准备—立法—宣贯—执行—监督、改进。以下是企业推行 ISO 9000 的典型步骤，可以看出，这些步骤中完整地包含了上述几个过程：

1）企业原有质量体系识别、诊断。

2）任命管理者代表、组建 ISO 9000 推行组织。

3）制定目标及激励措施。

4）各级人员接受必要的管理意识和质量意识训练。

5）ISO 9000 标准知识培训。

6）质量体系文件编写（立法）。

7）质量体系文件大面积宣传、培训、发布、试运行。

8）内审员接受训练。

9）若干次内部质量体系审核。

10）在内审基础上的管理者评审。

11）质量管理体系完善和改进。

12）认证申请。

企业在推行 ISO 9000 之前，应结合本企业实际情况，对上述推行步骤进行周密的策划，并给出时间上和活动内容上的具体安排，以确保得到更有效的实施效果。

企业经过若干次内审并逐步纠正后，若认为所建立的质量管理体系已符合所选标准的要求（具体体现为内审所发现的不符合项较少时），便可申请第三方认证。

3. ISO 14000 环境管理体系认证

ISO 14000 系列标准是 ISO 汇集全球环境管理及标准化方面的专家，在总结全世界环境管理科学经验基础上制定并正式发布的一套环境管理的国际标准，涉及环境管理体系、环境审核、环境标志和生命周期评价等国际环境领域内的诸多焦点问题，旨在指导各类组织（企业、公司）取得和表现正确的环境行为。

ISO 14000 系列标准是顺应国际环境保护的发展，依据国际经济贸易发展的需要而制定的，是组织建立与实施环境管理体系和开展认证的依据。

ISO 14000 环境管理认证被称为国际市场认可的"绿色护照"，通过认证，无疑就获得了"国际通行证"。许多国家，尤其是发达国家纷纷宣布，没有环境管理认证的商品，将在进口时受到数量和价格上的限制。例如，欧盟国家宣布，计算机产品必须具有"绿色护照"方可入境；美国能源部规定、政府采购要求只有取得 ISO 14000 认证的厂家才有资格投标。

ISO 14000 中文名称是《环境管理体系规范及使用指南》，于 1996 年 9 月正式颁布，是组织规划、实施、检查、评审环境管理运作系统的规范性标准，该系统包括 5 大部分，17 个要素，各要素之间有机结合，紧密联系，形成良性循环的管理体系，并确保组织的环境行为持续改进。

5 大部分是指：

1）环境方针。

2）规划。

3）实施与运行。

4）检查与纠正措施。

5）管理评审。

这 5 个基本部分包括了环境管理体系的建立过程和建立后有计划地评审及持续改进的循环，以保证组织内部环境管理体系的不断完善和提高。

17 个要素是指：

1）环境方针。

2）环境要素。

3）法律与其他要求。

4）目标与指标。

5）环境管理方案。

6）机构和职责。

7）培训、意识与能力。

8）信息交流。

9）环境管理体系文件编制。

10）文件管理。

11）运行控制。

12）应急准备和响应。

13）监测。

14）违章、纠正与预防措施。

15）记录。

16）环境管理体系审核。

17）管理评审。

4. OHSAS 18000 职业健康安全管理体系认证

职业健康安全管理体系（OHSAS）是 20 世纪 80 年代后期在国际上兴起的现代安全生产管理模式，它与 ISO 9000 和 ISO 14000 等标准规定的管理体系一并被称为后工业化时代的管理方法。

随着企业规模扩大和生产集约化程度的提高，对企业的质量管理和经营模式提出了更高的要求，企业必须采用现代化的管理模式，即包括安全生产管理在内的所有生产经营活动科学化、规范化、法制化。国际上一些大的跨国公司和现代化联合企业在强化质量管理的同时，也建立了与生产管理同步的安全生产管理制度。为了提高自己的社会形象和控制职业伤害给企业带来的损失，OHSAS 作为一种自律性的职业健康安全管理体系，渐渐成为了全球化的需要。实施 OHSAS 18000 认证的作用和意义如下：

1）为企业提高职业健康安全绩效提供了一个科学有效的管理手段。

2）有助于推动职业健康安全法规和制度的贯彻执行。

3）使组织的职业健康安全管理由被动强制行为转变为主动自愿行为，提高职业健康安全管理水平。

4）有助于消除贸易壁垒，对企业产生直接和间接的经济效益。

5）将在社会上树立企业良好的品质和形象。

5. ISO 9000、ISO 14000 与 OHSAS 18000 体系的结合

由于 ISO 9000 系列标准颁布得比较早，有相当数量的企业已经按照 ISO 9000 系列标准建立了质量管理体系，在这种情况下，要建立 ISO 14000、OHSAS 18000 系列标准体系的企业可以考虑将这两种标准与 ISO 9000 标准结合起来，形成一体化的管理模式，这 3 种管理体系在许多相关要素上有相同或相似的地方，是可以互相兼容的。

3 个标准的不同点在于关注的对象不同，按 ISO 9000 标准建立的质量管理体系，其对象是顾客；按 ISO 14000 标准建立的环境管理体系，其对象是社会和其他相关方；按 OHSAS 18000 标准建立的职业安全卫生管理体系，其对象是组织的员工和其他相关方。

企业实施这 3 个标准的相同点如下所述。

1）组织总的方针和目标要求相同。

2）3 个标准使用共同的"过程"模式结构，其结构相似，方便使用。

3）建立文件化的管理体系。

4）要求建立文件化的职责分工并对全体人员进行培训和教育。

5）持续改进。

6）采用内部审核和管理评审来评价体系运行的有效性、适宜性和充分性。

7）对不合格进行控制。

8）由组织的最高管理者任命管理者代表，负责建立、保持和实施管理体系。

7.4 习题

1. 简述产品质量及其特性。

2. 什么是质量管理？

3. 电子产品生产过程中如何进行全面质量管理？

4. 什么是电子产品生产中的标准与标准化？

5. 电子产品生产中标准化的方法有哪些？

6. 简述 5S 管理的内容。

7. 简述实施 5S 管理的意义。

8. 什么是"3C"认证？

9. 简述 ISO 9000 管理体系认证步骤。

10. 简述 ISO 14000 环境管理体系认证。

11. 简述 OHSAS 18000 职业健康安全管理体系认证。

第8章 电子产品制作实例

本章从电子产品装配与调试备赛训练项目中精选了几种新颖、实用、有趣的电子产品制作实例，难易适中，方便易行，可作为课程综合训练选题，以便进一步理解、巩固已学过的知识和技能，增强读者课程学习的兴趣。

8.1 串联型直流稳压电源的制作

直流稳压电源是电子产品中的重要组成部分，通过本产品的制作，掌握串联型直流稳压电源的工作原理，电子元器件的检测及电子产品整机装配、调试的基本技能。

1. 电路原理

直流稳压电源能将交流电压转换为稳定的直流电压，其结构框图如图8-1所示。

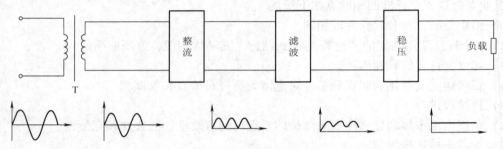

图8-1 直流稳压电源框图

变压器将工频交流电降到合适的交流电压，经整流电路（桥式整流电路）整流后，可以得到单向脉动直流电。滤波电路将整流电路之后产生的单向脉动直流电中的脉动成分滤除，送到稳压管稳压电路进行稳压，在负载上将得到稳定的直流电压。串联型稳压电路除了变压、整流和滤波外，稳压部分还有调整环节、基准电压、比较放大器和取样电路4个环节。

本制作变压器部分采用外接，电路板仅包括整流滤波及稳压部分，串联稳压电路如图8-2所示。桥式整流、电容滤波部分原理如前所述，稳压部分工作原理如下。

晶体管 VT_1、VT_2 组成复合调整管，晶体管 VT_1 是大功率管与负载串联，用于调整输出电压，电阻 R_1、R_2 为复合管的偏置电阻，电解电容 C_2、C_3 用于减小纹波电压，电阻 R_3 为复合管反相穿透电流提供通路，防止温度升高时失控；晶体管 VT_3 为比较放大管，将稳压电路输出电压的变化量放大送至复合调整管，控制其基极电流，从而控制晶体管 VT_1 的导通程度；稳压管 VD_5 为晶体管 VT_3 的发射极提供稳定的基准电压，电阻 R_4 保证稳压管 VD_5 有合适的工作电流，电解电容 C_4 为加速电容，用于误差电压滤波；电位器 RP_1、电阻 R_5 组成输出电压的取样电路，将其变化量的一部分送入晶体管 VT_3 基极，调节电位器 RP_1 可调节输出电压的大小。

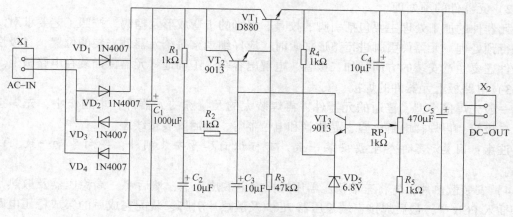

图 8-2　串联稳压电路

2. 电路元器件

串联稳压电源电路元器件如下。

1）二极管：整流二极管 $VD_1 \sim VD_4$　1N4007，稳压二极管 VD_5　6.2 ~ 6.8V。

2）电解电容：C_1　1000μF/25V，C_2、C_3、C_4　10μF/50V，C_5　470μF/25V。

3）电阻：R_1、R_2、R_4、R_5　1kΩ，R_3　47kΩ，电位器 RP_1 1kΩ。

4）晶体管：VT_1 D880，VT_2、VT_3　S9013。

5）其他：PCB　40mm×70mm，散热片 30mm×24mm×30mm，接线座 X_1、X_2。

部分元器件实物图如图 8-3 所示。

图 8-3　部分元器件实物图

3. 制作过程

1）元器件的清点、识别与检测。

对照原理图和元器件清单清理元器件，看实际元器件有无少或者多的情况，如果存在缺少情况应立即进行补充。

使用万用表对每个元器件进行检测，判断质量及好坏。

2）元器件的预处理。

元器件的加工处理主要包括引脚的校直、引脚的折弯成形及搪锡。按照工艺要求对元器件进行预处理，元器件引脚进行整形加工时，应仔细观察每个元器件安装的位置，有极性的元器件还要注意安装的方向，如二极管、电解电容等，正确地将元器件插装在电路板上。

3）电路板上元器件的焊接、安装。

一般先焊接小型、普通的元器件，再焊装大的及特殊的元器件，本制作中，先焊接电阻、二极管，再焊接电解电容、晶体管和电位器等，最后安装接线座。

注意：同类元器件尽量要安装一致，有标识面尽量安装朝外，字向尽量一致，以便识别。

4）安装散热片，先将三端稳压器用螺栓固定散热片上，然后将三端稳压器及散热片的引脚插入 PCB 中，最后焊接三端稳压器 7805 及散热片引脚，装配完成后的集成稳压电路如图 8-4 所示。

图 8-4　装配完成后的集成稳压电路

4. 产品的检查调试

装配完成后，仔细检查电路元器件标识、位置与电路板标志是否一致，然后再检查焊点有无缺陷，是否达到规定的标准和要求。

检查电路连接情况，在确认电路连接正确后，输入 9V 的交流电压，正常情况下通过调节可调电阻，测量输出电压应在 8～12V 连续可调。

8.2　晶体管放大器的制作

放大电路通常是将一个微弱的交流小信号通过一个装置得到一个波形不失真，但幅值却大很多的交流大信号的输出。放大电路通常是由信号源、晶体管及负载构成。放大电路主要性能指标是电压放大倍数、输入电阻和输出电阻。晶体管放大电路有共射放大电路、共基放大电路与共集放大电路；场效应晶体管放大电路有共源放大电路、共漏放大电路。

1. 工作原理分析

　　晶体管放大器电路是把若干个单管放大电路串接起来，把信号经过多级放大，达到所需要的输出要求。多级放大器电路由晶体管 VT_1、VT_2、VT_3 组成三级音频放大电路，如图 8-5 所示。级与级之间采用电容耦合方式连接。前两级是一种具有电压负反馈的偏置电路，能起到稳定工作点的作用。MIC 是驻极体传声器，微弱的声音信号由传声器变成电信号，经过音频放大电路的多级放大，最后由耳机插座 X_2 输出，输出的信号由外接的耳机或扬声器发出声音。电路组装好后，接通 3V 直流电源，对着驻极体传声器说话，耳机里能听到洪亮的声音，可以作助记器使用，效果很好。

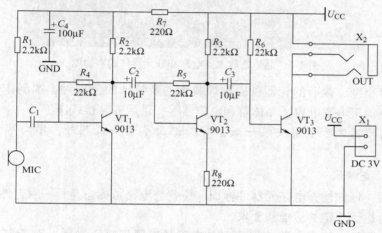

图 8-5　晶体管放大器电路

2. 电路元器件

晶体管放大器电路元器件如下。

1）电阻：R_1、R_2、R_3　2.2kΩ，R_4、R_5、R_6　22kΩ，R_7、R_8　220Ω。

2）电容：瓷片电容 C_1，电解电容 C_2、C_3　10μF/50V，电解电容 C_4　100μF/16V。

3）晶体管：VT_1、VT_2、VT_3　9013。

4）驻极体传声器：MIC　9mm×7 mm。

5）其他：PCB　30mm×50mm，接线座 X_1，耳机插座 X_2　3.5mm。

晶体管放大器电路部分元器件的实物图如图 8-6 所示。

3. 制作过程

1）元器件的清点、识别与检测。

　　对照原理图和元器件清单清理元器件，看实际元器件有无少或者多的情况，然后使用万用表对每个元器件进行检测，判断质量及好坏。

　　2）元器件的预处理。

　　按照工艺要求对元器件进行预处理，元器件引脚进行整形加工时，应仔细观察每个元器件安装的位置，有极性的元器件还要注意安装的方向，如二极管、电解电容等，正确地将元器件插装在电路板上。

　　3）电路板上元器件的焊接、安装。

图 8-6　晶体管放大器电路部分元器件的实物图

　　一般先焊接小型、普通的元器件，再焊装大的及特殊的元器件，本制作中，先焊接电阻、二极管，再焊接电解电容、晶体管和电位器等，最后安装接线座。

　　注意：同类元器件尽量要安装一致，有标识面尽量安装朝外，字向尽量一致，以便识别。

　　4. 产品的检查调试

　　装配完成后，仔细检查电路元器件标识、位置与电路板标志是否一致，然后再检查焊点有无缺陷，是否达到规定的标准和要求。

　　装上电源和耳机，检查电路连接情况，在确认电路连接正确后，对着驻极体传声器说话，耳机里能听到清晰的声音，晶体管放大电路调试如图 8-7 所示。

电源接线座引线连接

3V电池盒

图 8-7　晶体管放大电路调试

8.3　OTL 功率放大器的制作

　　1. 工作原理分析

　　OTL 电路为单端推挽式无输出变压器功率放大电路。采用互补对称电路，从两组串联的输出中点通过电容耦合输出信号，单电源供电。OTL 分立元件功率放大器原理图如图 8-8 所示。

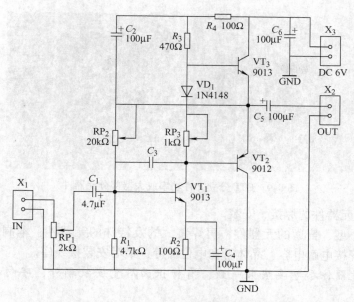

图 8-8 OTL 分立元件功率放大器原理图

晶体管 VT_1 是激励放大管，给功率放大输出级以足够的推动信号；电阻 R_1、电位器 RP_2 是晶体管 VT_1 的偏置电阻；电阻 R_3、二极管 VD_1、电位器 RP_3 串联在晶体管 VT_1 集电极电路上，为晶体管 VT_3 提供偏置，使其静态时处于微导通状态，以消除交越失真；瓷片电容 C_3 为消振电容，用于消除电路可能产生的自激；晶体管 VT_2、VT_3 是互补对称推挽功率放大管，组成功率放大输出级；电解电容 C_2、电阻 R_4 组成"自举电路"，电阻 R_4 为限流电阻。

2. 电路元器件

OTL 分立元件功率放大器元器件如下。

1）电阻：R_1　4.7kΩ，R_2、R_4　100Ω，R_3　470Ω，电位器 RP_1　2kΩ，RP_2　20kΩ，RP_3　1kΩ。

2）电解电容：C_1　4.7μF/50V，C_2、C_4、C_5、C_6　100μF/16V，瓷片电容 C_3。

3）二极管：VD_1　1N4148。

4）晶体管：VT_1、VT_3　9013，VT_2　9012。

5）其他：PCB　40mm×55mm，接线座 X_1、X_2、X_3。

OTL 分立元件功率放大器部分元器件如图 8-9 所示。

3. 制作过程

1）元器件的清点、识别与检测。

对照原理图和元器件清单清理元器件，看实际元器件有无少或者多的情况，然后使用万用表对每个元器件进行检测，判断质量及好坏。

2）元器件的预处理。

按照工艺要求对元器件进行预处理，元器件引脚进行整形加工时，应仔细观察每个元器件安装的位置，有极性的元器件还要注意安装的方向，如二极管、电解电容等，正确地将元器件插装在电路板上。

图 8-9　OTL 分立元件功率放大器部分元器件

3）电路板上元器件的焊接、安装。

一般先焊接小型、普通的元器件，再焊装大的及特殊的元器件，本制作中，先焊接电阻、二极管，再焊接电解电容、晶体管和电位器等，最后安装接线座。

注意：同类元器件尽量要安装一致，有标识面尽量安装朝外，字向尽量一致，以便识别。

装配完成后的 OTL 功率放大器如图 8-10 所示。

图 8-10　装配完成后的 OTL 功率放大器

4. 产品的检查调试

装配完成后，仔细检查电路元器件标识、位置与电路板标志是否一致，然后再检查焊点有无缺陷，是否达到规定的标准和要求。

接上 6V 直流电源，调节电位器 RP_2，使晶体管 VT_2、VT_3 中点电压为 1/2 电源电压；调节电位器 RP_3，使功率放大器输出级静态电流为 5 ~ 8mA；反复调节电位器 RP_2、RP_3，使其参数均达到设计值。

8.4　拍手声控开关的制作

本制作的声控开关的功能具有：拍一下手，LED 灯亮，再拍一下，LED 灯熄灭，如此循环，灵敏度高，4m 左右拍手可以控制。

1. 工作原理

拍手声控开关电路如图 8-11 所示。本电路主要由音频放大电路和双稳态触发电路组成。VT_1 和 VT_2 组成二级音频放大电路，由 MIC 接收的音频信号经 C_1 耦合至 VT_1 的基极，放大后由集电极直接馈至 VT_2 的基极，在 VT_2 的集电极得到一个负方波，用来触发双稳态电路。R_1、C_1 将电路频响限制在 3kHz 左右为高灵敏度范围。电源接通时，双稳态电路的状态为 VT_4 截止，VT_3 饱和，LED_1 不亮。当 MIC 接到控制信号，经过两级放大后输出一个负方波，经过微分处理后负尖脉冲通过 VD_1 加至 VT_3 的基极，使电路迅速翻转，LED 被点亮。当 MIC 再次接到控制信号，电路又发生翻转，LED 熄灭。如果将 LED 灯回路与其他电路连接也可通过 J_2 实现对其他电路的声控。

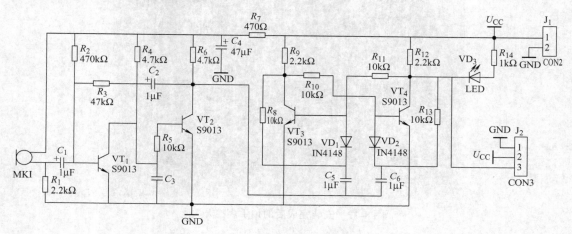

图 8-11　拍手声控开关电路

2. 电路元器件

电路用元器件如下。

1）晶体管：VT_1，VT_2，VT_3，VT_4　S9013。

2）二极管：VD_1、VD_2　IN 4148，VD_3　LED。

3）电阻：R_1，R_9，R_{12}　2.2kΩ，R_2　470kΩ，R_3　47kΩ，R_4，R_6　4.7kΩ，R_5，R_8，R_{10}，R_{11}，R_{13}　10kΩ，R_7　470Ω，R_{14}　1kΩ。

4）电容：C_1，C_2，C_5，C_6　1μF，C_3，C_4　47μF。

5）MIC：MICROPHONE2

6）J_1　CON2/2P 插针　J_2　CON3/2P 插针。

3. 制作过程

1）元器件的清点、识别与检测。

对照原理图和元器件清单清理元器件，看实际元器件有无少或者多的情况，然后使用万用表对每个元器件进行检测，判断质量及好坏。

2）元器件的预处理。

按照工艺要求对元器件进行预处理，元器件引脚进行整形加工时，应仔细观察每个元器件安装的位置，有极性的元器件还要注意安装的方向，如二极管、电解电容等，正确地将元器件插装在电路板上。

3）电路板上元器件的焊接、安装。

一般先焊接小型、普通的元器件，再焊装大的及特殊的元器件，本制作中，先焊接电阻、二极管，再焊接电解电容、晶体管和电位器等，最后安装接线座。

注意：同类元器件尽量要安装一致，有标识面尽量安装朝外，字向尽量一致，以便识别。

安装完成后的拍手声控开关如图 8-12 所示。

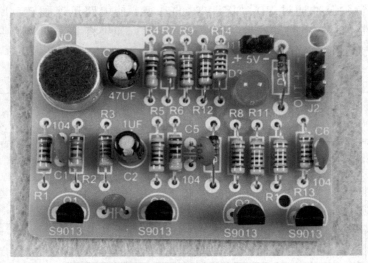

图 8-12　安装完成后的拍手声控开关

4. 产品的检查调试

装配完成后，仔细检查电路元器件标识、位置与电路板标志是否一致，然后再检查焊点有无缺陷，是否达到规定的标准和要求。

检查电路连接正确后，接通电源，即可实现拍一下手，LED 灯亮，再拍一下，LED 灯熄灭的功能。

8.5　热释红外传感报警器

本制作采用高灵敏度红外探头，无须声音、光线、震动，即便是漆黑的状态，一旦进入 10m 左右监控范围，热释红外电子狗就会自动检测并发出高强度报警声。本制作集红外探测、报警和电源三位于一体，具有体积小、可随身携带和临时设防等优点，无论何时何地都可现场使用。微型计算机芯片设计，耗电小，无须接线布线，使用简便。适合家庭、学校、仓库、商店和菜棚等防盗场所使用。

1. 电路工作原理

热释红外传感报警器的原理电路图如图 8-13 所示。本电路中主要采用的是型号为 BISS0001 的集成芯片。BISS0001 是一款高性能的传感信号处理集成电路。静态电流小，配以热释电红外传感器和少量外围元器件即可构成热释电红外传感报警器，广泛用于安防和自控等领域。

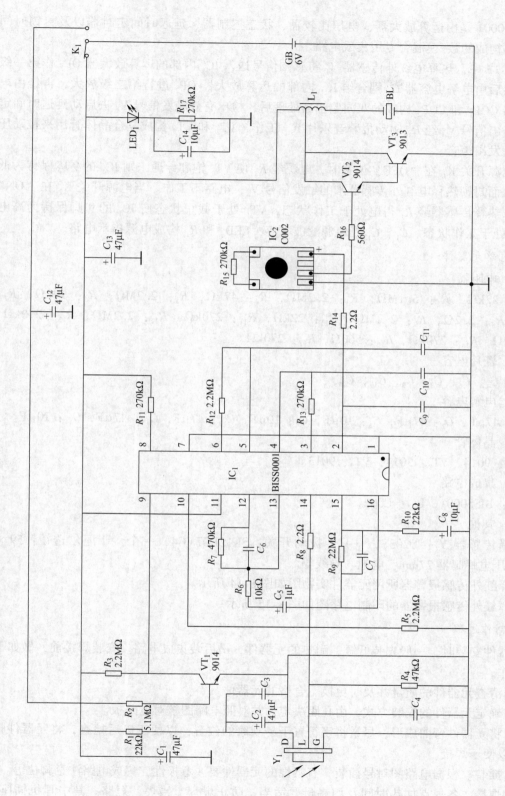

图8-13 热释红外传感报警器的原理电路图

BISS0001 是由运算放大器、电压比较器、状态控制器、延迟时间定时器以及封锁时间定时器等构成的数-模混合专用集成电路。

图 8-13 中，热释电红外传感器 Y_1 将感知信号送入 IC_1 内部的运算放大器 OP_1 作第一级放大，然后由电解电容器 C_5 耦合给 IC_1 内部的运算放大器 OP_2 进行第二级放大，再经由电压比较器 COP_1 和 COP_2 构成的双向鉴幅器处理后，检出有效触发信号 V_s 去启动延迟时间定时器，输出信号 V_o 经 R_{14} 驱动报警音乐片 IC_2 工作，VT_2 和 VT_3 构成复合晶体管用来推动压电蜂鸣片发出声音。

当电源开关 K_1 在 "OFF" 位置时，电源经 R_2 使 VT_1 饱和导通，则 IC_1 的 9 脚保持为低电平，从而封锁热释电红外传感器来的触发信号 V_s，电路不工作。当电源开关 K_1 在 "ON" 位置时，热释传感器经 R_1 得电处于工作状态，VT_1 处于截止状态使 IC_1 的 9 脚保持为高电平，IC_1 处于工作状态。C_1、C_{13} 是电源滤波电容，LED_1 和 R_{17} 构成电源指示电路。

2. 电路元器件

（1）电阻器

R_1：22kΩ，R_2：5.1MΩ，R_3：2.2MΩ，R_4：47kΩ，R_5：2.2MΩ，R_6：10kΩ，R_7：470kΩ，R_8：2.2Ω，R_9：2.2MΩ，R_{10}：22kΩ，R_{11}：270kΩ，R_{12}：2.2MΩ，R_{13}：270kΩ，R_{14}：2.2Ω，R_{15}：270kΩ，R_{16}：560Ω，R_{17}：270kΩ。

（2）瓷片电容

C_3，C_4，C_6，C_7，C_9，C_{10}，C_{11}。

（3）电解电容

C_1：47μF，C_2：47μF，C_5：10μF，C_8：10μF，C_{12}：47μF，C_{13}：47μF，C_{14}：10μF。

（4）晶体管

VT_1：9014，VT_2：9014，VT_3：9013。

（5）集成电路

IC_1：BISS0001，IC_2：C002。

（6）其他

热释传感器 Y_1：D203S，一只，拨动开关：SK12D07VG4，一个，菲涅尔透镜：59 × 46mm，压电蜂鸣器27mm，电池、导线等。

热释红外传感报警器所用元器件实物图如图 8-14 所示。

热释红外传感报警器的印制电路图如图 8-15 所示。

3. 制作过程

元器件安装时，一般先装低矮、耐热的元器件，最后装集成电路。安装焊接前，做如下准备工作。

1）清查元器件的质量并及时更换不合格的元器件。

2）确定元器件的安装方式，由孔距决定，并对照电路图核对电路板。

3）将元器件弯曲成形，尽量将字符置于易观察的位置，以便于以后检查，将元器件脚上锡，以便于焊接。

4）插装。根据电路图对号插装，有极性的元器件要注意极性，集成电路注意脚位等。

5）焊接。各焊点加热时间及用锡量要适当，防止虚焊、错焊、短路。其中耳机插座、

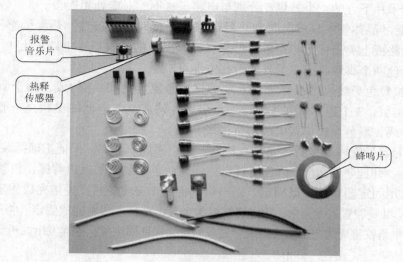

图 8-14 热释红外传感报警器所用元器件实物图

晶体管等焊接时要快，以免烫坏。

6）焊后剪去多余引脚并检查所有焊点。制作完成后的热释红外传感报警器如图 8-16 所示。

注意：

1）根据电阻器脚间距离的不同，其插装方式有立式或卧式之分；瓷介电容器和电解电容器采用立式插装，插装电容器时要求立式插装并紧贴电路板，跳线 J_1 处用焊接电阻后剪下的金属导线代替。

2）报警音乐片 IC_2 焊接在电路板槽口相应处，先将振荡电阻 R_{15} 焊接在报警音乐片上，然后将报警音乐片与覆铜焊接处都上锡，然后用少

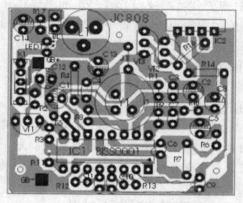

图 8-15 热释红外传感报警器印制电路图

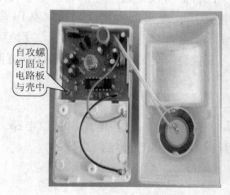

图 8-16 制作完成后的热释红外传感报警器

量锡将报警音乐片下方的 4 个方焊盘分别与电路板覆铜的对应处相连接。

3) 二极管、晶体管、集成电路和热释传感器焊接时注意极性。热释传感器 Y_1 上有一突出部位与电路板上突出标示相对应即可。三脚电感中的长脚插在电路板上 L_1 处有圈圈的那个孔中，其他两个脚顺着插在另外两个孔中即可。

4) 用两根黄色导线焊接在蜂鸣片上（焊接注意温度把握），构成了两个脚，然后焊接在电路板的 BL 处。3 个连体簧和正极片、负极簧片构成三节电池的串联，一般用红色导线焊接电源正极线，黑色导线焊接电源的负极线。

5) 所有元器件完成焊接后，要认真检查，防止错焊、虚焊，保证正确插装和焊接。

用剪刀将"菲涅尔透镜"（白色塑料片）四周白色无纹路的框边剪掉，放置在面壳中呈圆弧形，同时用固定塑料框加以固定，用电烙铁将 4 个突出塑料点烫熔完成固定。

6) 将圆形共鸣腔置入面壳中，用电烙铁将 3 个突出塑料点烫熔完成固定。将压电蜂鸣片放在圆槽中，用电烙铁将周边突出塑料点烫熔完成固定，保证固定紧，这样发出的声音才洪亮。

4. 调试

组装完成并认真检查无误后，将电路板装入壳中并用 3 颗螺钉固定，同时把前、后壳扣在一起，然后装入 3 节 7 号电池测试效果。放在桌上并拨动开关 K_1 打到"ON"一边，即可产生"报警声"，延时一段时间后自动停止，然后可以进行热释红外人体报警实验，当人体靠近时即可产生报警声。如果没有报警声，则要认真检查电路是否有焊接错误，如果有错误加以修改。

完成整机效果后，将前、后盖紧扣在一起，并在后盖上插装好万向轮，万向轮座可以按用户的要求自行安装。

注意：探头应避免直对室外，以免闲人走动引起误报；探头应远离冷热源，例如空调出风口、暖气等；安装使用时应避免阳光、汽车灯光直射探头；安装在墙角或者墙面上，建议安装高度在离地面 1.5 ~ 3m 位置，可以防止小动物误报。

8.6 8 路抢答器的制作

该抢答器电路可同时进行八路优先抢答。抢答器可以根据抢答情况显示优先抢答者的号数，同时蜂鸣器发声，表示抢答成功。按键按下后，蜂鸣器发声，同时（数码管）显示优先抢答者的号数，抢答成功后，再按按键，显示不会改变，除非按复位键。复位后，显示清零，可继续抢答。SB_1 ~ SB_8 为抢答键；SB_9 为复位键；电路可以采用 4.5 ~ 9V 直流供电。

1. 电路原理

（1）抢答器电路工作原理框图

抢答器电路工作原理框图如图 8-17 所示，它是由输入抢答电路、复位电路、编码优先电路、锁存电路、译码电路、显示电路、语音提示电路和电源电路组成的。

（2）主要元器件介绍

1) CD4511。

CD4511 是常用的七段显示译码驱动器，它的内部除了七段译码电路外，还有锁存电路和输出驱动器部分，输出电流大，最大可达 25mA，可直接驱动 LED 数码管。CD4511 有 4

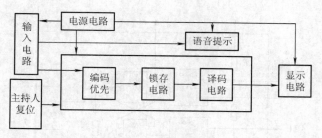

图 8-17　抢答器电路工作原理框图

个输入端 A、B、C、D 和 7 个输出端 a～g，它还具有输入 BCD 码锁存、灯测试和熄灭控制功能，它们分别由锁存端 LE、灯测试 LT、熄灭控制端 BI 来控制。CD4511 引脚图如图 8-18 所示，CD4511 引脚功能图如图 8-19 所示。

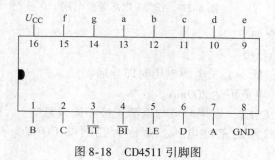

图 8-18　CD4511 引脚图

Inputs							Outputs							
LE	$\overline{\text{BI}}$	$\overline{\text{LT}}$	D	C	B	A	a	b	c	d	e	f	g	Display
×	×	0	×	×	×	×	1	1	1	1	1	1	1	B
×	0	1	×	×	×	×	0	0	0	0	0	0	0	
0	1	1	0	0	0	0	1	1	1	1	1	1	0	0
0	1	1	0	0	0	1	0	1	1	0	0	0	0	1
0	1	1	0	0	1	0	1	1	0	1	1	0	1	2
0	1	1	0	0	1	1	1	1	1	1	0	0	1	3
0	1	1	0	1	0	0	0	1	1	0	0	1	1	4
0	1	1	0	1	0	1	1	0	1	1	0	1	1	5
0	1	1	0	1	1	0	0	0	1	1	1	1	1	6
0	1	1	0	1	1	1	1	1	1	0	0	0	0	7
0	1	1	1	0	0	0	1	1	1	1	1	1	1	8
0	1	1	1	0	0	1	1	1	1	1	0	1	1	9
0	1	1	1	0	1	0	0	0	0	0	0	0	0	
0	1	1	1	0	1	1	0	0	0	0	0	0	0	
0	1	1	1	1	0	0	0	0	0	0	0	0	0	
0	1	1	1	1	0	1	0	0	0	0	0	0	0	
0	1	1	1	1	1	0	0	0	0	0	0	0	0	
0	1	1	1	1	1	1	0	0	0	0	0	0	0	
1	1	1	×	×	×	×	*							*

图 8-19　CD4511 引脚功能图

2）时基电路 TLC555。

NE555 是一块时基集成电路，它可以构成多谐振荡器、单稳态触发器和施密特触发器等，是一块用途广泛的集成电路。

NE555 集成电路引脚如图 8-20 所示，NE555 内部等效电路如图 8-21 所示。

图 8-20　NE555 集成电路引脚

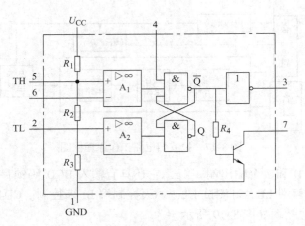

图 8-21　NE555 内部等效电路

NE555 引脚功能简介如下。

1 脚：公共接地端为负极。

2 脚：低触发端 TL，低于 1/3 电源电压时即导通。

3 脚：输出端 OUT，电流可达 200mA。

4 脚：强制复位端 RESET，不用时可与电源正极相连或悬空。

5 脚：用来调节比较器的基准电压，简称为控制端 CONT，不用时可悬空，或通过 0.01μF 电容器接地。

6 脚：高触发端 TH，也称为阈值端，高于 2/3 电源电压时即截止。

7 脚：放电端 DISCH。

8 脚：电源正极 U_{CC}。

（3）电路识读

抢答器：电路如图 8-22 所示，输入电路利用 8 个常开按钮开关 $S_1 \sim S_8$ 和 12 只二极管 $VD_1 \sim VD_{12}$ 以及 R_1、R_2、R_3 组成抢答器的输入电路。$S_1 \sim S_8$ 为自复式常开按钮开关，分别作为 8 位抢答按钮，与 U_{CC} 连接，以保证按钮未按下时，锁存器的输入端为高电平。

开关 S_9 为主持人发出抢答命令时用的按钮开关。按下 S_9 后，提示扬声器响，可同时进行 8 路抢答。优先抢答者的号数抢答成功后，其他各路按键按下，显示不会改变，除非按复位键。复位后显示清零，可以继续抢答，S_9 此时为复位键。

CD4511 的 1、2、6、7 为 BCD 码输入端，9 ~ 15 脚为显示输出端，3 脚为测试输出端，当 3 脚为 0 时，输出全为 1，5 脚锁存允许端。当 3 脚由 0 变为 1 时，输出端保持 5 脚为 0 时的显示状态。数码管由 14 个发光二极管构成，焊接完成后显示为 0，可以直接抢答。如第 3 号台选手抢到抢答权后，按下 S_3，U_{CC} 通过 S_3 经 VD_3、R_1、VD_4、R_2 分压后，分别为 CD4511 的 7 脚和 1 脚提供高电平，此时，CD4511 的 6、2、1、7 脚 DCBA 分别为 0011，显示器将显示 "∃"，表示第 3 号选手抢答成功。同时，由 555 定时器及外围电路组成的抢答器语音提示电路发出提示音。此后无论其他选手再按下按键，都不能使锁存器的数据发生变化，音响提示电路也不会产生响声。

2. 电路元器件

1）晶体管 VT_1：9014。

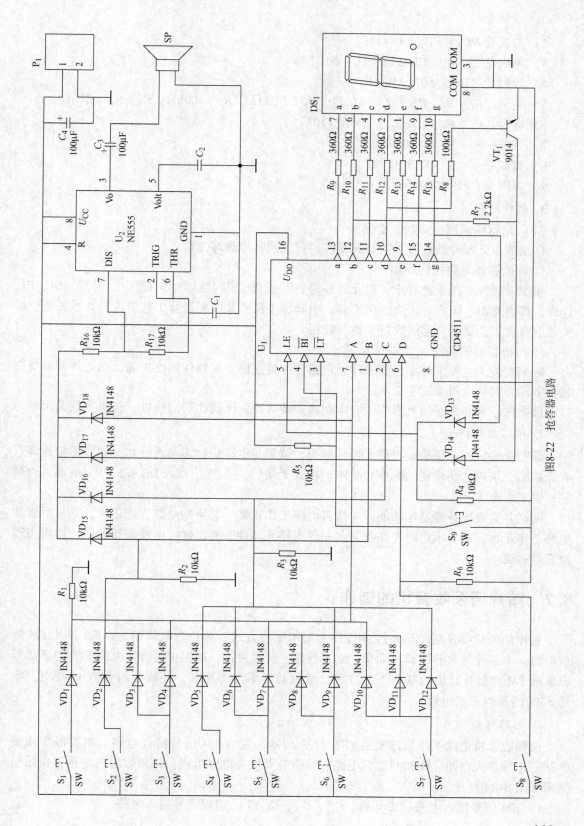

图8-22 抢答器电路

209

2）二极管 $VD_1 \sim VD_{18}$：IN4148。

3）集成电路：U_1　CD4511，U_2　NE555。

4）数码管：DS_1　5011AH。

5）电阻：$R_1 \sim R_6$、R_{16}、R_{17}　10kΩ，R_7　2.2kΩ，R_8　100kΩ，$R_9 \sim R_{15}$　360Ω。

6）电容：C_1、C_2、C_3、C_4　100μF/10V。

7）开关：$S_1 \sim S_9$　6∗6∗5。

8）接线端子：J_1　KF301-2P。

9）蜂鸣器：SP　12095。

3. 制作过程

（1）元器件识别、筛选、检测

仔细清点元器件的数量，并对元器件进行识别、检测与筛选。

（2）抢答器电路板的焊接

根据元器件焊接工艺要求，对元器件进行预处理。焊点要求大小适中，无漏、假、虚、连焊，焊点光滑、圆润、干净，无毛刺；引脚加工尺寸及成形符合工艺要求；导线长度、剥头长度符合工艺要求，芯线完好，捻头镀锡。

（3）抢答器的装配

根据安装工艺要求装配，要求印制板插件位置正确，元器件极性正确，元器件、导线安装及字标方向均应符合工艺要求。

接插件、紧固件安装可靠牢固，印制板安装对位；无烫伤和划伤处，整机清洁无污物。

4. 抢答器的调试

装配完成后，仔细检查电路元器件标识、位置与电路板标志是否一致，然后再检查焊点有无缺陷，是否达到规定的标准和要求。检查无误后，通过 J_1 接入 DC 4.5～9V 电源，为系统提供工作电源。

调试并实现抢答器基本功能：①按键电路工作正常。②声响电路工作正常。③显示驱动电路工作正常。④显示电路工作正常。一般电路元器件安装正确，电路连接无误，即可实现抢答器功能。

8.7　贴片调频收音机的制作

制作的调频收音机的元器件90%以上采用贴装方式，芯片为电调谐 SC1088 单片 FM 集成电路。本制作的收音机调试简单、选择性好、灵敏度高。通过 FM 收音机的安装与调试可以掌握 FM 微型收音机的基本工艺过程，掌握其基本工作原理，还能了解 SMT 的特点，熟悉 SMT 的基本工艺过程。

1. 电路组成

调频收音机电路工作原理框图如图 8-23 所示，它由 FM 信号输入电路、本机振荡调谐电路、中频放大电路、限幅与鉴频电路、耳机音频放大电路组成。调频收音机电路工作原理框图如图 8-24 所示。

1）FM 信号输入电路：由耳机、C_{14}、C_{13}、C_{15} 和 L_1 组成信号输入电路。

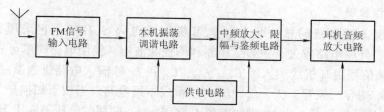

图 8-23　调频收音机电路工作原理框图

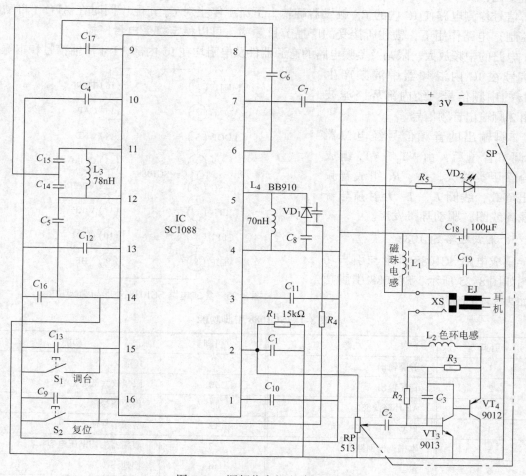

图 8-24　调频收音机电路原理图

2）本机振荡调谐电路：由 VD_1、C_8、C_9、L_4、R_4 组成。

3）中频放大电路、限幅与鉴频电路：电路的中频放大电路、限幅与鉴频电路的有源器件及电阻均在集成电路 SC1088 内部，电路中 C_{10} 为静噪电路，C_{11} 为 AF（音频）环路滤波电容，C_6 为限幅的低通电容，C_{12} 为中限幅器失调电容，C_{13} 为滤波电容。

4）耳机音频放大电路：由 VT_3、VT_4 组成复合管甲类放大，R_1、C_1 组成音频输出负载。线圈 L_1 和 L_2 为射频与音频隔离线圈，RP 为音量电位器。

2. 电路工作原理

贴片调频收音机电路的核心是单片收音机集成电路 SC1088。它采用特殊的低中频（70kHz）技术，外围电路省去了中频变压器和陶瓷滤波器，使用电路简单可靠，调试方便。

图中，调频信号由耳机线馈入经 C_{14}、C_{13}、C_{15} 和 L_1 的输入电路进入 IC 的 11、12 脚混频电路。由 VD_1 变容二极管、C_9、C_8、L_4、R_4 组成本振电路。当按下扫描开关 S_1 时，IC 内部的 RS 触发器打开恒流源，由 16 脚向电容 C_9 充电，C_9 两端的电压不断上升，VD_1 电容量不断变化，由 VD_1、C_8、L_4 构成的本振电路的频率不断变化而进行调谐。当收到电台信号后，信号检测电路使 IC 内的 RS 触发器翻转，恒流源停止对 C_9 充电，同时在 AFC（自动频率控制）电路作用下，锁住所接受的广播节目频率，可以稳定接受电台广播。

电路的中频放大、限幅及鉴频电路的有源器件及电阻均在 IC 内部，FM 广播信号和本振电路信号在 IC 内混频器中混频产生 70Hz 的中频信号，经内部环路滤波后由 2 脚输出音频信号。

2 脚输出的音频信号经电位器 RP 调节音量后，由 VT_3、VT_4 组成复合管甲类放大。C_1、R_1 组成音频输出负载，线圈 L_1、L_2 为射频与音频隔离线圈，驱动耳机发声。

3. 集成电路 SC1088

集成电路 SC1088 外形与引脚功能图如图 8-25 所示，SC1088 引脚功能如表 8-1 所示。

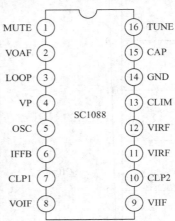

图 8-25　集成电路 SC1088 外形与引脚功能

表 8-1　SC1088 引脚功能

引脚	功能	引脚	功能
1	静噪输出	9	IF 输入
2	音频输出	10	限幅放大低通电容
3	AF 环路滤波	11	射频信号输入
4	VCC	12	射频信号输入
5	本振调谐回路	13	限幅器失调电压电容
6	IF	14	接地
7	放大器低通滤波	15	全通滤波电容搜索调谐输入
8	IF 输出	16	电调谐 AFC 输出

4. 元器件清单

贴片调频收音机电路用元器件如下。

1）电阻：R_1，R_2，R_3，R_4，R_5，R_6。

2）电容：C_1，C_2，C_3，C_4，C_5，C_6，C_7，C_8，C_9，C_{10}，C_{11}，C_{12}，C_{13}，C_{14}，C_{15}，C_{16}，C_{17}，C_{18}　100μF，C_{19}。

3）晶体管：VT_3 9013，VT_4 9012。

4）二极管：VD_1 BB910，VD_2 发光二极管 $\Phi5$。

5）集成电路 IC SC1088。

6）电感：L_1 磁环电感，L_2 47μH，L_3 70nH，L_4 78nH。

7）其他：耳机 32Ω，电位器 RP 51kΩ，S_1、S_2 轻触开关，XS 耳机插座，外壳，螺钉等。

5. 制作过程

1）元器件检测及预处理。清点元器件无误后，将所要焊接的元器件进行检测。并按照工艺要求预处理。

2）按照元器件的插装（贴装）与焊接要求对元器件进行安装。首先安装贴片元器件，贴片电阻4只，贴片电容16只，贴片晶体管两只，贴片集成块 SC1088，安装 SC1088 时注意脚位，先固定一个引脚，再焊接其他引脚。

3）安装通孔元器件。安装电感、变容二极管、电容及电位器，安装二极管时要注意二极管的极性，安装电位器时要紧贴电路板，安装电解电容时要注意正负极。最后再安装轻触开关、耳机插座和电源连线等。

6. 调试

1）所有元器件焊接安装完成后，检测元器件位置是否正确，焊点有无虚焊、桥接和漏焊等缺陷。

2）检查无误后，关断电位器，将电池装入，插入耳机。

3）用万用表 50mA 档跨接在开关两端，测试整机电流，正常情况应在 7～30mA，并且 LED 正常点亮。

4）搜索广播电台。按 S_1 搜索电台广播，只要元器件质量完好，安装正确，不用调任何部分即可收到广播电台。

5）调接收频段。调试时可找当地一个频率最低的 FM 电台，适当改变 L_4 的匝间距，使按过 RESET 键后第一次按 SCAN 键可收到这个电台。由于 SC1088 集成度高，如果元器件一致性好，一般收到低端电台后均可覆盖 FM 频段，故可不调高端，而仅做检查（可以一个成品 FM 收音机对照检查）。安装完成后的调频收音机如图 8-26 所示。

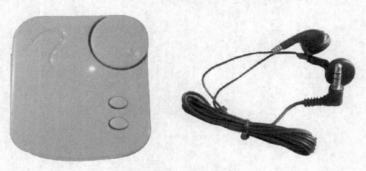

图 8-26 安装完成后的调频收音机

参 考 文 献

［1］牛百齐．电子产品装配工快速入门［M］．北京：中国电力出版社，2014.
［2］牛百齐，史晓骏．轻松掌握电子元器件检测［M］．北京：中国电力出版社，2017.
［3］胡斌，刘超，胡松．电子元器件应用宝典［M］．北京：人民邮电出版社，2011.
［4］樊会灵．电子产品工艺［M］．北京：机械工业出版社，2010.
［5］夏西泉．电子工艺实训教程［M］．北京：机械工业出版社，2011.
［6］何丽梅．SMT 基础与工艺［M］．北京：机械工业出版社，2011.
［7］廖芳．电子产品生产工艺与管理［M］．2 版．北京：电子工业出版社，2007.
［8］张金．电子设计与制作 100 例［M］．北京：电子工业出版社，2010.
［9］龙立钦．电子产品工艺［M］．北京：电子工业出版社，2011.